Teubner Studienskripten Elektrotechnik

Ebel,   Regelungstechnik
                4., überarbeitete Auflage
                207 Seiten. DM 16,80

Ebel,   Beispiele und Aufgaben zur Regelungstechnik
                2., überarbeitete Aufl. 151 Seiten. DM 12,80

Eckhardt,   Numerische Verfahren in der Energietechnik
                208 Seiten. DM 16,80

Fender,   Fernwirken
                112 Seiten. DM 12,80

Freitag,   Einführung in die Zweitortheorie
                3., neubearbeitete und erweiterte Auflage.
                168 Seiten. DM 15,80

Frohne,   Einführung in die Elektrotechnik

                Band 1 Grundlagen und Netzwerke
                4., durchgesehene Aufl. 172 Seiten. DM 14,80

                Band 2 Elektrische und magnetische Felder
                4., durchgesehene Aufl. 281 Seiten. DM 18,80

                Band 3 Wechselstrom
                3., durchgesehene Aufl. 200 Seiten. DM 15,80

Gad,   Feldeffektelektronik
                266 Seiten. DM 17,80

Gerdsen,   Hochfrequenzmeßtechnik
                223 Seiten. DM 16,80

Gerdsen,   Digitale Übertragungstechnik
                322 Seiten. DM 19,80

Goerth,   Einführung in die Nachrichtentechnik
                184 Seiten. DM 14,80

Haack,   Einführung in die Digitaltechnik
                4. Auflage. 232 Seiten. DM 16,80

Harth,   Halbleitertechnologie
                2., überarbeitete Aufl. 135 Seiten. DM 14,80

Heidermanns,   Elektroakustik
                138 Seiten. DM 12,80

Hilpert,   Halbleiterelemente
                3., erweiterte Aufl. 184 Seiten. DM 14,80

Höhnle,   Elektrotechnik mit dem Taschenrechner
                228 Seiten. DM 16,80

Kirschbaum,   Transistorverstärker

                Band 1 Technische Grundlagen
                3., durchgesehene Aufl. 215 Seiten. DM 15,80

                Band 2 Schaltungstechnik Teil 1
                2., durchgesehene Aufl. 231 Seiten. DM 16,80

                Band 3 Schaltungstechnik Teil 2
                2., durchgesehene Aufl. 247 Seiten. DM 16,80

Morgenstern,   Farbfernsehtechnik
                2., überarbeitete und erweiterte Auflage.
                260 Seiten. DM 18,80

Fortsetzung auf der 3. Umschlagseiten

Zu diesem Buch

Dieses Skriptum behandelt die mathematischen
und technischen Grundlagen der Digitaltechnik
und enthält den Stoff der vom Verfasser an
der Gesamthochschule Kassel gehaltenen Vorle-
sung über dieses Gebiet. Es setzt die Kenntnis
der im 1. und 2. Semester vermittelten Grundlagen der Elektrotechnik und Mathematik voraus.
Dieses auch zum Selbststudium geeignete Skriptum
wendet sich mit zahlreichen Beispielen an Studenten der Fachhochschulen sowie an Interes-
senten, die sich die Grundlagen der Digitaltechnik aneignen wollen.

Einführung in die Digitaltechnik

Von Prof. Dipl.-Ing. Otto Haack†

4. Auflage
Mit 179 Bildern, 79 Beispielen
und 71 Tafeln

B. G. Teubner Stuttgart 1984

Prof. Dipl.-Ing. Otto Haack †

1917 in Riesa a. d. Elbe geboren. 1950 bis 1954
Studium der Elektrotechnik (Starkstromtechnik)
an der Technischen Universität Berlin. 1955 bis
1957 wissenschaftlicher Assistent am Lehrstuhl
für Elektrische Maschinen an der TU Berlin. Von
1957 bis 1960 Entwicklungsingenieur in der AEG-
Großmaschinenfabrik Berlin. Seit 1960 Dozent für
Elektrische Maschinen, später auch für Leistungs-
elektronik und Datenverarbeitung, an der Staatli-
chen Ingenieurschule für Maschinenwesen Kassel.
Seit 1971 Fachhochschullehrer; seit 1973 Professor
an der Gesamthochschule Kassel.

CIP-Kurztitelaufnahme der Deutschen Bibliothek

Haack, Otto:
Einführung in die Digitaltechnik / von Otto Haack. –
4. Aufl. – Stuttgart : Teubner, 1984.
  (Teubner-Studienskripten ; 10 : Elektrotechnik)
  ISBN 978-3-519-30010-6   ISBN 978-3-322-91799-7 (eBook)
  DOI 10.1007/978-3-322-91799-7

NE: GT

Gesamtherstellung: Beltz Offsetdruck, Hemsbach/Bergstr.
Umschlaggestaltung: W. Koch, Sindelfingen

Vorwort zur 1. Auflage

Es ist heute für viele Techniker und Ingenieure unerläßlich,
daß sie die Datenverarbeitung nicht nur in ihrer praktischen
Anwendung, sondern auch in ihren mathematischen und technischen Grundlagen beherrschen.

Dieses Skriptum, das aus meinen Vorlesungen für Studenten
der Elektrotechnik an der Gesamthochschule Kassel entstanden
ist, soll zur Vermittlung dieser Grundlagen beitragen. Es
ist ebensogut zum Selbststudium wie auch als unterrichts-
begleitendes Buch geeignet.

Die Stoffgebiete wurden so zusammengestellt, daß zum Verständnis nur die Kenntnis der in den beiden ersten Semestern
vermittelten Grundlagen der Mathematik und der Elektrotechnik erforderlich ist.

Selbstverständlich können hier die einzelnen Stoffgebiete
nur so weit behandelt werden, wie es für die Zielsetzung
dieses Skriptums unbedingt erforderlich ist. Durch zahlrei-
che Bilder, Tafeln und Beispiele werden die vermittelten
Kenntnisse veranschaulicht und gefestigt. Außerdem gewähren
zwei einfache Programmierbeispiele einen Einblick in das We-
sen der Programmierung. Die z.Z. wichtigsten Bauelemente -
Dioden, Transistoren - werden in ihrem Aufbau und ihrer Wirkungsweise erklärt.

Zur Vertiefung des Verständnisses der Booleschen Algebra werden ausführlich die logischen Grundfunktionen behandelt, die
logischen Schaltungen der Speicherelemente aus den Übertragungsfunktionen entwickelt, duale Rechenwerke eingehend besprochen und mit Hilfe der Problemfunktionen logische Schaltungen mit Speicherelementen berechnet.

Dem Verlag B. G. Teubner danke ich für die gute Zusammenar-
beit.

Kassel, im Frühjahr 1972   Otto Haack

Vorwort zur 2., überarbeiteten und erweiterten Auflage

<u>Gekürzte Wiedergabe</u>: Inhalt und Gliederung der Stoffgebiete der 1. Auflage haben sich für den Anfänger gut bewährt, so daß keine grundlegende Neufassung der 2. Auflage nötig war. .... Im Abschnitt über die Speicherelemente wurden das Master-Slave-Flipflop und das D-Speicherglied aufgenommen....

Erweitert wurde die 2. Auflage um die beiden Abschnitte 12 und 13. Im Abschnitt 12 werden die zur Zeit gebräuchlichsten Codes beschrieben. .... Im Abschnitt 13 werden 8 Anwendungsbeispiele ... behandelt. ....

Kassel, im Sommer 1975   Otto Haack

Vorwort zur 3., völlig neu bearbeiteten Auflage

Die Gliederung der 2. Auflage hat sich bewährt und wurde beibehalten. Durch die Anpassung an die neuesten DIN-Blätter wurde der Inhalt neu gestaltet. Vom Vorteil der neuen Schaltzeichen, sie durch Computer darstellen bzw. herausdrucken zu können, wurde auch hier Gebrauch gemacht: sie wurden so weit wie möglich mit Schreibmaschine angefertigt.

Weggelassen wurden u.a. die Einmaleins-Tabellen, die meisten der Anwendungsbeispiele und fast alle Relaisschaltungen.

Neu aufgenommen wurden u.a. das B-Komplement, Kurzformen boolescher Funktionen, Minterme und Maxterme, das Verfahren nach Quine-Mc Cluskey, Arbeitstabellen, Impulsdiagramme, die genauere Beachtung der Spannungsabfälle bei Dioden- und Transistorschaltungen, Verzögerungsglieder, monostabile Kippglieder, Abhängigkeitsnotation, Zuordnungssysteme für die Werte und Pegel, Vorwärts-Zähler und Rückwärts-Zähler, die in den Anwendungsbeispielen behandelt werden.

Die Anzahl der Bilder, Tafeln und Beispiele wurde erhöht.

Im Anhang des Buches sind die wichtigsten Formeln und alle Regeln und Schaltzeichen übersichtlich zusammengestellt.

Kassel, im Herbst 1979   Otto Haack

Inhaltsverzeichnis   Seite:

1 Zahlensysteme

1.1 Allgemeines

Physikalische, volkswirtschaftliche Größen u.ä. lassen sich
auf zweierlei Art darstellen:

1. graphisch mit einem Vergleichsnormal. Das·ist eine analoge Darstellung. Beispiele: statistische Diagramme, Zeiger-Meßinstrumente, Rechenschieber.

2. digital: es werden Ziffern (digits) aneinandergereiht,
   die mit unterschiedlichen Gewichten behaftet sind.
   Beispiele: Tabellen, digitale Meßinstrumente, Tisch-
   rechenmaschinen.

"digital" bedeutet in der Datenverarbeitung "ziffernmäßig".
"digit" ist von digitus (lat.; Finger; Digitalis = Zehnfin-
gerkraut) abgeleitet und ist die kleinste Einheit in einem
digitalen System. Im englischen Sprachgebrauch ist es die
Stelle einer Zahl.

Die Genauigkeit kann bei digitaler Darstellung durch Hinzu-
fügen weiterer Stellen beliebig erhöht werden, während der
Genauigkeit bei analoger Darstellung Grenzen gesetzt sind.

Für die Darstellung von Zahlen interessieren hier nur digitale Systeme. Sie können beliebig aufgebaut sein. Allgemein
gebräuchlich sind die polyadischen Zahlensysteme. Man kann
aber auch z.B. in Restklassensystemen Zahlen darstellen und
mit ihnen nach den bekannten Rechenregeln rechnen.

Abschließend sei auf den Unterschied zwischen "natürlicher
Zahl" und "Zahldarstellung" hingewiesen:

natürliche Zahl $\hat{=}$ Mengenangabe, Zahlwort, Zahlenwert
   z.B. "vier" bedeutet die bestimmte Menge (●●●●)

Zahldarstellung: hängt ab vom gewählten Zahlensystem
   z.B.   4 (Dezimalsystem) $\Big)$
             100 (Dualsystem) $\Big)$ für den Zahlen-
              IV (Römisches Zahlensystem) $\Big)$ wert "vier"

Es werden hier nur die polyadischen Zahlensysteme behandelt.

1.2 __Polyadische Zahlensysteme__

Sie sind die gebräuchlichsten Zahlensysteme und werden deshalb kurz nur als "__Zahlensysteme__" bezeichnet.

Eine Zahl wird durch eine Aneinanderreihung von Ziffern dargestellt. Das ist eine Abkürzung für eine kompliziertere
Summenschreibweise. Im Dezimalsystem bedeutet z.B. die Zahl

$$123,45 = 100 + 20 + 3 + 0,4 + 0,05$$
$$= 1 \cdot 10^2 + 2 \cdot 10^1 + 3 \cdot 10^0 + 4 \cdot 10^{-1} + 5 \cdot 10^{-2}$$

Jede Ziffer ist mit einer __Bewertungs-__ oder __Gewichtspotenz__,
die man auch __Stellenwert__ nennt, verbunden. Die __Basis__ dieser
Potenzen gibt dem Zahlensystem den Namen. So hat z.B. das
__Dezimalsystem__ die Basis "zehn", das __Sedezimalsystem__ die Basis "sechzehn", das __Duodezimalsystem__ die Basis "zwölf", das
__Oktalsystem__ die Basis "acht", das __Dualsystem__ die Basis
"zwei". Die Exponenten sind ganzzahlig. Links vom Komma
wachsen sie von NULL aus Stelle für Stelle um 1, rechts vom
Komma nehmen sie analog ab, sind also negativ.

In jedem Zahlensystem ist die __Basiszahl__ B gleich der Anzahl
der benötigten __unterscheidbaren Ziffern__. Ist die Basis größer als "zehn", so werden die hierfür zusätzlich zu den Ziffern 0 bis 9 benötigten Ziffern durch große Buchstaben in
der Reihenfolge des Alphabetes ersetzt; z.B.

    A = Ziffer für die dezimale Zahl 10,
    B =   "   "   "   "   "   11,
    F =   "   "   "   "   "   15.

So hat also das Dezimalsystem die 10 Ziffern 0 bis 9, das
Sedezimalsystem die 16 Ziffern 0 bis F, das Duodezimalsystem
die 12 Ziffern 0 bis B, das Oktalsystem die 8 Ziffern 0 bis
7 und das Dualsystem die 2 Ziffern 0 und 1.

Alle Zahlen sind, außer im Dezimalsystem natürlich, als Zif-
fernfolge zu lesen; z.B. 10 als "eins-null", 75 als "sieben-
fünf" oder A10,F8 als "a-eins-null-Komma-eff-acht".

In der Tafel 1 sind die Dezimalzahlen 0 bis 19 zum Vergleich
in verschiedenen Zahlensystemen angegeben. Man erkennt, daß

Tafel 1: Zahldarstellungen

Zahlensystem	Dezimal	Sedezimal	Duodez.	Oktal	Hexal	Dual
Basis = Anzahl der Ziffern	10	16	12	8	6	2
Ziffernfolge und Zahldarstellung	0	0	0	0	0	0
	1	1	1	1	1	1
	2	2	2	2	2	10
	3	3	3	3	3	11
	4	4	4	4	4	100
	5	5	5	5	5	101
	6	6	6	6	10	110
	7	7	7	7	11	111
	8	8	8	10	12	1000
	9	9	9	11	13	1001
	10	A	A	12	14	1010
	11	B	B	13	15	1011
	12	C	10	14	20	1100
	13	D	11	15	21	1101
	14	E	12	16	22	1110
	15	F	13	17	23	1111
	16	10	14	20	24	10000
	17	11	15	21	25	10001
	18	12	16	22	30	10010
	19	13	17	23	31	10011

je größer die Basiszahl ist, desto geringer im allgemeinen
die erforderliche Stellenzahl für die Darstellung einunddesselben ganzzahligen Zahlenwertes ist.

Ein Wechsel der Anzahl der Stellen heißt "Sprung". So gibt
es z.B. den Dezimal-, Sedezimal-, Duodezimal-, Oktal- und
Dualsprung.

Einige Beispiele zu Zahldarstellungen:

Beispiel 1: Die Sedezimalzahl A1F3,8 ist in ausführlicher
Schreibweise und danach als Dezimalzahl anzugeben.

$$A1F3,8 = A \cdot 10^3 + 1 \cdot 10^2 + F \cdot 10^1 + 3 \cdot 10^0 + 8 \cdot 10^{-1}$$

in dezimaler Schreibweise:

$$= 10 \cdot 16^3 + 1 \cdot 16^2 + 15 \cdot 16^1 + 3 \cdot 16^0 + 8 \cdot 16^{-1}$$
$$= 40960 + 256 + 240 + 3 + 0,5$$
$$= 41459,5 \text{ im Dezimalsystem}$$

Beispiel 2: Die Oktalzahl 517,02 ist in ausführlicher

Schreibweise und danach als Dezimalzahl anzugeben.

$$517,02 = 5 \cdot 10^2 + 1 \cdot 10^1 + 7 \cdot 10^0 + 0 \cdot 10^{-1} + 2 \cdot 10^{-2}$$

in dezimaler Schreibweise:

$$= 5 \cdot 8^2 + 1 \cdot 8^1 + 7 \cdot 8^0 + 0 \cdot 8^{-1} + 2 \cdot 8^{-2}$$
$$= 320 + 8 + 7 + 0 + 0,030125$$
$$= 335,030125 \text{ im Dezimalsystem}$$

Beispiel 3: Die <u>Dualzahl</u> 1100,1 ist in ausführlicher Schreibweise und danach als Dezimalzahl anzugeben.

$$1100,1 = 1 \cdot 10^{11} + 1 \cdot 10^{10} + 0 \cdot 10^1 + 0 \cdot 10^0 + 1 \cdot 10^{-1}$$

in dezimaler Schreibweise:

$$= 1 \cdot 2^3 + 1 \cdot 2^2 + 0 \cdot 2^1 + 0 \cdot 2^0 + 1 \cdot 2^{-1}$$
$$= 8 + 4 + 0 + 0 + 0,5$$
$$= 12,5 \text{ im Dezimalsystem}$$

Der ganzzahlige Teil einer Dualzahl hat die Stellenwerte 1 - 2 - 4 - 8 - 16 - 32 usw., der Nachkommateil die Stellenwerte 1/2 - 1/4 - 1/8 - 1/16 usw..

1.3 Basistransformation

Grundsätzlich läßt sich jede Zahl eines beliebigen Zahlensystems in eine Zahl eines anderen Zahlensystems verwandeln. Es ist ratsam, Umwandlungen nicht direkt, sondern über das geläufige Dezimalsystem vorzunehmen.

Eine Ausnahme ist erwähnenswert: eine Dualzahl läßt sich ohne Umrechnen ins Dezimalsystem direkt umwandeln in eine

<u>Oktalzahl</u> durch Zerlegen der Dualzahl vom Komma aus in dreistellige Gruppen, sogenannte <u>Triaden</u>, oder in eine

<u>Sedezimalzahl</u> durch Zerlegen der Dualzahl vom Komma aus in vierstellige Gruppen, sogenannte <u>Tetraden</u>.

Hierzu folgendes <u>Beispiel</u> (vergl. Tafel 1 auf S.13):

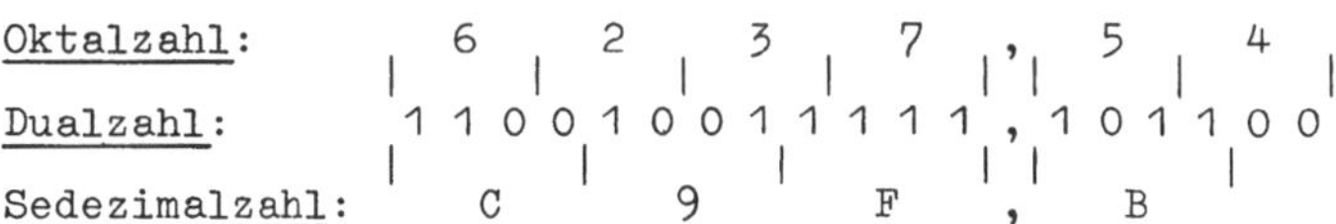

Alle 3 Zahldarstellungen ergeben die Dezimalzahl 3231,6875.

Das Oktal- und das Sedezimalsystem können als abkürzende
Schreibweise des Dualsystems bezeichnet werden.

Die Basistransformation erfolgt also über das Dezimalsystem.

Da die Exponenten der Bewertungspotenzen für den ganzzahligen Teil einer beliebigen positiven Zahl, im Folgenden kurz
"Ganzteil" genannt, positiv und für den Nachkommateil, im
Folgenden kurz "Bruchteil" genannt, negativ sind, ergeben
sich unterschiedliche Rechenvorschriften für die Umwandlung
von Ganz- und Bruchteilen.

1.3.1 Umrechnung einer Dezimalzahl in eine Zahl zur Basis B

Die umzuwandelnde Dezimalzahl wird in ihren Ganz- und ihren
Bruchteil zerlegt.

Der Ganzteil wird mit der Basis B des vorgesehenen Zahlensystems dividiert. Der sich ergebende Quotient besteht wiederum aus einem Ganz- und einem Bruchteil. Dieser Ganzteil wird
wieder mit der Basis B dividiert, wodurch ein neuer Quotient
mit Ganz- und Bruchteil entsteht. Die Division des Ganzteils
mit der Basis B wird fortgesetzt, bis der Ganzteil NULL ist.
Die jeweiligen Bruchteile werden mit der Basis B multipliziert. Diese Produkte sind stets ganzzahlig und ergeben die
Ziffern der gesuchten Zahl zur Basis B. Diese Ziffern entstehen in der Reihenfolge steigender Stellenwerte, also von
rechts nach links vom Komma aus.

Der Bruchteil wird mit der Basis B des vorgesehenen Zahlensystems multipliziert. Das sich ergebende Produkt besteht
wiederum aus einem Ganz- und einem Bruchteil. Dieser Bruchteil wird wieder mit der Basis B multipliziert, wodurch ein
neues Produkt mit Ganz- und Bruchteil entsteht. Die Multiplikation des Bruchteils mit der Basis B wird fortgesetzt,
bis der Bruchteil NULL ist oder bis die gewünschte Genauigkeit erreicht wird. Die jeweiligen Ganzteile ergeben die
Ziffern der gesuchten Zahl zur Basis B. Diese Ziffern entstehen in der Reihenfolge fallender Stellenwerte, also von
links nach rechts vom Komma aus.

Beispiel 4: Die <u>Dezimalzahl</u> 97546,64 ist als <u>Sedezimalzahl</u> darzustellen.

<u>Ganzteil</u>:

$$97546:16 = 6096 + 0,625$$
$$0,625 \cdot 16 = 10 \mathrel{\hat=} A$$
$$6096:16 = 381 + 0,0$$
$$0,0 \quad \cdot 16 = 0$$
$$381:16 = 23 + 0,8125$$
$$0,8125 \cdot 16 = 13 \mathrel{\hat=} D$$
$$23:16 = 1 + 0,4375$$
$$0,4375 \cdot 16 = 7$$
$$1:16 = 0 + 0,0625$$
$$0,0625 \cdot 16 = 1$$

also:

$$97546_{(10)} \mathrel{\hat=} 17D0A_{(16)}$$

<u>Bruchteil</u>:

$$0,64 \cdot 16 = 10,24 = 0,24 + 10 \mathrel{\hat=} A$$
$$0,24 \cdot 16 = 3,84 = 0,84 + 3$$
$$0,84 \cdot 16 = 13,44 = 0,44 + 13 \mathrel{\hat=} D$$
$$0,44 \cdot 16 = 7,04 = 0,04 + 7$$
$$0,04 \cdot 16 = 0,64 = 0,64 + 0$$
$$0,64 \cdot 16 = 10,24 = 0,24 + 10 \mathrel{\hat=} A$$

Der Bruchteil ist periodisch

also:

$$0,64_{(10)} \mathrel{\hat=} 0,\overline{A3D70}\cdots_{(16)}$$

damit: $97546,64_{(10)} \mathrel{\hat=} 17D0A,A3D7_{(16)}$ in guter Näherung

Beispiel 5: Die <u>Dezimalzahl</u> 25,40625 ist als <u>Dualzahl</u> darzustellen.

<u>Ganzteil</u>:

$$25:2 = 12 + 0,5$$
$$0,5 \cdot 2 = 1$$
$$12:2 = 6 + 0,0$$
$$0,0 \cdot 2 = 0$$
$$6:2 = 3 + 0,0$$
$$0,0 \cdot 2 = 0$$
$$3:2 = 1 + 0,5$$
$$0,5 \cdot 2 = 1$$
$$1:2 = 0 + 0,5$$
$$0,5 \cdot 2 = 1$$

<u>Bruchteil</u>:

$$0,40625 \cdot 2 = 0,8125 = 0,8125 + 0$$
$$0,8125 \cdot 2 = 1,625 = 0,625 + 1$$
$$0,625 \cdot 2 = 1,25 = 0,25 + 1$$
$$0,25 \cdot 2 = 0,5 = 0,5 + 0$$
$$0,5 \cdot 2 = 1,0 = 0,0 + 1$$

also:

$$25,40625_{(10)} \mathrel{\hat=} 11001,01101_{(2)}$$

1.3.2 Umrechnung einer Zahl zur Basis B in eine Dezimalzahl

Die umzuwandelnde Zahl zur Basis B wird in ihren Ganz- und in ihren Bruchteil zerlegt.

Der __Ganzteil__ wird folgendermaßen transformiert:

Man multipliziert zuerst die äußerste linke Ziffer mit der Basis B und addiert die nächste Ziffer. Diese Summe wird wiederum mit der Basis B multipliziert und die nächste Ziffer addiert. Das wird fortgesetzt, bis alle Ziffern erfaßt sind. Die letzte Summe ist die gesuchte Dezimalzahl.

Statt nach dieser Methode vorzugehen, kann man auch jede Ziffer mit ihrem Stellenwert multiplizieren. Die Summe aller dieser Einzelprodukte ist die gesuchte Dezimalzahl.

Der __Bruchteil__ wird folgendermaßen transformiert:

Man dividiert zuerst die äußerste rechte Ziffer durch die Basis B und addiert die nächste Ziffer. Diese Summe wird wieder durch die Basis B dividiert und die nächste Ziffer addiert. Diese Summe wird wieder durch die Basis dividiert. Das wird fortgesetzt, bis alle Ziffern erfaßt sind. Der letzte Quotient ist der gesuchte Dezimalbruch.

Statt nach dieser Methode vorzugehen, kann man auch jede Ziffer mit ihrem Stellenwert multiplizieren. Die Summe aller dieser Einzelprodukte ist der gesuchte Dezimalbruch.

Nach der 1. Methode werden die Ziffern von rechts nach links bis zum Komma, also __alle__ Ziffern, erfaßt. Nach der 2. Methode können die Ziffern von links nach rechts vom Komma aus erfaßt werden und gegebenenfalls nur so viele, wie zur Erreichung einer gewünschten Genauigkeit erforderlich sind.

__Beispiel 6__: Die __Sedezimalzahl__ 7BOF,19A ist als __Dezimalzahl__ darzustellen.

$$
\begin{aligned}
\text{Ganzteil:} \qquad & \underline{7\ B\ O\ F} \\
16 \cdot \quad 7 + B \quad &= \quad 123 \\
16 \cdot 123 + \quad 0 \quad &= \quad 1968 \qquad \text{also:} \\
16 \cdot 1968 + \quad F &= 31503 \qquad \underline{7BOF_{(16)} \triangleq 31503_{(10)}}
\end{aligned}
$$

Bruchteil: <u>0,1 9 A</u>

$$
\begin{aligned}
10 \quad\quad &: 16 = 0{,}625 \\
(9 \ + 0{,}625) \quad\quad &: 16 = 0{,}6015625 \\
(1 \ + 0{,}6015625) &: 16 = 0{,}10009765625
\end{aligned}
$$

also: $\underline{0{,}19A_{(16)} \stackrel{\wedge}{=} 0{,}10009765625_{(10)} \approx 0{,}1_{(10)}}$

damit: $\underline{7B0F{,}19A_{(16)} \stackrel{\wedge}{=} 31503{,}1_{(10)}}$

<u>Beispiel 7</u>: Die <u>Dualzahl</u> 110101,011 ist als <u>Dezimalzahl</u> dar-
zustellen.

<u>Ganzteil:</u>   <u>Bruchteil:</u>

<u>1 1 0 1 0 1</u>   <u>0,0 1 1</u>

$$
\begin{aligned}
2 \cdot \ 1 + 1 \quad\quad &= 3 \\
2 \cdot \ 3 + \ 0 \quad\quad &= 6 \\
2 \cdot \ 6 + \quad 1 &= 13 \\
2 \cdot 13 + \quad\quad 0 &= 26 \\
2 \cdot 26 + \quad\quad\quad 1 &= 53
\end{aligned}
$$

$$
\begin{aligned}
1 \quad\quad &: 2 = 0{,}5 \\
(1 \ + 0{,}5) &: 2 = 0{,}75 \\
(0 \ + 0{,}75) &: 2 = 0{,}375
\end{aligned}
$$

also:

$\underline{110101{,}011_{(2)} \stackrel{\wedge}{=} 53{,}375_{(10)}}$

1.4 <u>Binäres Dezimalsystem</u>

"Binär" bedeutet soviel wie "aus 2 Einheiten bestehend". So
heißen alle Zahlensysteme, logischen Systeme und Codesyste-
me, die zur Darstellung ihrer Ziffern, Zeichen und Begriffe
nur 2 unterscheidbare Zeichen benötigen, <u>Binärsysteme</u>. Das
wichtigste binäre Zahlensystem ist das <u>Dualsystem</u> und das
wichtigste binäre logische System die <u>Boolesche Algebra</u>. Jede Stelle einer binären Darstellungsform heißt <u>Binärstelle</u>.
Eine Binärstelle kann nur den Wert 0 oder 1 annehmen und
heißt auch "<u>Bit</u>".

Im binären Dezimalsystem wird jede einzelne Dezimalziffer
für sich binär verschlüsselt. Die dezimale Darstellung der
Zahl bleibt also erhalten. Derartige gemischte Zahlensysteme
werden sehr oft in elektronischen Rechenanlagen verwendet.
Mit der Verschlüsselung im <u>BCD-Code</u>, bei dem jede Dezimalziffer durch eine vierstellige, ihr entsprechende Dualzahl
dargestellt wird, und der deshalb analog der Stellenwerte
auch 8-4-2-1-Code genannt wird (siehe S.186), ergibt sich

z.B. für die Zahl 370 985 folgende Schreibweise:

$$370985 \rightarrow /0011/0111/0000/1001/1000/0101/$$

Die 4 Bits einer Gruppe bilden eine <u>Tetrade</u>. Diese Darstellung findet man z.B. auf
Lochstreifen und bewirkt eine <u>Serien-Parallel-Arbeits-
weise</u>. Bild 1 zeigt einen 4-
Kanal-Lochstreifen, der nur
$2^4 = 16$ verschiedene Bit-Kombinationen zuläßt. Man verwendet in der Praxis, weil ja
außer Ziffern auch Buchstaben

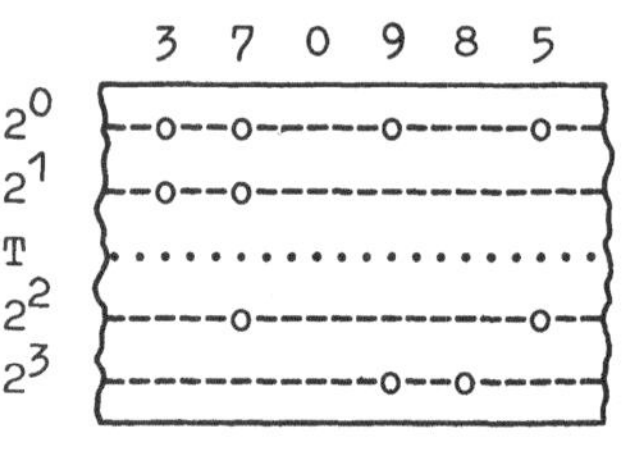

Bild 1: 4-Kanal-Lochstreifen

und Zeichen, sie alle bilden die <u>alphanumerischen Zeichen</u>,
dargestellt werden müssen, 5- bis 8-Kanal-Lochstreifen (siehe S.191). Für die Verschlüsselung verwendet man geeignete
<u>Codes</u>, von denen die z.Z. wichtigsten im Abschn. 12, S.182
behandelt werden.

1.5 <u>Darstellung negativer Zahlen</u>

Zur Darstellung negativer Zahlen kann man an Stelle eines
besonderen Vorzeichens, z.B. des üblichen Minus-Zeichens,
mit der <u>Komplementdarstellung</u> der negativen Zahl arbeiten.
Die Komplementdarstellung $\bar{z}$ einer negativen Zahl (-z) ist
eine stets positive Zahl. Damit ist es also möglich, die
Subtraktion und folglich alle vier Grundrechnungsarten auf
eine Addition zurückzuführen.

Man unterscheidet das (B-1)- und das B-Komplement.

Bei der <u>(B-1)-Komplementbildung</u> wird jede Ziffer zu (B-1)
ergänzt (B = Basis des Zahlensystems); z.B.:

	Dezimalsystem (B=10)	Dualsystem (B=2)
Ziffer:	0 2 3 4 8	0 1
(B-1)-Komplement:	9 7 6 5 1	1 0

Bei der <u>B-Komplementbildung</u> wird jede Ziffer zu B ergänzt
(B = Basis des Zahlensystems); z.B.:

	Dezimalsystem (B=10)	Dualsystem (B=2)
Ziffer:	0 1 3 4 5 8	0 1
B-Komplement:	0 9 7 6 5 2	0 1

Bei der B-Komplementbildung einer mehrstelligen Zahl ist bei jeder Stelle der Übertrag aus der vorhergehenden Stelle zu berücksichtigen. Der Übertrag der äußersten linken Stelle fällt weg, wodurch die Stellenzahl erhalten bleibt.

Beispiel 8: Für die Dezimalzahlen 0000, 0467, 1560, 3809, 5700, 9000 und 9999 sowie für die Dualzahlen 0000, 0100, 1000, 1001, 1010, 1011 und 1111 sind die (B-1)- und B-Komplemente zu bilden.

Dezimalzahl:	0000	0467	1560	3809	5700	9000	9999
(B-1)-Komplement:	9999	9532	8439	6190	4299	0999	0000
B-Komplement:	0000	9533	8440	6191	4300	1000	0001

Dualzahl:	0000	0100	1000	1001	1010	1011	1111
(B-1)-Komplement:	1111	1011	0111	0110	0101	0100	0000
B-Komplement:	0000	1100	1000	0111	0110	0101	0001

Aus dem bisher Gesagten und dem Beispiel 8 geht hervor:

1. Regel 1: Das (B-1)-Komplement $\bar{z}_{B-1}$ einer Zahl z erhält man, indem man jede ihrer Ziffern zu (B-1) ergänzt.

Bei Dualzahlen sind also die Ziffern 0 und 1 stellenweise miteinander zu vertauschen.

2. Für das (B-1)-Komplement $\bar{z}_{B-1}$ einer n-stelligen Zahl z gilt:
$$\bar{z}_{B-1} = C_{B-1} - z \tag{A}$$

Die Konstante C_{B-1} ist die größte darstellbare n-stellige Zahl. Im Beispiel 8 ist $C_{(10),B-1} = 9999$ und $C_{(2),B-1} = 1111$.

3. Regel 2: Das B-Komplement $\bar{z}_B$ einer Zahl z erhält man, indem man sie von rechts nach links betrachtet: die erste Ziffer, die ungleich Null ist, und ggf. die ihr vorangehenden Ziffern 0 werden zu B, alle anderen Ziffern zu (B-1) ergänzt.

Bei Dualzahlen bleiben also die erste Ziffer 1 und ggf. vor-

angehende Ziffern 0 unverändert erhalten, in allen folgenden
Stellen werden die Ziffern 0 und 1 miteinander vertauscht.

4. Für das B-Komplement $\bar{z}_B$ einer n-stelligen Zahl z gilt:

$$\bar{z}_B = C_B - z \qquad \text{mit } C_B = C_{B-1} + 1 \tag{B}$$

Das B-Komplement erhält man also durch Erhöhung des (B-1)-
Komplementes um die Ziffer 1. Die Konstante C_B ist (n+1)-
stellig, das B-Komplement $\bar{z}_B$ stets n-stellig. Im Beispiel 8
ist $C_{(10),B} = 10000$ und $C_{(2),B} = 10000 \triangleq 16_{(10)}$.

Da jede Zahl wiederum das Komplement ihres Komplementes darstellt, gelten für die Entschlüsselung des Komplementes
sinngemäß die gleichen Regeln wie für die Komplementbildung.

Zur <u>Kennzeichnung des Vorzeichens</u> wird jeder n-stelligen
Zahl z die Ziffer 0 vorangesetzt: sie wird (n+1)-stellig.
Diese linke Ziffer ist also nur eine Vorzeichenstelle.

Bei <u>positiven Zahlen</u> ist somit die <u>linke Ziffer</u> stets <u>Null</u>.

Bei <u>negativen Zahlen</u> läßt man das Minuszeichen weg und bildet deren Komplement $\bar{z}$, wodurch die <u>linke Ziffer</u> stets den
<u>Wert (B-1)</u> bekommt.

1.5.1 (B-1)-Komplementdarstellung

Aus dem eingangs Gesagten für negative Dualzahlen ergeben
sich für die (B-1)-Komplementdarstellung die Regeln 3 und 4.

<u>Regel 3</u>: Die (B-1)-Komplementdarstellung einer negativen n-
stelligen Dualzahl erhält man, indem man die Dualzahl durch
Voransetzen der Ziffer 0 (n+1)-stellig macht, das Vorzeichen
wegläßt und stellenweise die Ziffern 0 und 1 miteinander
vertauscht.

<u>Regel 4</u>: Für die Entschlüsselung (Decodierung) der (B-1)-
Komplementdarstellung einer Dualzahl gilt: ist die linke
Ziffer "0", so ist die nachfolgende Zahl positiv, ist sie
"1", so ist die nachfolgende Zahl negativ, und es sind stellenweise die Ziffern 0 und 1 miteinander zu vertauschen.

Für andere Zahlensysteme gelten diese Regeln sinngemäß.

Beispiel 9: Für die Dezimalzahlen 99, 27, 1, 0, -0, -1, -27 und -99 sind die (B-1)-Komplementdarstellungen und deren Entschlüsselungen anzugeben.

Nach Gl. (A) auf S.20 und analog Regel 3 und 4 auf S.21:

$$
\begin{array}{ll|l}
99 := +099 + 000 = 099 & 099 := +99 \\
27 := +027 + 000 = 027 & 027 := +27 & \text{Das Zeichen ":="} \\
1 := +001 + 000 = 001 & 001 := +01 & \text{bedeutet soviel} \\
0 := +000 + 000 = 000 & 000 := +00 & \text{wie "wird zu",} \\
-0 := -000 + 999 = 999 & 999 := -00 & \text{"geht über in"} \\
-1 := -001 + 999 = 998 & 998 := -01 & \text{u.ä.} \\
-27 := -027 + 999 = 972 & 972 := -27 \\
-99 := -099 + 999 = 900 & 900 := -99
\end{array}
$$

Beispiel 10: Für die Dualzahlen 1111, 1010, 1, 0, -0, -1, -1010 und -1111 sind die (B-1)-Komplementdarstellungen und deren Entschlüsselungen anzugeben.

Nach Regel 3 und 4 auf S.21:

$$
\begin{array}{lll|ll}
1111 := +01111 := 01111 & 01111 := +1111 \\
1010 := +01010 := 01010 & 01010 := +1010 \\
1 := +01 := 01 & 01 := +1 \\
0 := +00 := 00 & 00 := +0 \\
-0 := -00 := 11 & 11 := -0 \\
-1 := -01 := 10 & 10 := -1 \\
-1010 := -01010 := 10101 & 10101 := -1010 \\
-1111 := -01111 := 10000 & 10000 := -1111
\end{array}
$$

1.5.2 B-Komplementdarstellung

Aus dem eingangs Gesagten für negative Dualzahlen ergeben sich für die B-Komplementdarstellung die Regeln 5 und 6.

Regel 5: Die B-Komplementdarstellung einer negativen n-stelligen Dualzahl erhält man, indem man die Dualzahl durch Voransetzen der Ziffer 0 (n+1)-stellig macht, das Vorzeichen wegläßt und sie von rechts nach links betrachtet: die erste Ziffer 1 und ggf. die ihr vorangehenden Ziffern 0 bleiben unverändert erhalten, in allen anderen Stellen werden die Ziffern 0 und 1 miteinander vertauscht.

<u>Regel 6</u>: Für die Entschlüsselung der B-Komplementdarstellung einer Dualzahl gilt: ist die linke Ziffer "0", so ist die nachfolgende Zahl positiv, ist sie "1", so ist die nachfolgende Zahl negativ und von rechts nach links zu betrachten: die erste Ziffer 1 und ggf. die ihr vorangehenden Ziffern 0 bleiben unverändert erhalten, in allen anderen Stellen werden die Ziffern 0 und 1 miteinander vertauscht.

<u>Beispiel 11</u>: Für die Dualzahlen 10111, 1000, 0, -0, -10000, -10111, -11010 und -11100 sind die B-Komplementdarstellungen und deren Entschlüsselungen anzugeben.

Nach Regel	$+10111$:=	$+010111$:=	010111	010111 :=	$+10111$
5 und 6:	$+1000$:=	$+01000$:=	01000	01000 :=	$+1000$
	$+0$:=	$+00$:=	00	00 :=	$+0$
	-0 :=	-00 :=	00	00 :=	$+0$
	-10000 :=	-010000 :=	110000	110000 :=	-10000
	-10111 :=	-010111 :=	101001	101001 :=	-10111
	-11010 :=	-011010 :=	100110	100110 :=	-11010
	-11100 :=	-011100 :=	100100	100100 :=	-11100

Die B-Komplementdarstellung einer negativen Null führt bei der Entschlüsselung zu einer positiven Null.

1.6 <u>Grundrechnungsarten</u>

Die Rechenregeln für das Dezimalsystem gelten sinngemäß für alle Zahlensysteme. Das Dualsystem wird wegen seiner Bedeutung in der Digitaltechnik im Abschn. 2 gesondert behandelt.

Hier noch ein beachtenswerter Hinweis für die <u>Multiplikation</u> und <u>Division</u>:

Das Verschieben einer Zahl um <u>eine</u> Stelle nach links bedeutet eine Multiplikation dieser Zahl mit der Basis ihres Zahlensystems: bei Dezimalzahlen also mit 10, bei Sedezimalzahlen mit 16 und bei Dualzahlen mit 2.

Das Verschieben einer Zahl um <u>eine</u> Stelle nach rechts bedeutet eine Division dieser Zahl durch die Basis ihres Zahlensystems: bei Dezimalzahlen also durch 10, bei Sedezimalzahlen durch 16 und bei Dualzahlen durch 2.

2 Dualarithmetik

Weil es nur die 2 Ziffern 0 und 1 gibt, werden die Rechenregeln sehr einfach.

2.1 Addition

Es ergeben sich folgende 4 Möglichkeiten:

```
   0     0     1     1
  +0    +1    +0    +1
   0     1     1    10
                     └────Übertrag
```

Fernerhin ist 1+1+1 = 11; 1+1+1+1 = 100 usw. (vergl. Tafel 1 auf S.13). Die Überträge sind: 1, 10, 11, 100, 101 usw..

Beispiel 12: Die Dezimalzahlen a) 14 und 11 und b) 19,25; 1,625 und 7,375 sind dual zu addieren.

```
a) 14    01110      b) 19,250    10011,010
   11    01011         1,625     00001,101
   25    11001         7,375     00111,011
                      28,250     11100,010
```

In elektronischen Rechenmaschinen (Computern) werden nur 2 Summanden gleichzeitig addiert. Weitere Summanden werden einzeln nacheinander mit der jeweils zuvor errechneten Summe addiert (siehe Abschn. 10.1 auf S.159 mit Bild 144).

2.2 Subtraktion

```
Es ergibt sich:      0     0     1     1
                    -0    -1    -0    -1
                     0    11     1     0
                           └────Borgeziffer als "Übertrag"
```

Beispiel 13: Die Dezimalzahlen a) 14 und 11 und b) 19,25 und 7,375 sind dual zu subtrahieren.

```
a)  14    01110     b)  19,250    10011,010
   -11   -01011        - 7,375   -00111,011
     3    00011         11,875    01011,111
```

In den folgenden Abschnitten 2.3 und 2.4 wird die Subtraktion durch die additive Komplementdarstellung ersetzt.

2.3 Addition und Subtraktion mit (B-1)-Komplementbildung

Es wird auf Regel 1 auf S.20, Regel 3 und 4 auf S.21 und auf die Beispiele 9 und 10 auf S.22 hingewiesen.

Der beim Addieren der beiden linken Stellen, der Vorzeichenstellen, auftretende Übertrag muß der rechten Stelle, der Einer-Stelle, noch zuaddiert werden. Das nennt man den "Einer-Rücklauf".

Beispiel 14: Die Dezimalzahlen 11 und 3 sind dezimal und dual unter Anwendung der (B-1)-Komplementdarstellung zu addieren und zu subtrahieren.

```
a)  +11     011                    +1011     01011
    + 3     003                    +0011     00011
    +14     014 := +14                       01110 :=  +1110


b)  +11     011                    +1011     01011
    - 3     996                    -0011     11100
    + 8    1007                             100111
          └→1 ←── "Einer-Rücklauf" ──→    └──→1
            008 := +08                      01000 :=  +1000


c)  -11     988                    -1011     10100
    + 3     003                    +0011     00011
    - 8     991 := -08                       10111 :=  -1000


d)  -11     988                    -1011     10100
    - 3     996                    -0011     11100
    -14    1984                             110000
          └→1 ←── "Einer-Rücklauf" ──→    └──→1
            985 := -14                      10001 := -1110


e)  +11     011                    +1011     01011
    -11     988                    -1011     10100
      0     999 := -00                       11111 :=  -0000
```

Die Verwirklichung des "Einer-Rücklaufes" in elektronischen Rechenmaschinen ist recht einfach, weil der Übertrag der linken Stelle infolge einer Art umlaufender Addition automatisch in die rechte Stelle, die Einer-Stelle, übertragen werden kann. Das Vorhandensein dieses Übertrages löst einen zusätzlichen Additionsvorgang aus: das bisherige Ergebnis wird mit dem vorhandenen Übertrag addiert. Das geschieht in einem als "Ringspeicher" arbeitenden Schieberegister, wie im Abschn. 9.2 auf S.155, letzter Absatz, gezeigt wird.

Die Subtraktion zweier gleich großer Zahlen ergibt bei der (B-1)-Komplementdarstellung eine negative Null.

2.4 Addition und Subtraktion mit B-Komplementbildung

Es wird auf Regel 2 auf S.20, Regel 5 und 6 auf S.22/23 und auf Beispiel 11 auf S.23 hingewiesen.

Beispiel 15: Die Dezimalzahlen 11 und 3 sind dezimal und dual unter Anwendung der B-Komplementdarstellung zu addieren und zu subtrahieren.

```
a) +11 .=  011       +1011 .= +01011 .= 01011
   + 3 ·=  003       +0011 ·= +00011 ·= 00011
   +14     014 := +14                  01110 := +1110

b) +11 .=  011       +1011 .= +01011 .= 01011
   - 3 ·=  997       -0011 ·= -00011 ·= 11101
   + 8     008 := +08                  01000 := +1000

c) -11 .=  989       -1011 .= -01011 .= 10101
   + 3 ·=  003       +0011 ·= +00011 ·= 00011
   - 8     992 := -08                  11000 := -1000

d) -11 .=  989       -1011 .= -01011 .= 10101
   - 3 ·=  997       -0011 ·= -00011 ·= 11101
   -14     986 := -14                  10010 := -1110

e) +11 .=  011       +1011 .= +01011 .= 01011
   -11 ·=  989       -1011 ·= -01011 ·= 10101
    0     000 := +00                  00000 := +0000
```

Die Subtraktion zweier gleich großer Zahlen ergibt bei der B-Komplementdarstellung eine positive Null.

Hier entfällt also der "Einer-Rücklauf". Die B-Komplementbildung wird durch eine einfache Schaltlogik erreicht (siehe Beispiel 69 auf S.167).

2.5 Multiplikation

Es ergibt sich: $0 \cdot 0 = 0$ $0 \cdot 1 = 0$ $1 \cdot 0 = 0$ $1 \cdot 1 = 1$

<u>Beispiel 16</u>: Die Dezimalzahlen 14 und 11 sind dual miteinander zu multiplizieren.

$$
\begin{array}{ll}
14 \cdot 11 & 1110 \cdot 1011 \\
\underline{14} & \underline{1110} \\
154 & \quad\ 1110 \\
& \underline{\quad\ 1110\ \ } \\
& 10011010
\end{array}
$$

Die Multiplikation wird praktisch auf Additionsoperationen zurückgeführt. Das geschieht in einem kleinen, festen <u>Programm</u>, dessen Ablauf in der Rechenmaschine durch einen einzigen Befehl, z.B. durch bestimmte Buchstaben, Zeichen oder Ziffern, aufgerufen werden kann.

Größere elektronische Rechner sind durchweg <u>programmgesteuerte</u> Anlagen. Ein Programm besteht aus in bestimmter Reihenfolge aneinandergereihter <u>Anweisungen</u> und <u>Befehle</u> und erforderlicher <u>konstanter Zahlenwerte</u>. Die Anweisungen und Befehle werden streng der Reihe nach, sofern kein <u>Sprungbefehl</u> vorliegt, einzeln abgefragt und ausgeführt. Das Programm muß in einer "Sprache" geschrieben sein, die der Rechner "versteht". Die Verwendung der <u>Maschinensprache</u>, also der "Muttersprache" des Rechners, ist für die meisten Programme zu umständlich und zu anstrengend. Deshalb verwendet man <u>problemorientierte Sprachen</u>, die der Rechner zwar nicht versteht, die aber das Programmschreiben sehr erleichtern (z.B. ALGOL, FORTRAN, KOBOL u.a.). Der Rechner muß also hierbei zusätzlich ein <u>Übersetzer-Programm</u> (<u>Compiler</u>) bekommen, um die ihm unverständliche "Kurzschrift" in seine verständliche Muttersprache übersetzen zu können.

Die Erstellung eines technisch-wissenschaftlichen Programms geschieht in folgenden 4 Schritten:

1. Textliche Formulierung der Aufgabenstellung

2. Mathematische Formulierung der Aufgabenstellung
   (Aufstellung eines mathematischen Formelplanes)

3. Aufstellung eines Programmablaufplanes
   (bzw. Aufstellung eines Flußdiagramms)

4. Umsetzen des Programmablaufplanes mittels geeigneter
   Programmiersprache in ein Programm: Programmliste
   aufstellen und auf Lochkarten oder Lochstreifen übertragen

<u>Beispiel 17</u>: Programmablaufplan für eine Multiplikation

<u>Aufgabenstellung</u>: Es sind 2 ganzzahlige, positive Zahlen a
und b miteinander zu multiplizieren und mit ihrem Ergebnis E
herauszudrucken. Die Multiplikation ist als Addition durchzuführen. Hierfür ist der Programmablaufplan aufzustellen.

<u>Mathematische Formulierung</u>: $a \cdot b = E$ mit E als Ergebnis

a, b sind ganzzahlig, positiv

<u>Programmablaufplan</u>: (DIN 66 001)

Z.B.:

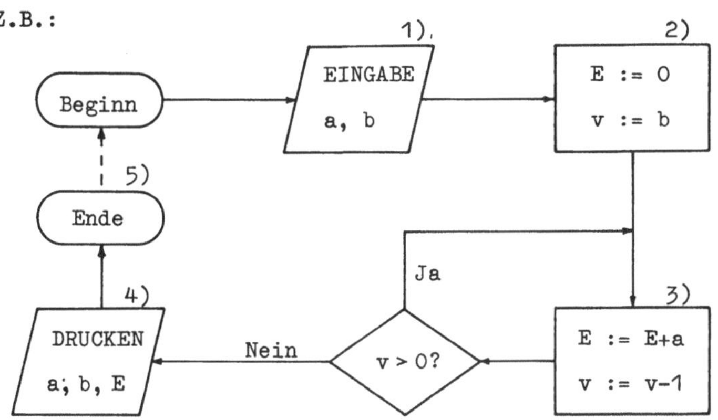

Bild 2: Programmablaufplan für $a \cdot b = E$

Das Zeichen := bedeutet soviel wie "wird zu", "geht über in"
u.ä.. Die Anzahl der Schleifendurchläufe ist von der Frage-
stellung "größer gleich", "größer als", "gleich", "kleiner
als" oder "kleiner gleich" abhängig. Zum besseren Verständnis des Rechenablaufes in der Schleife des Programmablaufplanes betrachten wir ein dezimales Zahlenbeispiel:

$$7 \cdot 3 = 21 \;\hat{=}\; a \cdot b = E; \quad \text{d.h.} \quad a = 7; \; b = 3;$$

Schleife	E:= E+a	v:= v-1	v > 0?	Antwort
1.	0 + 7 = 7	3 - 1 = 2	2 > 0?	ja : → 2. Schleife
2.	7 + 7 = 14	2 - 1 = 1	1 > 0?	ja : → 3. Schleife
3.	14 + 7 = 21	1 - 1 = 0	0 > 0?	nein: → Drucken a,b,E

Bedeutung der Fußnoten:

1) Die Faktoren a und b werden z.B. von Lochkarten abgefühlt und auf bestimmten Speicherplätzen gespeichert.

2) Der Faktor b wird zusätzlich auf den Speicherplatz für die Veränderliche v gebracht, damit er dort als Steuersignal verarbeitet werden kann.

   Der Inhalt des Speicherplatzes für das Ergebnis E muß auf "Null" gesetzt werden, damit nicht Ergebnisse vorangegangener Rechnungen gespeichert bleiben und das jetzige Rechenergebnis verfälschen.

3) Der Inhalt des Ergebnisspeicherplatzes wird mit dem Faktor a addiert. Die Summe wird wieder auf den Ergebnisspeicherplatz gebracht.

   Die Veränderliche v wird um 1 vermindert. Die Differenz wird wieder auf den Speicherplatz für v gebracht.

4) Der Inhalt der Speicherplätze für a, b und E wird auf Speicherplätze gebracht, deren Inhalt gedruckt werden kann. Aus Wirtschaftlichkeitsgründen kann nicht der Inhalt eines jeden Speicherplatzes gedruckt werden.

5) Bei "bedingtem Stop" springt die Abfrage auf den Programmanfang, und der Rechner wiederholt mit anderen Eingabewerten die Multiplikation.

2.6 Division

Es ergibt sich: $0:1 = 0$ und $1:1 = 1$

Bei der Division "durch Null" bleibt der Rechner stehen und zeigt "Überlauf" an.

Beispiel 18: Die Dezimalzahlen 22 und 6 sind dual miteinander zu dividieren.

$$22:6 = 3 \text{ Rest } 4 \qquad
\begin{array}{l}
10110:110 = 11 \text{ Rest } 100 \\
\underline{-\ 110} \\
1010 \\
\underline{-\ 110} \\
100
\end{array}$$

Die Division kann durch Subtraktionsoperationen ersetzt werden. Durch Komplementdarstellung lassen sie sich auf Additionsoperationen zurückführen. Wir betrachten hier als Beispiel nur die analog Abschn. 2.5 nach einem Programm ablaufende Subtraktionsoperation.

Beispiel 19: Programmablaufplan für eine Division

Aufgabenstellung: Es sind 2 ganzzahlige, positive Zahlen a und b miteinander zu dividieren und mit ihrem Ergebnis E und Rest R herauszudrucken. Hierfür ist der Programmablaufplan aufzustellen.

Mathematische Formulierung: $a:b = E$, Rest R mit $a \geqq b$

a, b sind ganzzahlig, positiv

Programmablaufplan:

Z.B.:

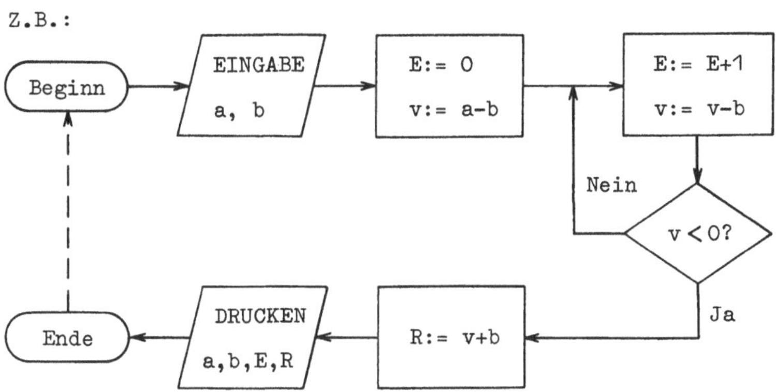

Bild 3: Programmablaufplan für a:b=E Rest R

Die Erläuterungen auf S.29 gelten sinngemäß auch hier. Ein

dezimales Zahlenbeispiel soll den Rechenablauf in der Schleife des Programmablaufplanes veranschaulichen:

$22 : 7 = 3$, Rest $1 \, \hat{=} \, a : b = E$, Rest R; d.h. a = 22, b = 7

Schleife	E := E+1	v := v-b	v < 0?	Antwort
1.	0 + 1 = 1	15 - 7 = 8	8 < 0?	nein: → 2. Schleife
2.	1 + 1 = 2	8 - 7 = 1	1 < 0?	nein: → 3. Schleife
3.	2 + 1 = 3	1 - 7 = -6	-6 < 0?	ja :

$$R = v+b = -6+7 = 1$$

Drucken a, b, E, R

2.7 Addition und Subtraktion im BCD- (8-4-2-1)-Code

2.7.1 Addition

Zu beachten ist beim Addieren der Übertrag. Er tritt auf
nach "9" im Dezimalsystem und
nach "1111" im binären Dezimalsystem des BCD-Code.

Z.B.:

dezimal:

$$\begin{array}{r} 5 \\ +7 \\ \hline +12 \end{array} \qquad \text{BCD-Code:} \quad \begin{array}{r} 0101 \\ +0111 \\ \hline +1100 \end{array}$$

Das Ergebnis im BCD-Code ist nicht richtig, weil die zweistellige Darstellung nicht erscheint.

Ist die Summe größer als $1001_{(2)} \, \hat{=} \, 9_{(10)}$, so treten der dezimale Übertrag und die erwartete Ziffer nicht in Erscheinung. Deshalb muß auf den binär-dezimalen Übertrag 0001/0000 $\hat{=} \, 16_{(10)}$ übergegangen werden. Man muß also von 9 auf 15 bzw. von 10 auf 16 anheben, d.h. eine duale Sechs addieren. Damit ergibt sich Regel 7.

Regel 7: Ist im BCD-Code der Wert einer positiven Tetrade größer als 1001, so ist 0110 zu addieren und der sich ergebende Übertrag in die nächste Tetrade zu übertragen.

Das nennt man die BCD-Korrektur. Damit zurück zu obigem Beispiel: 1100 > 1001? Ja! Also 0110 addieren:

$$\begin{array}{r} 1100 \\ 0110 \\ \hline \end{array}$$

0001/0010 $\hat{=}$ 12, dem richtigen 2stelligen Ergebnis.

Die Addition zweier Zahlen im BCD-Code erfolgt wie üblich
Stelle für Stelle. Nach der Addition jeder einzelnen Dezi-
malstelle, wobei auch der Übertrag aus der vorherigen Dezi-
malstelle zu berücksichtigen ist, muß jedesmal die Summe ge-
prüft und gegebenenfalls korrigiert werden.

<u>Beispiel 20</u>: Die Dezimalzahlen 458051 und 549273 sind im
BCD-Code zu addieren.

```
 458051         0100 0101 1000 0000 0101 0001
 549273         0101 0100 1001 0010 0111 0011
1007324             __1 0001      1100 0100
                    1010 0110      0110
                    0110 0111   __1 0010
              __1 0000      0011
              1010
              0110
         0001 0000 0000 0111 0011 0010 0100
            1    0    0    7    3    2    4
```

2.7.2 <u>Subtraktion</u>

Auch hier wird mit der Komplementdarstellung negativer Zahlen gearbeitet. Nach Abschn. 2.7.1 ergibt sich mit

$$z \qquad = \text{Dezimalziffer}$$

$$z_{BCD} \qquad = z \text{ im BCD-Code (in dualer Tetradenform)}$$

$$\bar{z}_{B-1} \qquad = (B-1)\text{-Komplement von } z$$

$$\bar{z}_{B-1,BCD} = \bar{z}_{B-1} \text{ im BCD-Code}$$

$$\bar{z}_{B} \qquad = B\text{-Komplement von } z$$

$$\bar{z}_{B,BCD} \quad = \bar{z}_{B} \text{ im BCD-Code}$$

für die <u>(B-1)-Komplementbildung</u>:

$$\bar{z}_{B-1} = 9 - z = 15 - (z + 6) \; \hat{=} \; \underline{1111 - (z_{BCD} + 0110) = \bar{z}_{B-1,BCD}}$$

für die <u>B-Komplementbildung</u>:

$$\bar{z}_{B} \;\; = 10 - z = 16 - (z + 6) \; \hat{=} \; \underline{10000 - (z_{BCD} + 0110) = \bar{z}_{B,BCD}}$$

Die <u>(B-1)-Komplementbildung</u> und deren Entschlüsselung einer
Zahl im BCD-Code erfolgt nach Regel 1 auf S.20 und geht in

2 Schritten vor sich:

1. Schritt: in jeder Tetrade 0110 addieren

2. Schritt: von rechts nach links (B-1)-Komplement bilden

<u>Beispiel 21</u>: Die negativen Dezimalzahlen a) -486 und b) -931
sind im BCD-Code in (B-1)-Komplementdarstellung anzugeben.

a) -486 := -0486 := 9513   b) -931 := -0931 := 9068

```
    0    4    8    6                        0    9    3    1
  0000 0100 1000 0110                     0000 1001 0011 0001
  0110 0110 0110 0110   1. Schritt        0110 0110 0110 0110
  ─────────────────────                   ─────────────────────
  0110 1010 1110 1100                     0110 1111 1001 0111

  1001 0101 0001 0011   2. Schritt        1001 0000 0110 1000
  ═════════════════════  nach Regel 1     ═════════════════════
    9    5    1    3    auf S.20            9    0    6    8
```

<u>Beispiel 22</u>: Die Dezimalzahlen a) 726 und 486 und b) 197 und
486 sind im BCD-Code in (B-1)-Komplementdarstellung zu subtrahieren.

```
a)   726    0726                 b)   197    0197
    -486    9513 x)                   -486    9513 x)
     240   10239                      -289    9710 := -289
           └──►1 (Einer-Rücklauf)
           0240 := +240
```

```
  0000 0111 0010 0110              0000 0001 1001 0111
  1001 0101 0001 0011 x)          1001 0101 0001 0011 x)
       ─────────────────          ────              ────
       1100 0011 1001             1001                1010
       0110                                           0110
       ────                                           ────
          1 0010                                    1 0000
       1010                                         1011
       0110                                         0110
       ────                                         ────
  0001 0000                                       1 0001
  └──────────────────► 0001            0111
  (Einer-Rücklauf)     1010        1001 0111 0001 0000
                       0110        ┌─► 0110 0110 0110
                       ────        │   1101 0111 0110
                          1 0000   │ ─ 0010 1000 1001
                       0100        ▼ ═════════════════
  0000 0010 0100 0000                  -    2    8    9
  ═══════════════════
    +    2    4    0
```

x) von dem Beispiel 21 übernommen

Die <u>B-Komplementbildung</u> und deren Entschlüsselung einer Zahl im BCD-Code geht in 2 Schritten vor sich:

1. nach Regel 2 auf S.20: die Tetraden von rechts nach links betrachten: die erste Tetrade, die ungleich Null ist, und alle folgenden mit 0110 addieren
2. von rechts nach links B-Komplement bilden

<u>Beispiel 23</u>: Die negativen Dezimalzahlen -320 und -613 sind im BCD-Code in B-Komplementdarstellung anzugeben.

```
-320 := -0320 := 9680                    -613 := -0613 := 9387

0000 0011 0010 0000                      0000 0110 0001 0011
0110 0110 0110          1. Schritt       0110 0110 0110 0110
0110 1001 1000                           0110 1100 0111 1001

1001 0110 1000 0000     2. Schritt       1001 0011 1000 0111
=====================                    =====================
  9    6    8    0                         9    3    8    7
```

<u>Beispiel 24</u>: Die Dezimalzahl 613 ist a) von 903 und b) von 403 im BCD-Code in B-Komplementdarstellung zu subtrahieren.

```
a)   903  := 0903                  b)   403  := 0403
    -613  := 9387 x)                   -613  := 9387 x)
     290     0290 := +290              -210     9790 := -210

0000 1001 0000 0011                0000 0100 0000 0011
1001 0011 1000 0111 x)             1001 0011 1000 0111 x)
          1100      1010           1001 0111           1010
          0110      0110  BCD-Kor-                      0110
        1 0010    1 0000  rekturen                    1 0000
1010      1001                                         1001
0110                               1001 0111 1001 0000
0000                1. Schritt:    |─► 0110 0110
0000 0010 1001 0000                |   1101 1111
===================  2. Schritt:   ▼ - 0010 0001 0000
  +    2    9    0                 =====================
                                     -    2    1    0
```

x) vom Beisp. 23 übernommen

3 Mengenlehre

Die Mengenlehre oder auch Mengenalgebra ist das anschaulichste Anwendungsgebiet der <u>Booleschen Algebra</u> und zeigt alle wesentlichen Züge dieser Algebra.

Wir beschäftigen uns hier nur so weit mit den Grundlagen der

Mengenlehre, wie sie zum besseren Verständnis der Rechenregeln der Booleschen Algebra erforderlich sind.

3.1 Element und Menge

Element und Menge sind undefinierte Grundbegriffe wie auch z.B. Punkt und Gerade in der ebenen Geometrie.

Bezeichnungen mit Erklärungen:

Elemente: kleine Buchstaben: a, b, x, y, usw.
Mengen: große Buchstaben : A, B, X, Y, usw.

$a \in B$: a ist ein Element der Menge B.

$A \subseteq B$: A ist Teilmenge von B (Sprechweise auch: A sub B),
oder wenn jedes Element von A auch ein Element von B ist. Diese beiden Zeichen sind die Inklusionsrelation und
$A \subset B$: bedeuten "enthalten oder gleich". A enthält die gleichen Elemente wie B. Es gilt $A \subseteq A$.

$A \subsetneq B$: A ist echt enthalten in B. Dieses Zeichen ist die echte Inklusionsrelation und bedeutet "enthalten und ungleich". B enthält alle Elemente von A und außerdem mindestens 1 Element, das nicht in A enthalten ist.

Gesamtmenge:
Zeichen für die Gesamtmenge: 1
Die Gesamtmenge enthält alle in Rede stehenden Elemente. Jede Menge ist eine echte Teilmenge der Gesamtmenge.

Leere Menge oder Leermenge:
Zeichen für die leere Menge: $\emptyset$
Die Leermenge enthält keine Elemente. Sie ist eine echte Teilmenge jeder anderen Menge. In Hinblick auf die Boolesche Algebra wird hier statt "$\emptyset$" die Ziffer 0 verwendet.

{a, b, c, ...}:
Bezeichnung für eine durch ihre Elemente angegebene Menge.

Komplement von A:
Das Komplement der Menge A ist eine Menge, die genau die nicht in A liegenden Elemente enthält. Beide Mengen sind einander zugeordnet. Das Komplement von A wird mit (A oder

-A bezeichnet. In Hinblick auf die Boolesche Algebra wird
hier statt mit diesen Zeichen mit dem Zeichen ¯ gearbeitet,
also z.B. $\bar{A}$ (Sprechweise: A quer, A nicht, nicht A).

Alle Zusammenhänge zwischen den Mengen werden in <u>Venn-Dia-
grammen</u> oder <u>Eulerschen Kreisen</u> recht anschaulich dargestellt.

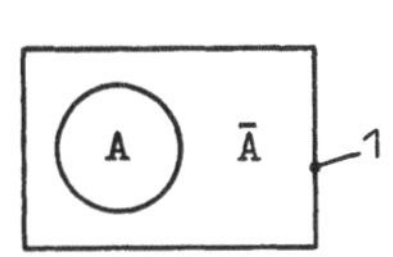

Bild 4: Venn-Diagramm
für zugeordnete Mengen

Bild 4 zeigt die Zuordnung von A und
$\bar{A}$. Im Kreis seien alle Elemente oder
Punkte enthalten, die die Eigenschaften, also auch den Wert, von A
haben. Man bezeichnet das auch als
<u>Punktmenge A</u>. Dann müssen alle Ele-
mente oder Punkte außerhalb der
Punktmenge A den Wert von $\bar{A}$ haben.

Dieser Bereich erfaßt also die Punktmenge $\bar{A}$ und erstreckt
sich über die ganze Ebene außerhalb von A.

Die Anzahl der Elemente der Gesamtmenge 1, die im Bild 4 als
Rechteck dargestellt ist, ist gleich der Summe der Elemente
der einander zugeordneten Mengen A und $\bar{A}$.

Hierzu und für die weiteren Abschnitte betrachten wir

<u>Beispiel 25</u>: In einem Regal stehen 20 Bücher mit 6 roten,
8 blauen, 2 weißen und 4 grünen Einbänden. Diese 20 Bücher
haben englische, polnische und spanische Texte. Es ergibt
sich: alle roten und 3 blaue Bücher sind in englisch, der
Rest blaue in polnisch, alle grünen in spanisch und die 2
weißen Bücher in polnisch <u>und</u> spanisch geschrieben.

Folgende Mengenbezeichnungen werden festgelegt:

<u>Alle Bücher mit</u>

rotem Einband	=	Menge	R:	6 Elemente
blauem Einband	=	"	B:	8 "
weißem "	=	"	W:	2 "
grünem "	=	"	G:	4 "
englischem Text	=	"	E:	9 "
polnischem "	=	"	P:	7 "
spanischem "	=	"	S:	6 "

nur polnischem Text   = Menge H: 5 Elemente
nur spanischem "   =   "   T: 4   "
polnischem + spanischem Text   =   "   L: 2   "
englischem Text + blauem Einband   =   "   M: 3   "

Aus Anschaulichkeitsgründen ist hinter jeder Menge die Anzahl ihrer Elemente angegeben, die sich leicht ermitteln läßt. Beachte: S enthält <u>alle</u> Bücher mit spanischem Text, also Menge T und Menge L.

<u>Es gilt z.B.</u>: $G = T$; $W = L$; $\bar{G} = \bar{T}$; $R \subsetneq E$;

$\bar{G}$ = alle nicht grünen Bücher: also alle roten, blauen und weißen Bücher;

1 = Gesamtmenge der jeweils in Rede stehenden Bücher; betrachtet man z.B. <u>alle</u> Bücher, so hat "1" 20 Elemente. Befaßt man sich aber allein nur mit allen spanischen Büchern, so bilden diese die Gesamtmenge 1 mit 6 Elementen.

Für die weitere Auswertung des Beispiels 25 ist im Bild 5 das zugehörige Venn-Diagramm dargestellt.

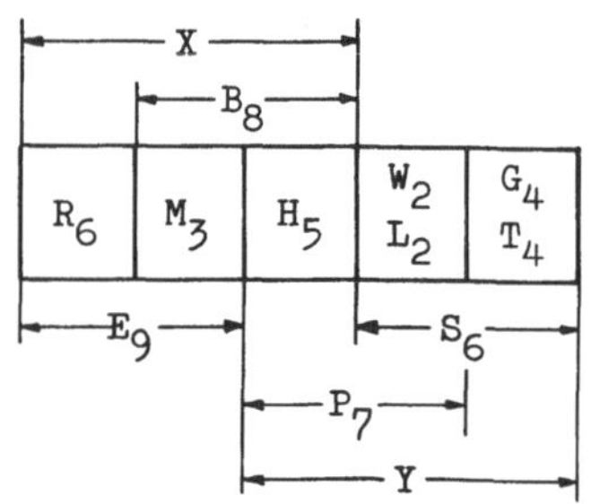

Die Indizes geben die Anzahl der Elemente an, die gegeben oder leicht errechenbar sind.

X, Y: siehe S.39 und 42

Bild 5: Venn-Diagramm für Beispiel 25

3.2 <u>Verknüpfung von Mengen</u>

Für die Verknüpfung von beliebigen Mengen hat man 2 Begriffe definiert: den "<u>Durchschnitt</u>" und die "<u>Vereinigung</u>". Da diese Verknüpfungen wieder irgendwelche Mengen darstellen, be-

zeichnet man den Durchschnit von Mengen als <u>Durchschnitts-</u>
<u>menge</u> und die Vereinigung von Mengen als <u>Vereinigungsmenge</u>.

3.2.1 <u>Durchschnittsmenge</u>

Im Beispiel 25 auf S.36 enthält die Menge P 7 polnische Bücher, die Menge S 6 spanische Bücher. Es seien die durch ihre Elemente dargestellten Mengen P = {a, b, c, d, e, f, g} und
S = {c, f, h, i, j, k}. Die den beiden Mengen <u>gemeinsamen</u> Elemente c und f (sowohl polnischer als auch spanischer Text)
bilden eine Menge L, die zugleich Teilmenge von P und auch
von S ist. L ist der <u>Durchschnitt</u> von P und S.

<u>Allgemeine Definition des Durchschnitts:</u>

Der Durchschnitt zweier beliebiger Mengen enthält genau die
Elemente, die beiden gemeinsam sind. Der Durchschnitt ist
also die Menge aller der Elemente, die in der einen <u>und</u> zugleich in der anderen Menge enthalten sind. Für mehr als 2
Mengen gilt sinngemäß dasselbe.

<u>Zeichen für den Durchschnitt:</u> $\cap$; z.B. hier: L = P $\cap$ S

Der Durchschnitt ist eine <u>UND-Verknüpfung</u>. In Hinblick auf
die Boolesche Algebra wird hier statt des Zeichens $\cap$ meistens das Zeichen $\wedge$ verwendet.

Bild 6 zeigt das Venn-Diagramm für den Durchschnitt D zweier
beliebiger Mengen A und B und Bild 7 dasselbe für den Fall,
daß A eine echte Teilmenge von B ist. Hierfür ist die Durchschnittsmenge identisch mit der Menge A. Der im Bild 8 ange-

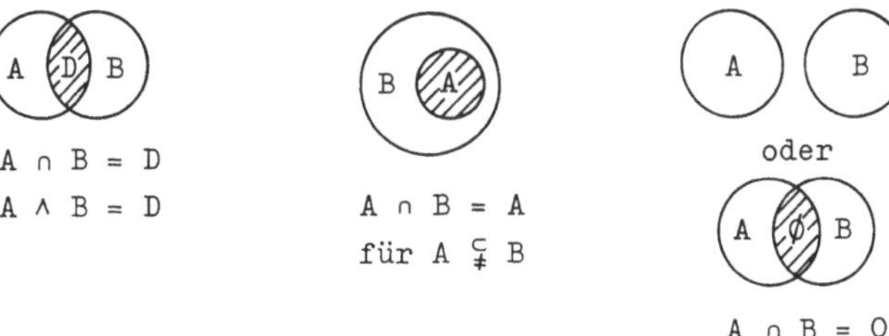

$$A \cap B = D$$
$$A \wedge B = D$$

$$A \cap B = A$$
$$\text{für } A \subsetneq B$$

oder

$$A \cap B = 0$$

Bild 6: A $\wedge$ B = D   Bild 7: A $\wedge$ B = A   Bild 8: A $\wedge$ B = 0

gebene Ausdruck $A \wedge B = 0$ bedeutet, daß A und B <u>disjunkt</u> sind: disjunkte Mengen haben kein gemeinsames Element. Analog gilt nach Abschn. 3.1:

$$\underline{A \cap \bar{A} = \emptyset} \quad \text{bzw.} \quad \underline{A \wedge \bar{A} = 0}$$

Für Beispiel 25 auf S.36 mit dem Venn-Diagramm auf S.37 gilt:

$E \wedge B = M$: M enthält 3 Bücher (englisch und blau), die zu E und zugleich zu B gehören.

$P \wedge S = L$: L enthält 2 Bücher (polnisch und spanisch), die zu P und zugleich zu S gehören.

$X \wedge Y = H$: H enthält 5 Bücher (polnisch und blau), die zu X und zugleich zu Y gehören.

$R \wedge B = \emptyset$: Es gibt keine Bücher (rot und blau), die zu R und zugleich zu B gehören.

Da jede Menge, z.B. die Menge A, eine Teilmenge der Gesamtmenge ist, ergibt sich

$$\underline{A \wedge 1 = A}$$

Das Venn-Diagramm hierfür ist das gleiche wie im Bild 7 auf S.38, wenn man für B die Gesamtmenge 1 setzt.

Unter Berücksichtigung der zugeordneten Punktmengen $\bar{A}$ und $\bar{B}$ zweier beliebiger Punktmengen A und B ergeben sich 3 weitere Durchschnittsmengen, die in den Venn-Diagrammen im Bild 9, a) bis c) schraffiert dargestellt sind.

Bild 9: a) bis c) weiter Durchschnittsmengen. Die Bereiche der Durchscnittsmengen sind schraffiert.

3.2.2 <u>Vereinigungsmenge</u>

Im Beispiel 25 auf S.36 enthält die Menge P 7 polnische Bü-

cher, die Menge S 6 spanische Bücher. Es seien die durch ihre Elemente dargestellten Mengen P = {a, b, c, d, e, f, g} und
S = {c, f, h, i, j, k} . Die Menge, die alle polnischen oder
spanischen Bücher enthält, sei V. V ist die <u>Vereinigung</u> von
P und S. Hier ist V = {a, b, c, d, e, f, g, h, i, j, k}. Die Elemente c und f gehören als Durchschnittsmenge L beiden Mengen
zugleich an.

<u>Allgemeine Definition der Vereinigung:</u>

Die Vereinigung zweier beliebiger Mengen enthält genau die
Elemente, die in wenigstens einer der beiden Mengen liegen.
Die Vereinigung ist also die Menge aller der Elemente, die
in der einen <u>oder</u> in der anderen Menge enthalten sind. Für
mehr als 2 Mengen gilt sinngemäß dasselbe.

<u>Zeichen für die Vereinigung:</u> $\cup$; z.B. hier: $V = P \cup S$

Die Vereinigung ist eine <u>ODER-Verknüpfung</u>. In Hinblick auf
die Boolesche Algebra wird hier statt des Zeichens $\cup$ meistens das Zeichen $\vee$ verwendet.

$$A \cup B = V$$
$$A \vee B = V$$

$$A \cup B = B$$
$$\text{für } A \subsetneqq B$$

Im Bild 10 ist das Venn-Diagramm für die Vereinigungsmenge V zweier beliebiger Mengen A und B und im Bild 11 dasselbe für den Sonderfall, daß A eine Teilmenge von B ist, angegeben.

Bild 10: $A \vee B = V$ Bild 11: $A \vee B = B$
Die Bereiche der Vereinigungsmengen sind schraffiert.

Betrachtet man A als Teilmenge der Gesamtmenge (im Venn-Diagramm im Bild 11 ist für B die Gesamtmenge 1 zu setzen), so ergibt sich

$$\underline{A \vee 1 = 1}$$

Betrachtet man die Leermenge $\emptyset$ als Teilmenge jeder beliebigen Menge (im Venn-Diagramm im Bild 11 sind A durch $\emptyset$ und B
durch A zu ersetzen), so ergibt sich:

$$A \cup \emptyset = A \quad \text{bzw.} \quad \underline{A \vee 0 = A}$$

Nach Abschn. 3.1 mit Bild 4 auf S.36 gilt

$$\underline{A \vee \bar{A} = 1} \quad \text{und} \quad \underline{A \wedge \bar{A} = 0};$$

denn die Gesamtmenge 1 enthält alle Elemente, die in A oder in $\bar{A}$ enthalten sind. Elemente, die in A und zugleich in $\bar{A}$ enthalten sind, gibt es nicht, weil diese beiden Mengen einander zugeordnet, also nicht miteinander verknüpft sind.

Analog $A \vee \bar{A} = 1$ bedeutet der Ausdruck $A \vee B = 1$, daß die Mengen A und B einander zugeordnet sind, also $A \wedge B = 0$ und $B = \bar{A}$ ist. Das gilt auch für beliebig viele Mengen. Für z.B. 4 einander nur zugeordnete Mengen A, B, C, D ist $A \wedge B = 0$, $A \wedge C = 0$, $A \wedge D = 0$, $B \wedge C = 0$, $B \wedge D = 0$, $C \wedge D = 0$ und $A \vee B \vee C \vee D = 1$. Daraus folgt:

Besteht die Gesamtmenge 1 aus untereinander nur zugeordneten Mengen, so ist die Summe der Elemente dieser einzelnen Mengen gleich der Anzahl der Elemente der Gesamtmenge.

Unter Berücksichtigung der zugeordneten Punktmengen $\bar{A}$ und $\bar{B}$ zweier beliebiger Punktmengen A und B ergeben sich 3 weitere Vereinigungsmengen, die in den Venn-Diagrammen im Bild 12, a) bis c) schraffiert dargestellt sind.

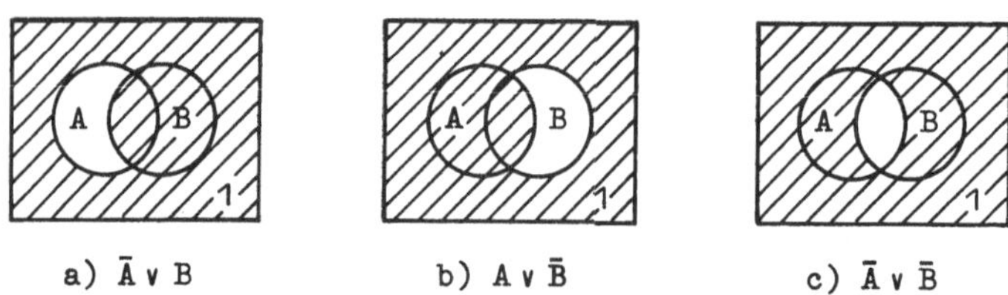

a) $\bar{A} \vee B$ b) $A \vee \bar{B}$ c) $\bar{A} \vee \bar{B}$

Bild 12: a) bis c) weitere Vereinigungsmengen. Die Bereiche der Vereinigungsmengen sind schraffiert.

Bei den im Bild 10 auf S.40 und im Bild 12 dargestellten 4 Vereinigungsmengen existieren stets 3 zugeordnete Bereiche, die durch die Kreislinien der Punktmengen und gegebenenfalls durch die Rechtecklinien der Gesamtmenge begrenzt werden. So erkennt man z.B. aus den Venn-Diagrammen der Bilder 6 auf S.38 und 9 auf S.39, daß die Vereinigungsmenge V der beiden Mengen A und B folgendermaßen geschrieben werden kann:

$$\underline{V = (A \wedge \bar{B}) \vee (A \wedge B) \vee (\bar{A} \wedge B)}$$

Der Ausdruck

$$\underline{V = A \vee B}$$

ist, wie im Beispiel 40 auf S.65 bewiesen wird, eine vereinfachte Schreibweise dieser ausführlichen Darstellung.

Für Beispiel 25 auf S. 36 mit dem Venn-Diagramm auf S. 37 gilt:

$R \vee B \vee W \vee G = 1$: 1 enthält die Gesamtmenge aller Bücher, d.h.
$6 + 8 + 2 + 4 = 20$ Bücher.

$W \vee G = 1$: alle spanischen Bücher werden als Gesamtmenge betrachtet, d.h. $2 + 4 = 6$ Bücher. Hierfür ist $G = \bar{W}$.

$W \vee G = S$: S ist Teilmenge der Gesamtmenge aller Bücher. Diese Schreibweise ist ungenau, weil $W \wedge G = 0$ ist; deshalb ist so zu schreiben: $W \vee G = S$ mit $W \wedge G = 0$.

$R \vee B \vee S = 1$: 1 enthält die Gesamtmenge aller Bücher (20 Stück).

$E \vee B = X$: X enthält 14 Bücher. Sie gehören entweder
zu E (6 engl. Bücher beliebiger Farbe außer blau)
oder zu B (5 blaue Bücher beliebiger Sprache außer englisch)
oder zu E und B (3 Bücher in englisch und blau).

$P \vee S = Y$: Y enthält 11 Bücher

$M \vee H = B$: B enthält 8 Bücher (3 in englisch, 5 in polnisch)
mit $M \wedge H = 0$

4 Boolesche Algebra

4.1 Allgemeines

Die Boolesche Algebra, deren Begründer der englische Mathematiker George B o o l e (1815 - 1864) war, wurde entwickelt, um u.a. Probleme der Philosophie und anderer Fakultäten mathematisch erfassen zu können. Die Anwendung der Booleschen Algebra in der Technik auf Schaltprobleme und Schaltkreisaufgaben erfolgte erst viel später und führte zum Begriff der "Schaltalgebra".

Uns interessierende Hauptanwendungsgebiete der Booleschen
Algebra sind: Mengenlehre,

                 Schaltalgebra,

                 Aussagen- oder Ereignisalgebra.

Man kann auch umgekehrt sagen, daß jede dieser drei Algebra-
arten eine Boolesche Algebra ist.

Die Boolesche Algebra stellt eine Methode dar, Zusammenhänge
zwischen Ereignissen, Aussagen, Bedingungen u.ä. als mathematische Formel, die _boolesche Funktion_ genannt wird, auszu-
drücken. Dafür gibt es bestimmte Rechenregeln.

Die Boolesche Algebra ist ein _zweiwertiges_ oder _binäres logisches System_. Ereignisse, Aussagen, Bedingungen u.ä. werden also durch binäre Variablen, die meistens durch große
Buchstaben dargestellt werden, gekennzeichnet.

Die zweiwertigen Ereignisse, Aussagen, Bedingungen u.ä. sind

     entweder nicht wahr, nicht richtig, nicht erfüllt u.ä.
     oder   wahr,   richtig,   erfüllt   u.ä..

Für die Kennzeichnung des _Wertes_ einer binären Variablen
werden die Ziffern 0 und 1 verwendet, z.B.

     Wert 0 $\hat{=}$ nicht wahr, nicht richtig, nicht erfüllt u.ä.,
     Wert 1 $\hat{=}$ wahr,   richtig,   erfüllt   u.ä..

Die anfangs gewählte Zuordnung der Werte für die Bedeutung
der Ereignisse usw. darf natürlich während des Lösungsganges
einunddesselben Problems nicht geändert werden.

Während in der gewöhnlichen Algebra die Variablen eine beliebig große Anzahl von festen Werten annehmen können, ope-
riert die Boolesche Algebra mit nur _zweiwertigen Variablen_.

4.2 Wahrheits- oder Funktionstabelle

Die durch die Boolesche Algebra darstellbare Abhängigkeit
von Aussagen u.ä. untereinander läßt sich in _Wahrheits-_ oder
Funktionstabellen angeben. Diese Tabellen enthalten neben
den _Eingangsvariablen_, den unabhängigen Variablen, und den
Ausgangsvariablen, den abhängigen Variablen, nur die ihnen

zugeordneten <u>Werte</u> 0 und 1. Die Werte 0 und 1 treten in bezug auf die Eingangsvariablen in sämtlichen Kombinationsmöglichkeiten auf. Für n Eingangsvariablen, praktisch kurz nur "Variablen" genannt, gibt es 2^n Kombinationsmöglichkeiten. Die 0- und 1-Werte sind so anzuordnen, daß sie als Dualzahl gelesen in aufsteigender Reihenfolge stehen.

In der Tafel 2 ist eine Funktionstabelle für die 2 Variablen A und B und in der Tafel 3 eine Funktionstabelle für die 3 Variablen A, B und C in waagerechter und senkrechter Anordnung angegeben. In der waagerechten Anordnung entspricht die

a)

A	0	1	0	1
B	0	0	1	1
Z	0	0	0	1

b)

B	A	Z
0	0	0
0	1	0
1	0	0
1	1	1

Tafel 2:

Funktionstabelle für 2 Variablen a) in waagerechter, b) in senkrechter Anordnung

a)

A	0	1	0	1	0	1	0	1
B	0	0	1	1	0	0	1	1
C	0	0	0	0	1	1	1	1
Z	0	0	1	0	0	0	0	0

b)

C	B	A	Z
0	0	0	0
0	0	1	0
0	1	0	1
0	1	1	0
1	0	0	0
1	0	1	0
1	1	0	0
1	1	1	0

Tafel 3:

Funktionstabelle für 3 Variablen a) in waagerechter, b) in senkrechter Anordnung

oberste Zeile der 2^0-Stelle, die zweite Zeile der 2^1-Stelle, die dritte Zeile der 2^2-Stelle usw. und in der senkrechten Anordnung entsprechen die Spalten von rechts nach links betrachtet der 2^0-, 2^1-, 2^2-Stelle usw..

Die Zuordnung der Variablen A zur 2^0-Stelle, B zur 2^1-Stelle usw. hat den Vorteil, daß bei einer Erweiterung oder Verallgemeinerung der Aufgabenstellung die Variablen ihren festen Stellenwert behalten und neu hinzukommende Variablen einfach nach unten bzw. nach links mit einem erhöhten Stellenwert angefügt werden können. Ein Vergleich der Tafel 3 mit der Tafel 2 zeigt das deutlich.

Die Ausgangsvariable Z hat in der Tafel 2 nur dann den Wert

1, wenn A=1 <u>und</u> B=1 ist und in der Tafel 3 nur dann, wenn A=0 <u>und</u> B=1 <u>und</u> C=0 ist. Die mathematische Darstellung von Z als Funktion der Eingangsvariablen heißt <u>boolesche Funktion</u>.

Die boolesche Funktion Z kann für die vereinbarte Anordnung der Funktionstabelle auch in der <u>Kurzform</u> Z_i^n (sprich: Z-i-n) angegeben werden. Hierbei ist <u>n die Anzahl der Variablen</u> und <u>i der dezimale Wert der 2^n-stelligen Dualzahl</u>, die sich aus den 0- und 1-Werten der Z-Zeile bzw. der Z-Spalte ergibt. Diese Dualzahl hat steigende Stellenwerte von rechts nach links bzw. von unten nach oben. In der Tafel 2 ergibt sich die Kurzform Z_1^2 (Z-eins-zwei) und in der Tafel 3 die Kurzform Z_{32}^3 (Z-zweiunddreißig-drei).

An Stelle der Buchstaben A, B, C usw. für die Variablen kann auch mit nur einem Buchstaben und laufendem Index gearbeitet werden, z.B. $A \mathrel{\hat{=}} E_1$, $B \mathrel{\hat{=}} E_2$, $C \mathrel{\hat{=}} E_3$ usw..

<u>Beispiel 26</u>: Wie lauten die Funktionstabellen für die Kurzform der booleschen Funktionen a) Z_6^2 und b) Z_{105}^3?

a) Die Dezimalzahl $i = 6 = 4 + 2 = 2^2 + 2^1$ entspricht der ($2^n = 2^2 = 4$)-stelligen Dualzahl 0110. Damit erhält man für Z_6^2:

A	0 1 0 1	bzw.	B	A	Z
B	0 0 1 1		0	0	0
Z	0 1 1 0		0	1	1
			1	0	1
			1	1	0

b) Die Dezimalzahl $i = 105 = 64 + 32 + 8 + 1 = 2^6 + 2^5 + 2^3 + 2^0$ entspricht der ($2^n = 2^3 = 8$)-stelligen Dualzahl 01101001. Damit erhält man für Z_{105}^3:

A	0 1 0 1 0 1 0 1	bzw.	C	B	A	Z
B	0 0 1 1 0 0 1 1		0	0	0	0
C	0 0 0 0 1 1 1 1		0	0	1	1
Z	0 1 1 0 1 0 0 1		0	1	0	1
			0	1	1	0
			1	0	0	1
			1	0	1	0
			1	1	0	0
			1	1	1	1

4.3 Boolesches Produkt

Das Boolesche Produkt soll an einem Beispiel aus der Technik erklärt werden. Technische Schaltvorgänge sind oft an eine Reihe von Bedingungen gebunden. Hierzu Beispiel 27.

Beispiel 27: Zur Gewährleistung eines gefahrlosen Betriebes einer gasbeheizten Warmwasser-Zentralheizung sind in der Heiztherme (Gaswasserdurchlauferhitzer) mehrere Sicherungen, wie z.B. eine Wassermangelsicherung, eine thermo-elektrische Zündsicherung und ein Vorlauf-Thermostat, eingebaut. Jede dieser Sicherungen kann den Weg des Gases zum Hauptbrenner freigeben oder sperren.

Wir greifen zur Vereinfachung unseres Beispiels lediglich drei Ereignisse heraus:

    H = Hauptbrenner darf Gas bekommen
    W = Wasserdruck reicht aus
    Z = Zündflamme brennt

Der Hauptbrenner darf Gas bekommen, wenn der Wasserdruck in der Heiztherme ausreicht und die Zündflamme brennt.

Diese Bedingungen etwas kürzer gefaßt:

    H ist erfüllt, wenn W erfüllt ist und Z erfüllt ist.

Mit der Vereinbarung
    nicht erfüllt ≙ 0
    erfüllt   ≙ 1
wird die Formulierung noch einfacher:

    H = 1, wenn W = 1 und Z = 1 ist.

Diese boolesche Hauptverknüpfung heißt "logisches UND", "Boolesches Produkt" oder "Konjunktion".

Schreibweise dieser Hauptverknüpfung, der UND-Verknüpfung:

    H = W ∧ Z   (Das UND-Verknüpfungszeichen ∧ ist das um-
                 gekehrte ODER-Verknüpfungszeichen ∨, siehe
                 S.49 oben)

    H = W · Z   (Daher "Boolesches Produkt")

Wenn das UND-Verknüpfungszeichen ∧ nicht zur Verfügung
steht, ist das Multiplikationszeichen · zulässig. Das Zeichen für die UND-Verknüpfung kann analog des Multiplika-
tionszeichens in der gewöhnlichen Algebra weggelassen werden, wenn kein Mißverständnis möglich ist.

Das <u>Boolesche Produkt</u> tritt in der Mengenlehre als "<u>Durch-
schnitt</u>" in Erscheinung (siehe Abschn. 3.2.1 auf S.38).

Aus dem Beispiel 27 auf S.46 ergibt sich leicht die in der
Tafel 4, a) angegebene Funktionstabelle.

<u>Tafel 4</u>: Funktionstabelle für die UND-Verknüpfung 2er Variablen
a) für Beispiel 27: $H = W \wedge Z = WZ$
b) allgemein: $Z = A \wedge B = AB$

a) W	Z	H
0	0	0
0	1	0
1	0	0
1	1	1

b) B	A	Z
0	0	0
0	1	0
1	0	0
1	1	1

4.4 <u>Boolesches Komplement</u>

Nach dem Beispiel 27 auf S.46 lassen sich nach Abschn. 3.1
auf S.35 durch Negation die 3 folgenden Variablen bilden:

$$\bar{H} = \text{Hauptbrenner darf } \underline{\text{nicht}} \text{ Gas bekommen}$$
$$\bar{W} = \text{Wasserdruck reicht } \underline{\text{nicht}} \text{ aus}$$
$$\bar{Z} = \text{Zündflamme brennt } \underline{\text{nicht}}$$

Man liest z.B. "H nicht", "H quer" oder "H Komplement".

Diese boolesche Operation heißt "<u>logisches NICHT</u>", "<u>Boole-
sches Komplement</u>" oder "<u>Negation</u>".

In der Tafel 5 ist die Funktionstabelle für die Negation angegeben. Die Negation, strenggenommen eine "<u>NICHT-Zuordnung</u>",
wird nach DIN 44 300 als <u>NICHT-Verknüpfung</u> bezeichnet.

Sind logische Verknüpfungen insgesamt zu negieren, so ist
der Komplementierungs- oder Negationsstrich über seinen ganzen Geltungsbereich zu ziehen und bedeutet soviel wie einen
Klammerausdruck. Die Klammern können weggelassen werden.

<u>Tafel 5</u>: Funktionstabelle für die NICHT-Ver-
knüpfung (Negation) der Variablen A

A	$\bar{A}$
0	1
1	0

Beispiel 28: Wie lautet das Komplement zu der Aussage: "Der Behälter ist voll"?

<u>Falsch</u>: Der Behälter ist leer.
<u>Richtig</u>: Der Behälter ist nicht voll (z.B. halbvoll).

4.5 Boolesche Summe

Wir betrachten wieder Beispiel 27 auf S.46 und legen die 3 Ereignisse folgendermaßen fest:

$$N = \text{Hauptbrenner darf nicht Gas bekommen} = \bar{H}$$
$$K = \text{Wasserdruck reicht nicht aus} = \bar{W}$$
$$A = \text{Zündflamme brennt nicht} = \bar{Z}$$

Der Hauptbrenner darf nicht Gas bekommen, wenn
der Wasserdruck nicht ausreicht <u>und</u> die Zündflamme brennt
<u>oder</u>
der Wasserdruck ausreicht <u>und</u> die Zündflamme nicht brennt
<u>oder</u>
der Wasserdruck nicht ausreicht <u>und</u> die Zündflamme nicht brennt.

Diese ausführliche Aussage ist <u>identisch</u> mit der gebräuchlichen, vereinfachten Aussage:

Der Hauptbrenner darf nicht Gas bekommen, wenn der Wasserdruck nicht ausreicht <u>oder</u> die Zündflamme nicht brennt.

Diese Bedingungen etwas kürzer gefaßt:

N ist erfüllt, wenn K erfüllt ist <u>oder</u> A erfüllt ist.

Mit der Festlegung auf S.46 entsteht der einfache Ausdruck:

$$N = 1, \text{ wenn } K = 1 \text{ \underline{oder} } A = 1 \text{ ist.}$$

Diese boolesche Hauptverknüpfung heißt "<u>logisches ODER</u>", "<u>Boolesche Summe</u>" oder "<u>Disjunktion</u>".

<u>Zur Beachtung</u>: N = 0 bedeutet, daß der Hauptbrenner Gas bekommen darf.

Die <u>Boolesche Summe</u> tritt in der Mengenlehre als "<u>Vereinigung</u>" in Erscheinung (siehe Abschn. 3.2.2 auf S.39).

Schreibweise dieser Hauptverknüpfung, der ODER-Verknüpfung:

$$N = K \vee A \qquad \text{(Das ODER-Verknüpfungszeichen } \vee \text{ entstammt dem Anfangsbuchstaben des lateinischen Wortes vel } \hat{=} \text{ oder)}$$

$$N = K + A \qquad \text{(Daher Boolesche Summe)}$$

Wenn das ODER-Verknüpfungszeichen $\vee$ nicht zur Verfügung steht, ist das Pluszeichen + zulässig.

Mit den im Abschn. 4.5 getroffenen Festlegungen für das Beispiel 27 ergibt sich die Funktionstabelle in der Tafel 6, a.

Die ODER-Verknüpfung $Z = A \vee B$ hat stets zur Bedingung "entweder nur A oder nur B oder A und B" und stellt, weil "oder A und B" eingeschlossen ist, ein "inklusives ODER" dar. Wird die Bedingung "oder A und B" ausgeschlossen, so spricht man vom "exklusiven ODER", in der Praxis auch mit "XOR" abgekürzt.

Tafel 6: Funktionstabelle für die ODER-Verknüpfung 2er Variablen
a) für Beispiel 27: $N = K \vee A$
b) allgemein: $Z = A \vee B$

a)

K	A	N
0	0	0
0	1	1
1	0	1
1	1	1

b)

B	A	Z
0	0	0
0	1	1
1	0	1
1	1	1

4.6 Logische Schaltung

Boolesche Verknüpfungen können zeichnerisch durch Schaltzeichen, den booleschen oder binären Verknüpfungsgliedern, dargestellt werden. Zu den booleschen Grundverknüpfungen gehören das UND-Glied, das ODER-Glied und das NICHT-Glied. Sie sind in den Bildern 13 bis 15 auf S.50 angegeben. Das Seitenverhältnis dieser rechteckförmigen Schaltzeichen ist beliebig. Die Eingänge und der Ausgang befinden sich stets an gegenüberliegenden Rechteckseiten. Die hier verwendeten Buchstaben für die Variablen sind nicht genormt.

Alle booleschen Funktionen lassen sich mittels der binären Verknüpfungsglieder in eine graphische Darstellung, die in der Praxis "logische Schaltung" genannt wird, überführen.

Die logische Schaltung ist verwendbar zum Zweck der Beschreibung, des Entwurfs, der Synthese oder Analyse von Systemen, die der Verarbeitung binärer Signale dienen.

Die logische Schaltung sagt nichts aus über ihre technische
Realisierung, z.B. ob elektrisch, pneumatisch, hydraulisch
oder mechanisch.

a) 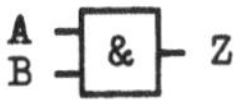 $Z = A \wedge B = AB$

b) 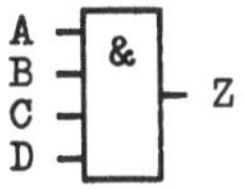 $Z = A \wedge B \wedge C \wedge D = ABCD$

Das Zeichen & bedeutet:
die Variable am Ausgang
nimmt nur dann den Wert 1
an, wenn die Variablen
an <u>allen</u> Eingängen den
Wert 1 haben.

Bild 13:

UND-Glied
(Konjunktion)
a) für 2 Ein-
gänge, b) für
4 Eingänge

a)  $Z = A \vee B$

b) 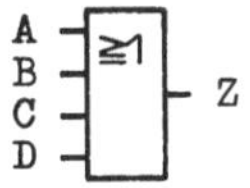 $Z = A \vee B \vee C \vee D$

Das Zeichen ≧1 bedeutet:
die Variable am Ausgang
nimmt nur dann den Wert 1
an, wenn an <u>mindestens</u> einem Eingang die Variable
den Wert 1 hat.

Bild 14:

ODER-Glied
(Disjunktion)
a) für 2 Ein-
gänge, b) für
4 Eingänge

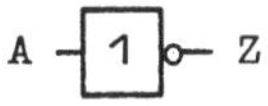

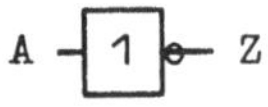

$Z = \bar{A}$

Die Variable am Ausgang
nimmt nur dann den Wert 0
an, wenn die Variable am
Eingang den Wert 1 hat.
Die Verbindungslinie kann
auch durch den Kreis füh-
ren.

Bild 15:

NICHT-Glied
(Negation)

Zur Vereinfachung logischer Schaltungen zeichnet man statt
des NICHT-Gliedes nach Bild 15 lediglich dessen Negations-
kreis und verschiebt ihn an den jeweiligen Ein- oder Ausgang
des betreffenden UND- oder ODER-Gliedes. Hierzu Bild 16 auf
S.51 und die Beispiele 29 auf S.51 und 30 auf S.52.

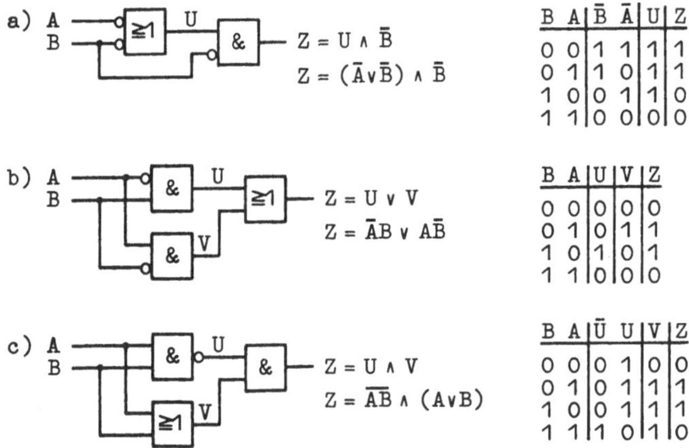

Bild 16: Vereinfachte Darstellung negierter Variablen in
logischen Schaltungen a) für die Eingangsseite,
b) für die Ausgangsseite

<u>Beispiel 29</u>: Durch Aufstellen und Vergleichen der Funktions-
tabellen ist zu ermitteln, welche der 3 logischen Schaltungen im Bild 17 in ihrem logischen Schluß übereinstimmen.

a) $Z = U \wedge \bar{B}$
$Z = (\bar{A} \vee \bar{B}) \wedge \bar{B}$

B	A	$\bar{B}$	$\bar{A}$	U	Z
0	0	1	1	1	1
0	1	1	0	1	1
1	0	0	1	1	0
1	1	0	0	0	0

b) $Z = U \vee V$
$Z = \bar{A}B \vee A\bar{B}$

B	A	U	V	Z
0	0	0	0	0
0	1	0	1	1
1	0	1	0	1
1	1	0	0	0

c) $Z = U \wedge V$
$Z = \overline{AB} \wedge (A \vee B)$

B	A	$\bar{U}$	U	V	Z
0	0	0	1	0	0
0	1	0	1	1	1
1	0	0	1	1	1
1	1	1	0	1	0

Bild 17: a) - c): Funktionstabellen aus logischen Schaltungen

Die Schaltungen b) und c) im Bild 17 führen zu dem gleichen
logischen Schluß. Sie stellen eine <u>Antivalenz</u> dar: der Ausgang hat Wert 1, wenn nur
<u>ein</u> Eingang Wert 1 hat.
Die Antivalenz, deren
Schaltzeichen Bild 18
zeigt, stellt das <u>exklu-
sive ODER</u> (XOR) dar.

Bild 18: Boolesches Schaltzeichen
für die Antivalenz, das
<u>Exklusiv-ODER-Glied</u>

Beispiel 30: Für die booleschen Funktionen a) $Z = \overline{(A \lor B)\overline{\overline{AB}}}$ und b) $Z = AB \lor AC \lor BC$ sind die logischen Schaltungen zu zeichnen.

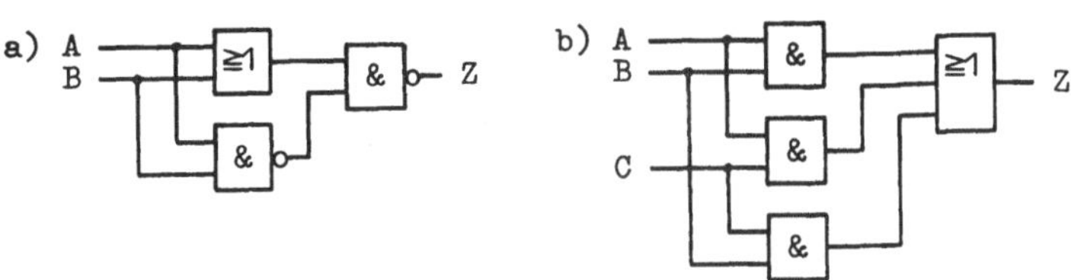

Bild 19: Logische Schaltung für a) $Z=\overline{(A \lor B)\overline{\overline{AB}}}$, b) $Z=AB \lor AC \lor BC$

4.7 Boolesche Rechengesetze

Die booleschen Rechengesetze lassen sich recht anschaulich durch Venn-Diagramme, die auch <u>Eulersche Kreise</u> heißen, erklären. Es wird empfohlen, die folgenden Venn-Diagramme noch einmal zu zeichnen und die Geltungsbereiche der einzelnen Variablen und Verknüpfungen verschiedenfarbig einzutragen. Die Richtigkeit der Gesetze kann dadurch optisch gut erkennbar nachgewiesen werden.

1. <u>Kommutatives Gesetz</u> (Vertauschungsgesetz)

Gilt für eine Verknüpfung, für die das Zeichen ● steht, mit 2 beliebigen Variablen die Beziehung
$$a ● b = b ● a,$$
so heißt diese Verknüpfung "kommutativ". Kommutativ sind z.B. Addition und Multiplikation in der gewöhnlichen Algebra und die UND- und die ODER-Verknüpfung in der Booleschen Algebra, wie Bild 20 zeigt. Das Kommutativgesetz gilt auch für mehr als 2 Variablen.

a) $A \land B = B \land A$ (1a)
     $AB = BA$

b) $A \lor B = B \lor A$ (1b)

(1a)

Bild 20: Kommutatives Gesetz

2. <u>Assoziatives Gesetz</u> (Verbindungsgesetz)

Gilt für eine Verknüpfung, für die das Zeichen ● steht, mit
3 beliebigen Variablen die Beziehung
$$(a \bullet b) \bullet c = a \bullet (b \bullet c),$$
so heißt diese Verknüpfung "assoziativ". Assoziativ sind
z.B. Addition und Multiplikation in der gewöhnlichen Algebra
und die UND- und die ODER-Verknüpfung in der Booleschen Algebra, wie Bild 21 zeigt. Das Assoziativgesetz gilt auch für
mehr als 3 Variablen.

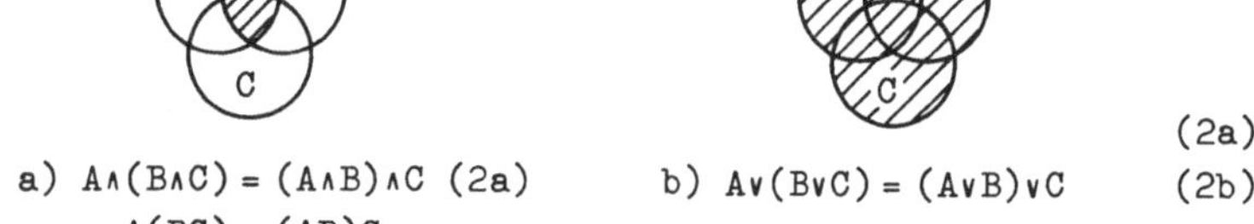

a) $A \wedge (B \wedge C) = (A \wedge B) \wedge C$ (2a)   b) $A \vee (B \vee C) = (A \vee B) \vee C$ (2a)
   $A(BC) = (AB)C$ (2b)

Bild 21: Assoziatives Gesetz

3. <u>Distributives Gesetz</u> (Verteilungsgesetz)

Gilt für 2 Verknüpfungen, für die die beiden Zeichen ✦ und ●
stehen, mit 3 beliebigen Variablen die Beziehung
$$(a \bullet b) \bullet c = (a \bullet c) \bullet (b \bullet c),$$
so heißt die Verknüpfung ● distributiv in bezug auf die Verknüpfung ✦. In der gewöhnlichen Algebra ist die Multiplikation distributiv in bezug auf die Addition, umgekehrt nicht.
In der Booleschen Algebra sind UND- und ODER-Verknüpfung
beide gegeneinander distributiv, wie Bild 22 zeigt.

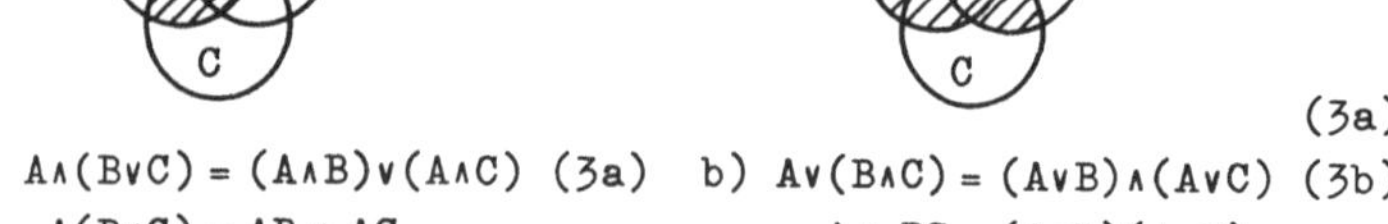

a) $A \wedge (B \vee C) = (A \wedge B) \vee (A \wedge C)$ (3a)   b) $A \vee (B \wedge C) = (A \vee B) \wedge (A \vee C)$ (3b)
   $A(B \vee C) = AB \vee AC$ $A \vee BC = (A \vee B)(A \vee C)$ (3a)

Bild 22: Distributives Gesetz

4. Gesetze der Tautologie

"tauto"... bedeutet griechisch "dasselbe". Tautologie bedeutet Ausdruck eines Gedankens durch mehrere gleichbedeutende Ausdrücke, wie z.B. "kleiner Zwerg", "runder Kreis" usw.. In der Logik sind Tautologien Sätze der Form wie "x ist x" oder "aus A folgt A". Analoge boolesche Regeln zeigt Bild 23.

$$a)\ A \wedge A = A \quad (4a)$$
$$AA = A$$

$$b)\ A \vee A = A \qquad (4a)$$
$$(4b)$$

Bild 23: Gesetze der Tautologie

5. Absorptionsgesetz (Aufsaugungsgesetz)

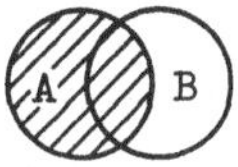

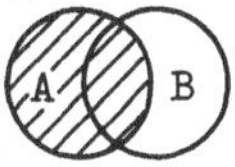

$$a)\ A \wedge (A \vee B) = A \quad (5a)$$
$$A(A \vee B) = A$$

$$b)\ A \vee (A \wedge B) = A \qquad (5a)$$
$$A \vee AB = A \qquad (5b)$$

Bild 24: Absorptionsgesetz

6. Gesetze für das Komplement

$$a)\ A \wedge \bar{A} = 0 \quad (6a)$$
$$A\bar{A} = 0$$

$$b)\ A \vee \bar{A} = 1 \qquad (6a)$$
$$(6b)$$

Erklärung mit der Mengenlehre z.B. für Gl. (6a): gesucht ist die Menge, deren Elemente zur Menge A <u>und</u> gleichzeitig zur Menge $\bar{A}$ gehören. Sie gibt es nicht. Diese Menge ist also eine Leermenge $\emptyset$.

7. Gesetz des doppelten Komplements

Ebenso wie in der gewöhnlichen Algebra stellt auch in der Booleschen Algebra eine doppelte Negation eine Bejahung dar:

$$\bar{\bar{A}} = A \qquad (7)$$

8. Gesetze von De Morgan

Augustus de Morgan (1806 bis 1871) war englischer Mathematiker und Logiker.

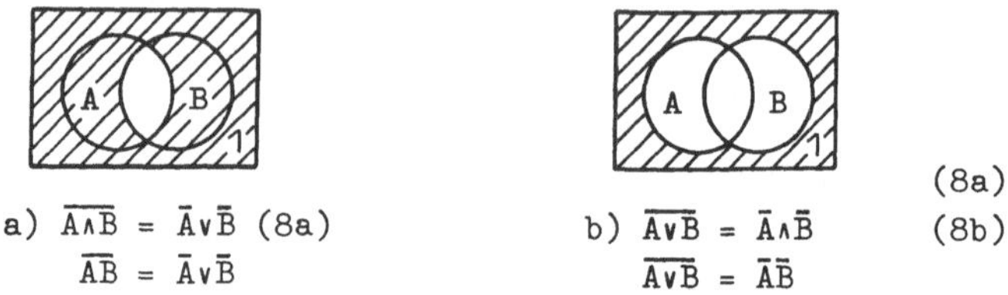

$$a)\ \overline{A \wedge B} = \overline{A} \vee \overline{B} \quad (8a)$$
$$\overline{AB} = \overline{A} \vee \overline{B}$$

$$b)\ \overline{A \vee B} = \overline{A} \wedge \overline{B} \quad (8a)$$
$$\overline{A \vee B} = \overline{A}\,\overline{B} \quad (8b)$$

Bild 25: De Morgansche Gesetze

Der Komplementierungs- oder Negationsstrich ist über seinen ganzen Geltungsbereich zu ziehen und bedeutet soviel wie einen Klammerausdruck.

Es wird besonders auf den Unterschied zwischen $\overline{AB}$ und $\overline{A}\,\overline{B}$ aufmerksam gemacht!

Aus den de Morganschen Gesetzen im Bild 25 erhält man die im Bild 26 angegebenen Identitäten boolescher Schaltzeichen.

$$a) \qquad \overline{A \wedge B} = \overline{A} \vee \overline{B} \qquad\qquad b) \qquad \overline{A \vee B} = \overline{A} \wedge \overline{B}$$

Bild 26: Identitäten boolescher Schaltzeichen nach den de Morganschen Gesetzen

Das im Bild 26, a) angegebene NICHT-UND-Glied heißt NAND-Glied, und das im Bild 26, b) angegebene NICHT-ODER-Glied heißt NOR-Glied. Aus technologischen Gründen werden logische Schaltungen sehr oft durch nur NAND- oder durch nur NOR-Glieder realisiert.

Für die graphische Umwandlung logischer Schaltungen, z.B. in nur NAND- oder nur NOR-Glieder, ergeben sich anhand des Bildes 26 die in der Regel 8 auf S.56 zusammengefaßten Teilregeln. Anwendungen zeigt das Beispiel 31 auf S.56.

<u>Regel 8</u>: 1. Von einem booleschen Verknüpfungsglied wird ein gleichwertiges Schaltzeichen nach folgenden Regeln gebildet:
1.1 Aus "UND" mache "ODER" und umgekehrt.
1.2 Jeder Anschluß ist zu invertieren.

2. Zusätzliche beachtenswerte Hinweise, besonders für die graphische Umwandlung logischer Schaltungen:
2.1 Ein positiver Anschluß kann in einen negierten Anschluß und eine 2. Negation zerlegt werden.
2.2 Zwei unmittelbar aufeinanderfolgende Negationen heben sich auf und sind somit wegzulassen.

<u>Beispiel 31</u>: Ein UND-, ODER-, NAND- und NOR-Glied ist durch a) NAND-Glieder, b) NOR-Glieder darzustellen.

Die Ergebnisse sind im Bild 27 angegeben.

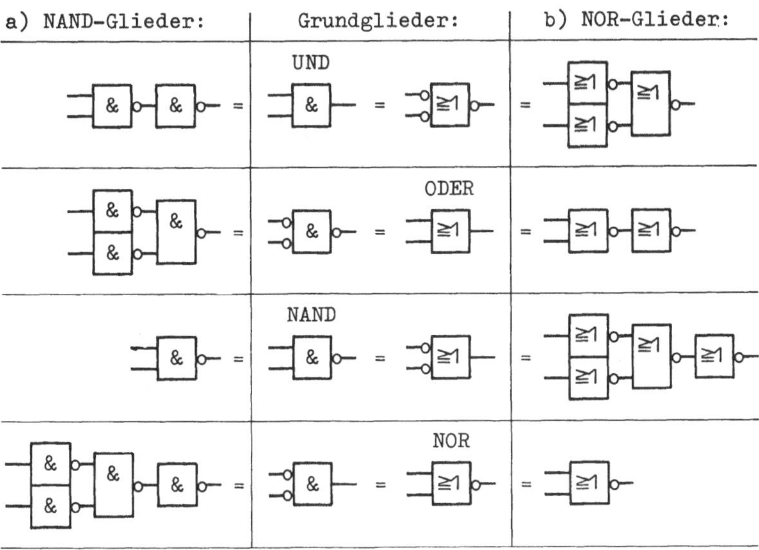

Bild 27: Darstellung boolescher Schaltzeichen durch a) nur
         NAND-Glieder, b) nur NOR-Glieder

Verbindet man bei NAND- oder NOR-Gliedern alle Eingänge miteinander zu einem einzigen Eingang, arbeiten sie als NICHT-

Glied. Das zeigen auch die Funktionstabellen in den Tafeln 7 und 8. Vergleiche hierzu Tafel 4, S.47 und Tafel 6, S.49.

Tafel 7: Funktionstabelle der NAND-Verknüpfung

$$\begin{array}{c|cccc} A & 0 & 1 & 0 & 1 \\ B & 0 & 0 & 1 & 1 \\ \hline Z & 1 & 1 & 1 & 0 \end{array} \quad := \quad \begin{array}{c|cc} A & 0 & 1 \\ B & 0 & 1 \\ \hline Z & 1 & 0 \end{array}$$

Tafel 8: Funktionstabelle der NOR-Verknüpfung

$$\begin{array}{c|cccc} A & 0 & 1 & 0 & 1 \\ B & 0 & 0 & 1 & 1 \\ \hline Z & 1 & 0 & 0 & 0 \end{array} \quad := \quad \begin{array}{c|cc} A & 0 & 1 \\ B & 0 & 1 \\ \hline Z & 1 & 0 \end{array}$$

9. bis 11. <u>Operationen mit 0 und 1</u>

9.	a) $0 \wedge A = 0$ (9a)	b) $1 \vee A = 1$ (9b)	(9a) (9b)
10.	a) $1 \wedge A = A$ (10a)	b) $0 \vee A = A$ (10b)	(10a) (10b)
11.	a) $\bar{0} = 1$ (11a)	b) $\bar{1} = 0$ (11b)	(11a) (11b)

12. <u>Zusatzformel</u>

$$(A \vee B) \wedge (\bar{A} \vee C) = (\bar{A} \wedge B) \vee (A \wedge C) \tag{12}$$
$$(A \vee B)(\bar{A} \vee C) = \bar{A}B \vee AC$$

Die Gesetze Nr. 1, 3, 6 und 10 sind die 4 Axiome der Booleschen Algebra. Alle anderen Gesetze sind daraus abgeleitet.

4.8 <u>Dualitätsprinzip</u>

Für jede boolesche Funktion gibt es eine zweite, funktionell völlig gleichwertige Funktion: die Komplementfunktion. Beide sind einander <u>zugeordnet</u>. Das Dualitätsprinzip oder <u>Shannonsche Theorem</u>, das in der Regel 9 angegeben und durch Beispiel 27 veranschaulicht wird, behandelt die Komplementbildung einer booleschen Funktion. Es eignet sich gut für die Umformung boolescher Funktionen.

<u>Regel 9</u> (Dualitätsprinzip): Die einer booleschen Funktion funktionell völlig gleichwertige Komplementfunktion erhält man, indem man jede bejahte Variable negiert, jede negierte Variable bejaht, ODER mit UND, UND mit ODER, 1 mit 0 und 0 mit 1 vertauscht.

<u>Beispiel 27 vom Abschn. 4.3 auf S.46</u>:

"Der Hauptbrenner darf Gas bekommen, wenn der Wasserdruck

ausreicht <u>und</u> die Zündflamme brennt."
Boolesche Funktion hierfür: $H = W \wedge Z$

<u>Beispiel 27 nach Abschn. 4.5 auf S.48</u>:

"Der Hauptbrenner darf <u>nicht</u> Gas bekommen, wenn der Wasserdruck <u>nicht</u> ausreicht <u>oder</u> die Zündflamme <u>nicht</u> brennt."
Boolesche Funktion hierfür: $\bar{H} = \bar{W} \vee \bar{Z}$

Man mache sich klar, daß $\bar{H} = \bar{W} \vee \bar{Z} = \overline{W \wedge Z}$ ist (nach Gl. (8a)).

Die beiden Funktionen $\underline{H = W \wedge Z}$ und $\underline{\bar{H} = \bar{W} \vee \bar{Z}}$ drücken den gleichen Sachverhalt aus, sind gegenseitige Komplementfunktionen und erfüllen gegenseitig die Regel 9.

4.9 Minterm und Maxterm

Als <u>Minterm</u> bezeichnet man eine UND-Verknüpfung (Boolesches Produkt, Konjunktion), in der sämtliche vorkommenden Variablen nur einmal, entweder bejaht oder negiert, auftreten.

Als <u>Maxterm</u> bezeichnet man eine ODER-Verknüpfung (Boolesche Summe, Disjunktion), in der sämtliche vorkommenden Variablen nur einmal, entweder bejaht oder negiert, auftreten.

Bei n vorkommenden Variablen gibt es 2^n Minterme K_i^n (sprich: K-i-n) und 2^n Maxterme D_i^n (sprich: D-i-n). Für die 3 Variablen A, B und C gibt es also 8 Minterme K_i^3 und 8 Maxterme D_i^3 mit $0 \leq i \leq (2^n-1)$, die in der Tafel 9 angegeben sind. Der Index i ist der dezimale Wert der n-stelligen Dualzahl, die nach Abschn. 4.2 auf S.44 der Anordnung der 0- und 1-Werte für die Variablen in der Funktionstabelle entspricht.

C B A	Minterme	Maxterme
0 0 0	$K_0 = \bar{C} \wedge \bar{B} \wedge \bar{A} = \bar{C}\bar{B}\bar{A}$	$D_0 = C \vee B \vee A$
0 0 1	$K_1 = \bar{C} \wedge \bar{B} \wedge A = \bar{C}\bar{B}A$	$D_1 = C \vee B \vee \bar{A}$
0 1 0	$K_2 = \bar{C} \wedge B \wedge \bar{A} = \bar{C}B\bar{A}$	$D_2 = C \vee \bar{B} \vee A$
0 1 1	$K_3 = \bar{C} \wedge B \wedge A = \bar{C}BA$	$D_3 = C \vee \bar{B} \vee \bar{A}$
1 0 0	$K_4 = C \wedge \bar{B} \wedge \bar{A} = C\bar{B}\bar{A}$	$D_4 = \bar{C} \vee B \vee A$
1 0 1	$K_5 = C \wedge \bar{B} \wedge A = C\bar{B}A$	$D_5 = \bar{C} \vee B \vee \bar{A}$
1 1 0	$K_6 = C \wedge B \wedge \bar{A} = CB\bar{A}$	$D_6 = \bar{C} \vee \bar{B} \vee A$
1 1 1	$K_7 = C \wedge B \wedge A = CBA$	$D_7 = \bar{C} \vee \bar{B} \vee \bar{A}$

Tafel 9:

Minterme und Maxterme der 3 Variablen A, B und C (aus Übersichtlichkeitsgründen ist bei K_i und D_i die Hochzahl 3 weggelassen worden)

Stellt man eine Mintermfunktion K_i^n in einer Funktionstabelle dar, so gibt es <u>für K_i^n nur 1mal den Wert 1 und (2^n-1)mal den Wert 0</u> (siehe Abschn. 4.3 mit Tafel 4 auf S.47 und auch Bild 13 auf S.50).

Stellt man eine Maxtermfunktion D_i^n in einer Funktionstabelle dar, so gibt es <u>für D_i^n nur 1mal den Wert 0 und (2^n-1)mal den Wert 1</u> (siehe Abschn. 4.5 mit Tafel 6 auf S.49 und auch Bild 14 auf S.50).

In einer Funktionstabelle tritt also der <u>Wert 1</u> für einen <u>Minterm nur 1mal</u> und für einen <u>Maxterm (2^n-1)mal</u> auf. Daraus erklären sich die Bezeichnungen Minterm und Maxterm.

Für K_i^n und D_i^n gilt, wie man aus Tafel 9 auf S.58 leicht erkennt, das Dualitätsprinzip nach Regel 9 auf S.57:

$$K_i^n = \bar{D}_i^n \qquad (13)$$

Wenn also $K_i^n = 1$ ist, ist $D_i^n = 0$ und umgekehrt. Aus dem Dualitätsprinzip ergibt sich für die Übertragung von Mintermen und Maxtermen in Funktionstabellen und umgekehrt Regel 10. Eine Anwendung der Regel 10 zeigt Beispiel 32.

<u>Regel 10</u>: Bei Mintermen erfolgt die Abfrage nach Wert 1 und bei Maxtermen nach Wert 0.

<u>Beispiel 32</u>: Durch Eintragen von $K_4^3 = C \wedge \bar{B} \wedge \bar{A}$ und $D_4^3 = \bar{C} \vee B \vee A$ in eine Funktionstabelle ist zu zeigen, daß $K_4^3 = \bar{D}_4^3$ ist.

Nach Regel 10:

Für den Minterm $K_4^3 = C \wedge \bar{B} \wedge \bar{A}$ Abfrage nach 1:

    $K_4^3 = 1$, wenn

        C=1 und $\bar{B}$=1 und $\bar{A}$=1 ist, d.h.

        C=1 und B=0 und A=0 ist.

Für den Maxterm $D_4^3 = \bar{C} \vee B \vee A$ Abfrage nach 0:

    $D_4^3 = 0$, wenn

        $\bar{C}$=0 oder B=0 oder A=0 ist, d.h.

        C=1 oder B=0 oder A=0 ist.

Das Ergebnis ist in der Tafel 10 angegeben.

Tafel 10: Funktionstabelle für $K_4^3 = C\bar{B}\bar{A}$ und $D_4^3 = \bar{C} \vee B \vee A$

C	B	A	K_4^3	D_4^3
0	0	0	0	1
0	0	1	0	1
0	1	0	0	1
0	1	1	0	1
1	0	0	1	0
1	0	1	0	1
1	1	0	0	1
1	1	1	0	1

4.10 <u>Normalformen boolescher Funktionen</u>

Dem Aufbau der booleschen Funktion nach unterscheidet man die disjunktive und die konjunktive Form bzw. Normalform.

Eine Funktionsdarstellung in <u>disjunktiver Form</u> besteht aus Termen, deren Variablen durch UND verknüpft sind. Die Terme sind miteinander durch ODER (disjunktiv) verknüpft.

   <u>Beispiel</u>: $Z = ABC \vee \bar{A}\bar{B} \vee \bar{C}$

Eine Funktionsdarstellung in <u>konjunktiver Form</u> besteht aus Termen, deren Variablen durch ODER verknüpft sind. Die Terme sind miteinander durch UND (konjunktiv) verknüpft.

   <u>Beispiel</u>: $Z = (\bar{A} \vee \bar{B} \vee \bar{C}) \wedge (A \vee B) \wedge C$

Eine Funktionsdarstellung in <u>disjunktiver Normalform</u> besteht aus Mintermen, die miteinander durch ODER (disjunktiv) verknüpft sind.

   <u>Beispiel</u>: $Z = \bar{A}\bar{B}\bar{C} \vee \bar{A}BC \vee A\bar{B}C$

Eine Funktionsdarstellung in <u>konjunktiver Normalform</u> besteht aus Maxtermen, die miteinander durch UND (konjunktiv) verknüpft sind.

   <u>Beispiel</u>: $Z = (A \vee B \vee C)(\bar{A} \vee B \vee \bar{C})(A \vee \bar{B} \vee \bar{C})$

Damit ergeben sich für die Darstellung boolescher Funktionen durch Funktionstabellen und umgekehrt die Regeln 11 und 12, die sowohl für Normalformen als auch für beliebige Formen gelten. Wegen der in den Regeln 11 und 12 genannten Anordnungen der Funktionstabelle siehe Tafeln 2 und 3 auf S.44.

<u>Regel 11</u>: In einer senkrecht (waagerecht) angeordneten Funktionstabelle sind bei der disjunktiven Form bzw. Normalform einer booleschen Funktion die Variablen einer Zeile (Spalte) miteinander durch UND und die Zeilen (Spalten) miteinander durch ODER verknüpft. Die Abfrage erfolgt nach Wert 1.

<u>Regel 12</u>: In einer senkrecht (waagerecht) angeordneten Funktionstabelle sind bei der konjunktiven Form bzw. Normalform einer booleschen Funktion die Variablen einer Zeile (Spalte) miteinander durch ODER und die Zeilen (Spalten) miteinander durch UND verknüpft. Die Abfrage erfolgt nach Wert 0.

4.11 <u>Funktionsübertragung in eine Funktionstabelle</u>

In den Beispielen 33 und 34 wird eine disjunktive und eine
konjunktive Normalform und in den Beispielen 35 und 36 eine
disjunktive und eine konjunktive Form einer booleschen Funktion in eine Funktionstabelle übertragen.

<u>Beispiel 33</u>: Die boolesche Funktion $Z = \bar{C}\bar{B}\bar{A} \vee \bar{C}BA \vee \bar{C}B\bar{A} \vee CBA$
ist ohne vorherige Funktionsvereinfachung in einer Funk-
tionstabelle darzustellen. Danach ist die Kurzform für Z anzugeben. Hierzu wird auf Abschn. 4.2 auf S.45 verwiesen.

$Z = \bar{C}\bar{B}\bar{A} \vee \bar{C}BA \vee \bar{C}B\bar{A} \vee CBA$; nach Regel 11:

$Z = 1$, wenn

($\bar{C}$=1 und $\bar{B}$=1 und $\bar{A}$=1) oder	(C=0 und B=0 und A=0) oder
($\bar{C}$=1 und B=1 und A=1) oder bzw.	(C=0 und B=1 und A=1) oder
($\bar{C}$=1 und B=1 und $\bar{A}$=1) oder	(C=0 und B=1 und A=0) oder
(C=1 und B=1 und A=1) ist.	(C=1 und B=1 und A=1) ist.

Die linke Betrachtungsweise wird dem Anfänger empfohlen. Man
sollte jedoch baldigst unmittelbar auf die rechte Betrachtungsweise übergehen.

Damit ergibt sich die in der Tafel 11
angegebene Funktionstabelle.

Kurzform für Z: Z_i^n

$\quad n = 3$; $i = 1 + 16 + 32 + 128 = 177$

Damit die <u>Kurzform für Z</u>: Z_{177}^3

Tafel 11:
Funktionstabelle
für Beispiel 33

A	0	1	0	1	0	1	0	1
B	0	0	1	1	0	0	1	1
C	0	0	0	0	1	1	1	1
Z	1	0	1	1	0	0	0	1

<u>Beispiel 34</u>: Die boolesche Funktion $Z = (\bar{C} \vee \bar{B} \vee \bar{A})(C \vee \bar{B} \vee \bar{A})(\bar{C} \vee B \vee A)$
ist ohne vorherige Funktionsvereinfachung in einer Funk-
tionstabelle darzustellen. Danach ist die Kurzform für Z anzugeben. Hierzu wird auf Abschn. 4.2 auf S.45 verwiesen.

$Z = (\bar{C} \vee \bar{B} \vee \bar{A})(C \vee \bar{B} \vee \bar{A})(\bar{C} \vee B \vee A)$; nach Regel 12:

$Z = 0$, wenn

($\bar{C}$=0 oder $\bar{B}$=0 oder $\bar{A}$=0) und	(C=1 oder B=1 oder A=1) und
($\bar{C}$=0 oder $\bar{B}$=0 oder $\bar{A}$=0) und bzw.	(C=0 oder B=1 oder A=1) und
($\bar{C}$=0 oder B=0 oder A=0) ist.	(C=1 oder B=0 oder A=0) ist.

Tafel 12:
Funktionstabelle
für Beispiel 34

A	0	1	0	1	0	1	0	1
B	0	0	1	1	0	0	1	1
C	0	0	0	0	1	1	1	1
Z	1	1	1	0	0	1	1	0

Damit ergibt sich die in der Tafel 12 angegebene Funktionstabelle.

Kurzform für Z: Z_i^n

$$n = 3; \quad i = 2 + 4 + 32 + 64 + 128 = 230$$

Damit die <u>Kurzform für Z</u>: Z_{230}^3

<u>Beispiel 35</u>: Die boolesche Funktion $Z = CB\bar{A} \vee \bar{B}A \vee \bar{C}$ ist ohne vorherige Funktionsvereinfachung in einer Funktionstabelle darzustellen. Danach ist die Kurzform für Z anzugeben.

$Z = CB\bar{A} \vee \bar{B}A \vee \bar{C}$; nach Regel 11:

Z = 1, wenn
(C=1 und B=1 und A=0) oder
(B=0 und A=1)   oder 1)
(C=0)   ist. 2)

Damit ergibt sich die Funktionstabelle der Tafel 13.

1) Z=1 in allen Zeilen bzw. Spalten, in denen B=0 <u>und</u> A=1 ist. C spielt hierbei keine Rolle, d.h. C kann Wert 0 oder Wert 1 haben.

2) Z=1 in allen Zeilen bzw. Spalten, in denen C=0 ist. A und B spielen keine Rolle: können 0 oder 1 sein.

Tafel 13:

A	0	1	0	1	0	1	0	1
B	0	0	1	1	0	0	1	1
C	0	0	0	0	1	1	1	1
Z	1	1	1	1	0	1	1	0

<u>Kurzform für Z</u>: Z_{246}^3

<u>Beispiel 36</u>: Die boolesche Funktion $Z = (C \vee \bar{B} \vee \bar{A}) \wedge (\bar{C} \vee B) \wedge A$ ist ohne vorherige Funktionsvereinfachung in einer Funktionstabelle darzustellen. Danach ist die Kurzform für Z anzugeben.

$Z = (C \vee \bar{B} \vee \bar{A}) \wedge (\bar{C} \vee B) \wedge A$; nach Regel 12:

Z = 0, wenn
  (C=0 oder B=1 oder A=1) und
  (C=1 oder B=0)   und analog obigen Anmerkungen 1)
  (A=0)   ist. und 2) im Beispiel 35

Tafel 14:

A	0	1	0	1	0	1	0	1
B	0	0	1	1	0	0	1	1
C	0	0	0	0	1	1	1	1
Z	0	1	0	0	0	0	0	1

Damit ergibt sich die Funktionstabelle der Tafel 14.

<u>Kurzform für Z</u>: Z_{65}^3

4.12 Funktionsdarstellung aus einer Funktionstabelle

Aus jeder Funktionstabelle läßt sich eine boolesche Funktion in disjunktiver oder konjunktiver Normalform bilden. Hierzu die Beispiele 37 bis 39.

<u>Beispiel 37</u>: Für die Kurzform Z_{13}^2 sind Funktionstabelle und boolesche Funktion in disjunktiver Normalform anzugeben.

Mit $i = 13 = 8 + 4 + 1$ erhält man die Funktionstabelle der Tafel 15. Aus ihr nach Regel 11:

Tafel 15:

B	A	Z
0	0	1
0	1	1
1	0	0
1	1	1

$$Z = 1, \text{ wenn}$$
$$(\bar{B}{=}1 \text{ und } \bar{A}{=}1) \text{ oder}$$
$$(\bar{B}{=}1 \text{ und } A{=}1) \text{ oder}$$
$$(B{=}1 \text{ und } A{=}1) \text{ ist.}$$

Damit ergibt sich: $\underline{Z = \bar{B}\bar{A} \vee \bar{B}A \vee BA = A \vee \bar{B}}$

Die Vereinfachung der Funktion erhält man folgendermaßen:

$$Z = \bar{B}\bar{A} \vee \bar{B}A \vee \bar{B}A \vee BA = \bar{B}(\bar{A} \vee A) \vee A(\bar{B} \vee B) = (\bar{B} \wedge 1) \vee (A \wedge 1) = \bar{B} \vee A = A \vee \bar{B}$$
$$\text{nach (4b),} \qquad (3a), \qquad (6b), \qquad (10a),(1b)$$

Hat die Ausgangsvariable weniger 0- als 1-Werte, empfiehlt es sich, mit den Zeilen bzw. Spalten zu arbeiten, in denen die Ausgangsvariable den Wert 0 hat, indem man die Ausgangsvariable negiert. So erhält man aus obiger Funktionstabelle nach Regel 11: $\bar{Z} = 1$, wenn

$$(B{=}1 \text{ und } \bar{A}{=}1) \text{ ist,}$$

also: $\bar{Z} = B \wedge \bar{A} = \bar{A} \wedge B$

Nach Regel 9: $\underline{Z = A \vee \bar{B}}$

Man erkennt, daß hierdurch der Ansatz einfacher und die Fehlermöglichkeit herabgesetzt wird.

<u>Beispiel 38</u>: Für die folgende Funktionstabelle ist die boolesche Funktion in konjunktiver Normalform anzugeben.

B	A	Z
0	0	0
0	1	1
1	0	1
1	1	0

Nach Regel 12: $Z = 0$, wenn

$$(B{=}0 \text{ oder } A{=}0) \text{ und}$$
$$(\bar{B}{=}0 \text{ oder } \bar{A}{=}0) \text{ ist.}$$

Damit: $\underline{Z = (B \vee A) \wedge (\bar{B} \vee \bar{A}) = (A \vee B)(\bar{A} \vee \bar{B})}$

<u>Beispiel 39</u>: Für die im Beispiel 37 gegebene Funktionstabelle ist die boolesche Funktion in konjunktiver Normalform zu bilden.

Nach Regel 12: Z = 0, wenn
$$(\bar{B}=0 \text{ oder } A=0) \text{ ist,}$$
also: $\underline{Z = \bar{B} \vee A = A \vee \bar{B}}$

Hat in einer Funktionstabelle die Ausgangsvariable nur 1mal den Wert 0, so liefert der Maxterm das unmittelbare Ergebnis. Hat die Ausgangsvariable nur 1mal den Wert 1, so liefert der Minterm das unmittelbare Ergebnis.

4.13 <u>Vereinfachung boolescher Funktionen</u>

Vor dem Umsetzen boolescher Funktionen in Schaltkreise ist zu prüfen, ob sie sich unter Beibehaltung der geforderten Schließeigenschaften der Schaltung vereinfachen lassen. Die endgültige Vereinfachung hängt natürlich von den Anforderungen an die Schaltung ab und liegt beim Konstrukteur. Hier soll die Vereinfachung boolescher Funktionen aus rein mathematischer Sicht erfolgen. Die Vereinfachung kann rechnerisch und graphisch erfolgen. Rechnerische Methoden sind z.B. die unmittelbare <u>Anwendung der booleschen Rechengesetze</u> und das <u>Verfahren nach Quine-Mc Cluskey</u>. Als graphische Methode ist die <u>Anwendung des Karnaugh-Veitch-Diagramms</u> bekannt.

Eine Vereinfachung boolescher Funktionen ergibt sich außerdem durch Verwendung der "<u>Redundanzen</u>". Das gilt für rechnerische und graphische Vereinfachungen. Von den 2^n Bit-Kombinationsmöglichkeiten bei n Variablen tritt bei manchen Problemen nur ein betsimmter Teil auf. Die nicht auftretenden, für das betrachtete Problem also nicht existierenden Bitkombinationen werden <u>Redundanzen</u> genannt, zählen in Mintermform mathematisch Null und können daher zur Vereinfachung boolescher Funktionen herangezogen werden. Statt der Bezeichnung "Redundanz" gebraucht man auch die Bezeichnung "Pseudo" in Verbindung mit der Bit-Anzahlgruppe, z.B. bei 4 Variablen "<u>Pseudotetrade</u>" oder bei 3 Variablen "<u>Pseudotriade</u>". Als Beispiel sei ein dekadischer Zähler genannt, der im BCD-Code

fortlaufend von 0 bis 9 zählt. Hierzu werden die 10 Tetraden
von 0000 $\hat{=}$ $\overline{D}\,\overline{C}\,\overline{B}\,\overline{A}$ bis 1001 $\hat{=}$ $D\overline{C}\,\overline{B}A$ benötigt. Die übrigen 6 Tetraden von 1010 $\hat{=}$ $D\overline{C}B\overline{A}$ bis 1111 $\hat{=}$ $DCBA$ treten hier nicht auf,
existieren hier also nicht und zählen folglich mathematisch
Null, z.B. $D\overline{C}B\overline{A} = 0$ oder $DCBA = 0$. Jede dieser 6 Redundanzen
oder Pseudotetraden kann deshalb für die Vereinfachung der
booleschen Funktion, nach der die Zählschaltung gebildet
wird, herangezogen werden.

4.13.1 Anwendung der booleschen Rechengesetze

Die rechnerische Vereinfachung boolescher Funktionen kann
meistens auf mehreren Wegen durchgeführt werden. Jeder Weg
führt selbstverständlich zum gleichen Ergebnis.

Ein Maß für die Größe der Vereinfachung ist das Zählen der
"Symbole" vor und nach der Vereinfachung. Zu den Symbolen
gehören die Variablen, der Negierungsstrich und die beiden
Verknüpfungszeichen $\wedge$ und $\vee$. Hierzu die Beispiele 40 bis 42.

Beispiel 40: Folgende 6 boolesche Funktionen sind rechne-
risch zu vereinfachen: 1. $N = K\overline{A} \vee \overline{K}A \vee KA$; 2. $Z = \overline{A}BC \vee A\overline{B}C \vee AB$;
3. $Z = (A\vee B)(A\vee C)$; 4. $Z = AB(A\vee B)$; 5. $Z = (C\vee\overline{B}\vee\overline{A})(\overline{C}\vee B)\wedge A$;
6. $Z = \overline{A}\,\overline{B} \vee AB$.

$$
\begin{array}{lll}
\text{1. Aufgabe:} & \underline{N = K\overline{A} \vee \overline{K}A \vee KA} & \text{13 Symbole}\\[4pt]
\quad\text{Z.B. so:} & &\\
\quad\text{nach (3a)} & : N = K\overline{A} \vee (\overline{K}\vee K)A &\\
\quad\text{nach (6b), (10a)} & : N = K\overline{A} \vee A &\\
\quad\text{nach (3b), (1b)} & : N = (A\vee K)(\overline{A}\vee A) &\\
\quad\text{nach (6b), (10a)} & : \underline{N = A \vee K} & \text{3 Symbole}\\[4pt]
\quad\text{oder so:} & &\\
\quad\text{nach (4b)} & : N = K\overline{A} \vee \overline{K}A \vee KA \vee KA &\\
\quad\text{nach (3a), (1b)} & : N = A(\overline{K}\vee K) \vee K(\overline{A}\vee A) &\\
\quad\text{nach (6b), (10a)} & : \underline{N = A \vee K} &
\end{array}
$$

Diese 1. Aufgabe entspricht genau dem Beispiel 27 im Abschnitt 4.5 auf S.48. Das inklusive ODER benötigt in ausführlicher Schreibweise 13, in vereinfachter nur 3 Symbole.

2. Aufgabe: $\qquad Z = \overline{A}BC \vee A\overline{B}C \vee AB$ 17 Symbole

Z.B. die Funktion auf Minterme ergänzen:

nach (10a), (6b): $Z = \overline{A}BC \vee A\overline{B}C \vee AB(\overline{C}\vee C)$
nach (3a) : $Z = \overline{A}BC \vee A\overline{B}C \vee AB\overline{C} \vee ABC$
nach (4b) : $Z = \overline{A}BC \vee A\overline{B}C \vee AB\overline{C} \vee ABC \vee ABC \vee ABC$
nach (3a), (1b) : $Z = (\overline{C}\vee C)AB \vee (\overline{B}\vee B)AC \vee (\overline{A}\vee A)BC$
nach (6b), (10a): $Z = AB \vee AC \vee BC$
nach (3a), z.B. : $Z = A(B\vee C) \vee BC$ 9 Symbole

oder:
nach (4b) : $Z = \overline{A}BC \vee A\overline{B}C \vee AB \vee AB$
nach (3a) : $Z = B(\overline{A}C\vee A) \vee A(\overline{B}C\vee B)$
nach (3b) : $Z = B(\overline{A}\vee A)(C\vee A) \vee A(\overline{B}\vee B)(C\vee B)$
nach (6b), (3a) : $Z = BC \vee BA \vee AC \vee AB$
nach (4b), (1b) : $Z = AB \vee AC \vee BC$
nach (3a), z.B. : $Z = A(B\vee C) \vee BC$

3. Aufgabe: $\qquad Z = (A\vee B)(A\vee C)$ 7 Symbole

nach (3a) : $Z = AA \vee AB \vee AC \vee BC$
nach (4a) : $Z = A \vee AB \vee AC \vee BC$
nach (5b) : $Z = A \vee AC \vee BC$
nach (5b) : $Z = A \vee BC$ 5 Symbole

4. Aufgabe: $\qquad Z = AB(A\vee B)$ 7 Symbole

nach (3a), (4a) : $Z = AB \vee AB$
nach (4b) : $Z = AB$ 3 Symbole

5. Aufgabe: $\qquad Z = (C\vee \overline{B}\vee \overline{A})(\overline{C}\vee B)\wedge A$ 14 Symbole

nach (3a) : $Z = (C\overline{C} \vee BC \vee \overline{B}\overline{C} \vee \overline{B}B \vee \overline{A}C \vee \overline{A}B)\wedge A$
nach (6a), (10b): $Z = (BC \vee \overline{B}\overline{C} \vee \overline{A}C \vee \overline{A}B)\wedge A$
nach (3a), (6a) : $Z = (ABC \vee A\overline{B}\overline{C} \vee 0 \vee 0)$
nach (3a), (10b): $Z = A(BC \vee \overline{B}\overline{C})$ 11 Symbole

6. Aufgabe: $\qquad Z = \overline{A}\overline{B} \vee AB$ 10 Symbole

nach (8b) : $Z = \overline{\overline{A}\overline{B} \wedge \overline{AB}}$
nach (8a), (7) : $Z = (A\vee B)(\overline{A}\vee \overline{B})$
nach (3a), (6a) : $Z = A\overline{B} \vee \overline{A}B$ 9 Symbole

Beispiel 41: Die boolesche Funktion $Z = C\bar{B}\bar{A} \vee CBA \vee \bar{C}\bar{B}\bar{A}$ mit den 3 Redundanzen bzw. Pseudotriaden $\bar{C}\bar{B}A = 0$, $C\bar{B}A = 0$ und $CB\bar{A} = 0$ ist a) unmittelbar, b) unter Verwendung der Redundanzen so einfach wie möglich als Funktion von B und $\bar{B}$ darzustellen.

a) $\underline{Z = C\bar{B}\bar{A} \vee CBA \vee \bar{C}\bar{B}\bar{A}}$

    nach (3a), (1a) : $Z = ACB \vee (\bar{A}C \vee \bar{A}\bar{C})\bar{B}$

    nach (3a)   : $Z = ACB \vee (C \vee \bar{C})\bar{A}\bar{B}$

    nach (6b), (10a): $\underline{Z = ACB \vee \bar{A}\bar{B}} = f(B, \bar{B})$ 11 Symbole

b) nach (10b)   : $Z = C\bar{B}\bar{A} \vee CBA \vee \bar{C}\bar{B}\bar{A} \vee \bar{C}\bar{B}A \vee C\bar{B}A \vee CB\bar{A}$

    nach (3a), (1a) : $Z = (AC \vee \bar{A}C)B \vee (\bar{A}C \vee \bar{A}\bar{C} \vee A\bar{C} \vee AC)\bar{B}$

    nach (3a)   : $Z = (A \vee \bar{A})CB \vee ((C \vee \bar{C})\bar{A} \vee (\bar{C} \vee C)A)\bar{B}$

    nach (6b), (10a): $Z = CB \vee (\bar{A} \vee A)\bar{B}$

    nach (6b), (10a): $\underline{Z = CB \vee \bar{B}} = f(B, \bar{B})$ 6 Symbole

Die Verwendung der Redundanzen vereinfacht die boolesche Funktion $Z = f(B, \bar{B})$ von 11 auf 6 Symbole.

Beispiel 42: Die boolesche Funktion $Z = \bar{R}(Q \vee S)$ mit der Bedingung $RS = 0$ (RS existiert hier nicht, ist also eine Redundanz bzw. Pseudoduade und zählt mathematisch Null) ist a) unmittelbar, b) unter Verwendung der Redundanz so einfach wie möglich als Funktion von Q und $\bar{Q}$ darzustellen.

a) nach (3a)   : $Z = \bar{R}Q \vee \bar{R}S$

    nach (10a), (6b): $Z = \bar{R}Q \vee \bar{R}S(Q \vee \bar{Q})$

    nach (3a)   : $Z = \bar{R}Q \vee \bar{R}SQ \vee \bar{R}S\bar{Q}$

    nach (5b)   : $\underline{Z = \bar{R}Q \vee \bar{R}S\bar{Q}} = f(Q, \bar{Q})$ 12 Symbole

b) wie unter a)   : $Z = \bar{R}Q \vee \bar{R}S\bar{Q}$

    nach (10b), (9a): $Z = \bar{R}Q \vee \bar{R}S\bar{Q} \vee RS\bar{Q}$

    nach (3a)   : $Z = \bar{R}Q \vee S\bar{Q}(\bar{R} \vee R)$

    nach (6b), (10a): $\underline{Z = \bar{R}Q \vee S\bar{Q}} = f(Q, \bar{Q})$ 9 Symbole

Die Verwendung der Redundanz vereinfacht die boolesche Funktion $Z = f(Q, \bar{Q})$ von 12 auf 9 Symbole.

4.13.2 Karnaugh-Veitch-Diagramm

Das Karnaugh-Veitch-Diagramm heißt kurz "KV-Diagramm". Es hat Ähnlichkeit mit dem Venn-Diagramm der Mengenlehre und

dient wie dieses als graphisches Vereinfachungsverfahren für
boolesche Funktionen. An Stelle des aus Kreisen bestehenden
Venn-Diagramms, das sich aus geometrischen Gründen nur für 1
bis 3 Variablen eignet, tritt hier ein Rechteck, das für n
Variablen in 2^n rechteckförmige Felder unterteilt wird.

Im Bild 28 ist unter a) ein KV-Diagramm für die Variable A
und unter b) das um 90 Grad gedrehte KV-Diagramm für die Variable B gezeichnet. Die Variablen und ihre Komplemente werden außen an ihren Geltungsbereich geschrieben. Durch Über-

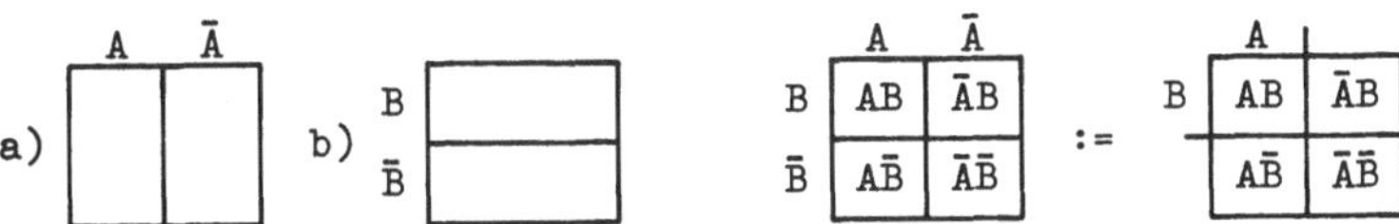

Bild 28: KV-Diagramm für die
       a) Variable A und
       b) Variable B

Bild 29: KV-Diagramm für
       die 2 Variablen
       A und B

lagerung dieser beiden Diagramme entsteht das im Bild 29 angegebene linke KV-Diagramm. In der Praxis schreibt man, wie
das rechte KV-Diagramm des Bildes 29 zeigt, nur die positiven Variablen an, die nicht gekennzeichneten Felder gelten
dann für deren Komplemente. Man trennt sie vorteilhafterwei-
se durch einen kleinen Strich ab.

In Hinblick auf die Mengenlehre kann man sagen, daß das linke obere Feld die Elemente von A und B, das rechte obere
Feld die Elemente von Ā und B, das linke untere Feld die
Elemente von A und B̄ und das rechte untere Feld die Elemente
von Ā und B̄ enthält.

In Hinblick auf die örtliche Lage kann man sagen, daß das
linke obere Feld im Bereich von A und B, das rechte obere
Feld im Bereich von Ā und B, das linke untere Feld im Bereich von A und B̄ und das rechte untere Feld im Bereich von
Ā und B̄ liegt.

Da es für n Variablen 2^n n-stellige Minterme und 2^n Felder
im KV-Diagramm gibt, läßt sich jedes Feld lagemäßig durch

einen n-stelligen Minterm eindeutig angeben. Dazu sind die n
Variablen so an den äußeren Feldern des KV-Diagramms zu ver-
teilen, daß alle möglichen Kombinationen zwischen den Variablen und ihren Komplementen auftreten. Es wird empfohlen,
die n Variablen stets nach gleichem Schema wie in den Bildern 30 bis 32 anzuordnen.

Im Bild 30 ist ein KV-Diagramm für 3 Variablen mit 8 Feldern, im Bild 31 ein KV-Diagramm für 4 Variablen mit 16 Feldern und im Bild 32 ein KV-Diagramm für 6 Variablen mit 64

Bild 30: KV-Diagramm für 3 Variablen

Bild 31: KV-Diagramm für 4 Variablen

$$1 \;\hat{=}\; AB\overline{C}\overline{D}E\overline{F} \qquad 5 \;\hat{=}\; \overline{A}BCD\overline{E}\overline{F}$$
$$2 \;\hat{=}\; AB\overline{C}\overline{D}EF \qquad 6 \;\hat{=}\; \overline{A}BCDEF$$
$$3 \;\hat{=}\; ABCDEF \qquad 7 \;\hat{=}\; \overline{A}B\overline{C}DEF$$
$$4 \;\hat{=}\; ABCD\overline{E}\overline{F} \qquad 8 \;\hat{=}\; \overline{A}B\overline{C}\overline{D}E\overline{F}$$

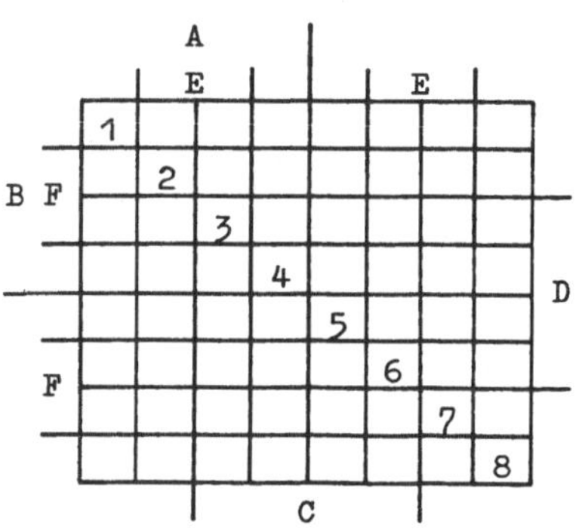

Bild 32: KV-Diagramm für 6 Variablen

Feldern dargestellt. Die Felder bleiben leer. Lediglich zum
Verständnis sind in einigen Feldern die zugehörigen Minterme
angegeben worden. Bild 32 läßt ahnen, daß bei mehr als 5 Variablen die Auswertung des KV-Diagramms problematisch wird.
Hier hilft das Verfahren nach Quine-Mc Cluskey weiter.

Anwendung und Auswertung des KV-Diagramms:

1. Boolesche Funktion in disjunktive Form bzw. Normalform überführen.

2. KV-Diagramm konstruieren.

3. Alle Terme bzw. Minterme der booleschen Funktion ins KV-Diagramm übertragen, indem in die betreffenden Felder eine "1" ($\hat{=}$ Wert 1) eingetragen wird.

4. Redundanzen sind, damit sie sich von den Feldern mit dem Wert 1 unterscheiden, z.B. als durchgestrichene Felder und nicht etwa mit dem Wert 0 zu kennzeichnen.

5. Alle übrigen Felder haben den Wert 0, der aus Übersichtsgründen nicht in die Felder eingetragen werden muß.

6. Wert 1- und ggf. Redundanz-Felder so zusammenfassen, daß sie in Bereichen liegen, die durch möglichst einfache Terme eindeutig ausgedrückt werden können. Es wird empfohlen, die jeweils zusammengefaßten Felder durch farbige Umrandungslinien optisch gut erkennbar hervorzuheben.

Hierzu die Beispiele 43 und 44.

<u>Beispiel 43</u>: Die booleschen Funktionen 1. $Z = \bar{A}B \vee A\bar{B} \vee AB$ und 2. $Z = \bar{R}Q \vee \bar{R}S$ mit der Redundanz $RS = 0$ sind graphisch mittels KV-Diagramm zu vereinfachen.

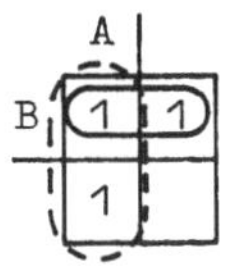

Bild 33: KV-Diagramm

1. Für $Z = \bar{A}B \vee A\bar{B} \vee AB$ ergibt sich aus dem Bild 33 für den

   durchgezogenen Bereich: B
   gestrichelten Bereich : A

   also: $\underline{Z = A \vee B}$

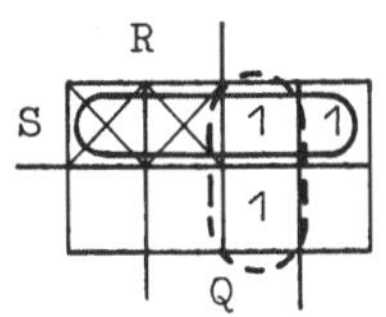

Bild 34: KV-Diagramm

2. Für $Z = \bar{R}Q \vee \bar{R}S$ mit $RS = 0$ ergibt sich aus dem Bild 34 für den

   durchgezogenen Bereich: S
   gestrichelten Bereich : $\bar{R} \wedge Q$

   also: $\underline{Z = \bar{R}Q \vee S}$

<u>Beispiel 44</u>: Für die folgenden 3 KV-Diagramme sind die booleschen Funktionen in einfachster Form gesucht.

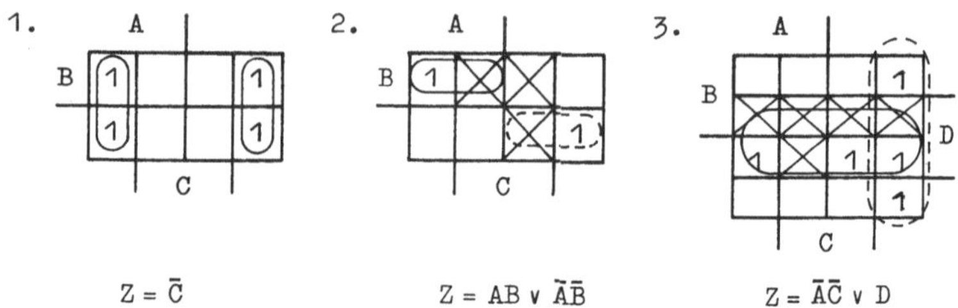

$$Z = \bar{C} \qquad\qquad Z = AB \vee \tilde{A}\bar{B} \qquad\qquad Z = \bar{A}\bar{C} \vee D$$

4.13.3 <u>Verfahren nach Quine-Mc Cluskey</u>

Für das rechnerisch-tabellarische Vereinfachungsverfahren nach Quine-Mc Cluskey muß die boolesche Funktion in <u>disjunktiver Normalform</u> vorliegen. Jeder Minterm wird mit jedem anderen verglichen. Minterme, die sich nur in <u>einer</u> Variablen unterscheiden, werden nach (3a), (6b) und (10a): $AB \vee A\bar{B} = A$ zu einem Term verkürzt, der diese Variable nicht mehr enthält, und abgehakt. Mit den verkürzten Termen verfährt man in gleicher Weise, bis keine Vereinfachungen mehr möglich sind.

Um das aufwendige Vergleichsverfahren auf ein Minimum zu beschränken, ordnet man, wie Tafel 16 des Beispiels 45 auf S.72 zeigt, alle Minterme der Funktion und vorhandene Redundanzen gruppenweise nach der Anzahl ihrer positiven Variablen in einer Spalte einer Tabelle, der <u>Vereinfachungstabelle</u>, an. Dadurch braucht man nur jeden Minterm einer Gruppe, auch wenn er bereits abgehakt ist, mit jedem Minterm der darauffolgenden Gruppe zu vergleichen. Minterme, die sich vereinfachen lassen, hakt man ab. Die entstandenen Terme werden nach gleichem Schema in einer neuen Spalte angeordnet und in gleicher Weise vereinfacht. Das wird fortgesetzt, bis keine Vereinfachung mehr möglich ist. Die nicht abgehakten Terme und Minterme heißen <u>Primterme</u> p und werden der Reihe nach mit p_1, p_2 usw. bezeichnet.

In einer zweiten Tabelle, der <u>Primterm-Minterm-Tabelle</u>, werden, wie Tafel 17 auf S.73 zeigt, in der linken Spalte nur

die Minterme der Funktion, also **keine Redundanzen**, eingetragen. In der Kopfzeile daneben stehen alle Primterme. In den
Primtermspalten wird überall dort ein Kreuz gemacht, wo der
Primterm in einem Minterm enthalten ist. Diejenigen Primterme, mit deren Kreuzen alle Minterme erfaßt werden können,
werden disjunktiv verknüpft und bilden die vereinfachte Form
der booleschen Funktion. Meistens gibt es mehrere Lösungen,
von denen die mit der geringsten Anzahl von Symbolen (siehe
Abschn. 4.13.1 auf S.65) die Minimalform darstellt.

Beispiel 45: Die boolesche Funktion
$$Z = A\bar{B}C\bar{D}\bar{E} \vee ABC\bar{D}\bar{E} \vee \bar{A}\bar{B}\bar{C}D\bar{E} \vee A\bar{B}CD\bar{E} \vee A\bar{B}C\bar{D}E \vee \bar{A}\bar{B}\bar{C}DE \vee \bar{A}\bar{B}\bar{C}DE \vee ABCDE$$
mit den Redundanzen
$$ABCD\bar{E},\ \bar{A}\bar{B}\bar{C}\bar{D}E,\ ABC\bar{D}E,\ AB\bar{C}DE,\ A\bar{B}CDE \text{ und } \bar{A}\bar{B}CDE$$
ist nach dem Quine-Mc Cluskey-Verfahren zu vereinfachen.

Tafel 16: Vereinfachungstabelle nach Quine-Mc Cluskey

Positive Variablen	Minterme		Vereinfachungen 1.		2.		3.	
1	$\bar{A}\bar{B}\bar{C}D\bar{E}$	v	$\bar{A}\bar{B}\bar{C}D$	p_1	$AC\bar{E}$	v	AC	p_5
2	$A\bar{B}C\bar{D}\bar{E}$	v	$AC\bar{D}\bar{E}$	v	$AC\bar{D}$	v		
	$\bar{A}\bar{B}\bar{C}\bar{D}E$	v	$A\bar{B}C\bar{E}$	v	$A\bar{B}C$	v		
	$\bar{A}\bar{B}\bar{C}DE$	v	$A\bar{B}C\bar{D}$	v	ABC	v		
3	$ABC\bar{D}\bar{E}$	v	$\bar{A}\bar{C}DE$	p_2	ACD	v		
	$A\bar{B}CD\bar{E}$	v	$\bar{A}\bar{B}\bar{C}E$	p_3	ACE	v		
	$A\bar{B}C\bar{D}E$	v	$ABC\bar{E}$	v	BDE	p_4		
	$\bar{A}\bar{B}CDE$	v	$ABC\bar{D}$	v				
4	$ABCD\bar{E}$	v	$AC\bar{D}\bar{E}$	v				
	$ABC\bar{D}E$	v	$A\bar{B}CD$	v				
	$A\bar{B}CDE$	v	$AC\bar{D}E$	v				
	$AB\bar{C}DE$	v	$A\bar{B}CE$	v				
	$\bar{A}BCDE$	v	$B\bar{C}DE$	v				
5	$ABCDE$	v	$\bar{A}BDE$	v				
			$ABCD$	v				
			$ABC\bar{E}$	v				
			$ABDE$	v				
			$ACDE$	v				
			$BCDE$	v				

v bedeutet "abgehakt"

Tafel 17: Primterm-Minterm-Tabelle nach Quine-Mc Cluskey

Minterme	Primterme				
	p_1	p_2	p_3	p_4	p_5
	$\bar{A}\bar{B}\bar{C}D$	$\bar{A}\bar{C}DE$	$\bar{A}B\bar{C}E$	BDE	AC
$A\bar{B}C\bar{D}\bar{E}$					x
$ABC\bar{D}\bar{E}$					x
$\bar{A}\bar{B}\bar{C}D\bar{E}$	x				
$A\bar{B}CD\bar{E}$					x
$A\bar{B}C\bar{D}E$					x
$\bar{A}\bar{B}\bar{C}DE$	x	x			
$\bar{A}B\bar{C}DE$		x	x	x	
$ABCDE$				x	x

Damit ergeben sich folgende Lösungen:

1. $Z = p_1 \lor p_5 \lor p_2$
2. $Z = p_1 \lor p_5 \lor p_3$
3. $Z = p_1 \lor p_5 \lor p_4$

Da p_4 ein kürzerer Primterm ist als p_2 oder p_3, führt die 3. Lösung zur Minimalform der booleschen Funktion.

Damit: $\underline{Z = \bar{A}\bar{B}\bar{C}D \lor BDE \lor AC}$

5 Schaltalgebra

5.1 Allgemeines

Die aus den booleschen Verknüpfungen entwickelten binären Verknüpfungsglieder lassen sich durch bistabile Schaltelemente realisieren. Bistabile Schaltelemente arbeiten wie ein Schalter mit einer Ruhe- und einer Arbeitsstellung und können z.B. durch Handschalter, Relaiskontakte, Dioden oder Transistoren dargestellt werden. Den beiden Schalterstellungen werden die Werte 0 und 1 zugeordnet.

Für die mathematische Beschreibung der booleschen Verknüpfungen zum Zwecke einer schaltungstechnischen Realisierung ist der Begriff Schaltalgebra entstanden. Wähernd die booleschen Verknüpfungsglieder gesondert behandelt werden, soll hier lediglich die Darstellung durch Schalter besprochen werden. Schaltungen dieser Art werden hier im Gegensatz zur logischen Schaltung mit schaltalgebraischer Schaltung bezeichnet. Schaltungen bzw. Schaltbilder sind stets in der Ruhestellung der Schalter zu zeichnen.

5.2 Bezeichnungen und Schaltzeichen

<u>Schalterbezeichnungen</u>: kleine Buchstaben: a, b, $\bar{a}$, $\bar{b}$ usw.

<u>Relaisbezeichnungen</u>:   große Buchstaben : A, B, C, D usw.

<u>Zuordnung der Werte</u>:   Schalter offen, auf $\hat{=}$ 0
                          Schalter zu, geschlossen $\hat{=}$ 1

<u>Arbeitskontakt, Einschaltglied oder Schließer</u>:

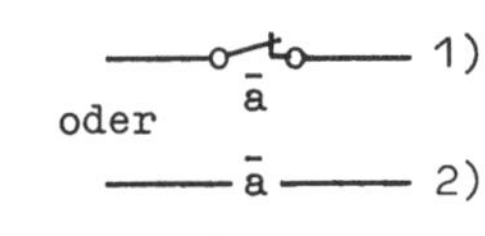

oder

Bild 35: Schließer

Schließer werden mit bejahten Variablen (a, b usw.) bezeichnet und als Schaltzeichen wie Bild 35 angegeben.

Ruhestellung $\hat{=}$ Schalter offen: a = 0
Arbeits   " $\hat{=}$ Schalter zu   : a = 1

<u>Ruhekontakt, Ausschaltglied oder Öffner</u>:

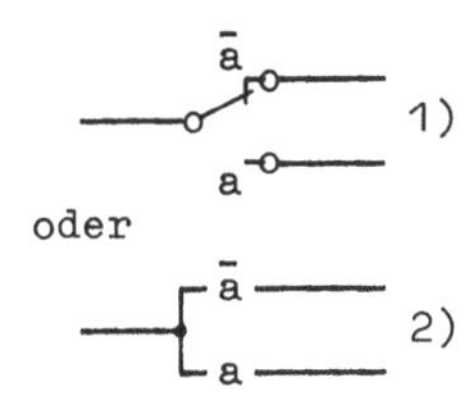

oder

Bild 36: Öffner

Öffner werden mit negierten Variablen ($\bar{a}$, $\bar{b}$ usw.) bezeichnet und als Schaltzeichen wie Bild 36 angegeben.

Ruhestellung $\hat{=}$ Schalter zu   : $\bar{a}$ = 1
Arbeits   " $\hat{=}$ Schalter offen: $\bar{a}$ = 0

<u>Wechselkontakt, Umschaltglied oder Wechsler</u>:

oder

Bild 37: Wechsler

Ein Wechsler ist die Kombination eines Schließers mit einem Öffner und hat 3 Anschlüsse. Er ist ein einpoliger Umschalter, wird mit a und $\bar{a}$, b und $\bar{b}$ usw., ggf. mit gleichen Indizes, bezeichnet und als Schaltzeichen wie im Bild 37 angegeben.

Ruhestellung: a = 0 und $\bar{a}$ = 1
Arbeits   "   : a = 1 und $\bar{a}$ = 0

---

1) Die Kreise im Schaltzeichen können entfallen.
2) Diese Darstellung ist nicht genormt, aber vorteilhaft.

<u>Schalterbezeichnungen mit Indizes:</u>

Eine boolesche Funktion, die in eine logische oder schaltalgebraische Schaltung umgesetzt wird, nennt man <u>Schaltfunk-
tion</u>. In schaltalgebraischen Schaltungen tritt das gleiche
Schaltersymbol oft in verschiedenen Zweigen auf. In solchen
Fällen muß mit Indizes gearbeitet werden, weil ja jeder
Schalter nur 1 Eingang und 1 Ausgang besitzt. So bedeutet
z.B. a_1 und a_2, daß es sich um 2 Schließer handelt, die beide zugleich "offen" oder "zu" sind, also gemeinsam gesteuert
werden, z.B. durch einen handbetätigten Stellschalter (Bild
38) oder durch ein Relais oder Schütz A (Bild 39). Die gemeinsame Steuerung bedeutet, daß man bei mathematischen Umformungen und in Funktionstabellen die Indizes weglassen
kann. Es genügt also, mathematisch z.B. nur mit a zu arbeiten. Das gilt natürlich auch für Öffner. Hierzu die Beispiele 46 bis 49 auf den Seiten 76 bis 78.

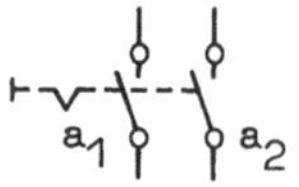

Bild 38: Handbetätigter Stell-   Bild 39: Relais oder Schütz
        schalter mit 2 Schlie-   mit 2 Schließern
        ßern

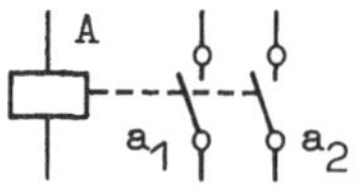

5.3 <u>Grundschaltungen</u>

5.3.1 <u>Reihenschaltung</u>

Im Bild 40 ist eine aus 2 Schließern
bestehende Reihenschaltung angegeben.
Am linken Ende der Wirkungslinie
liegt ein Signal an, z.B. ein elektrisches Potential, das den Wert 1 hat. Es ist:

Bild 40: Reihen-
           schaltung

$$Z = 1, \text{ wenn } a = 1 \text{ \underline{und} } b = 1 \text{ ist: } \underline{Z = a \wedge b = ab}$$

Das <u>Boolesche Produkt</u>, die <u>UND-Verknüpfung</u>, stellt also eine
<u>Reihenschaltung</u> von Schaltern dar. Eine Reihenschaltung kann
auch aus Öffnern oder aus Schließern und Öffnern bestehen.

5.3.2 Parallelschaltung

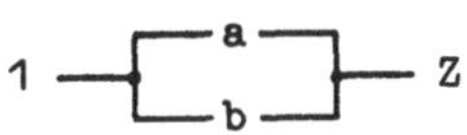

Bild 41: Parallel-
schaltung

Im Bild 41 ist eine aus 2 Schließern
bestehende Parallelschaltung angegeben. Zu der "1" am linken Ende der
Wirkungslinie siehe 5.3.1. Es ist:

$Z = 1$, wenn $a = 1$ <u>oder</u> $b = 1$ ist: <u>$Z = a \vee b$</u>

Die <u>Boolesche Summe</u>, die <u>ODER-Verknüpfung</u>, stellt also eine
<u>Parallelschaltung</u> von Schaltern dar. Das "inklusive ODER"
ist hier gut erkennbar. Eine Parallelschaltung kann auch aus
Schließern und Öffnern oder nur aus Öffnern bestehen.

<u>Zu 5.3.1 und 5.3.2</u>:

Während die booleschen Schaltzeichen in logischen Schaltungen lediglich die Verknüpfungsarten ihrer Eingänge angeben,
werden in schaltalgebraischen Schaltungen die Verknüpfungsarten durch Schalter mit ihren Kontaktverbindungen dargestellt. Bild 42 zeigt eine Gegenüberstellung dieser beiden
Darstellungsarten für die behandelten Grundschaltungen.

a) $\begin{smallmatrix} A \\ B \end{smallmatrix}$ —[&]— Z $\;\hat{=}\;$ $1 - a - b - Z$

Schalter a wird vom
Eingang A und Schal-
ter b vom Eingang B
gesteuert.

b) $\begin{smallmatrix} A \\ B \end{smallmatrix}$ —[≧1]— Z $\;\hat{=}\;$ 1 —[a / b]— Z

Bild 42: Logische und schaltalgebraische Schaltung a) für
die UND-, b) für die ODER-Verknüpfung

<u>Beispiel 46</u>: <u>Wechselschaltung</u>. Sie besteht aus 2 Wechsel-
schaltern, die z.B. eine Lampe Z im beliebigen Wechsel ein-
und ausschalten können. Die Wechselschaltung ist a) als
schaltalgebraische Schaltung, b) als boolesche Funktion und
c) als Funktionstabelle anzugeben.

Festlegungen: Lampe Z hat keine Spannung $\hat{=}$ $Z = 0$

Lampe Z hat Spannung $\quad\hat{=}$ $Z = 1$

Die Ergebnisse sind im Bild 43 auf S.77 angegeben.

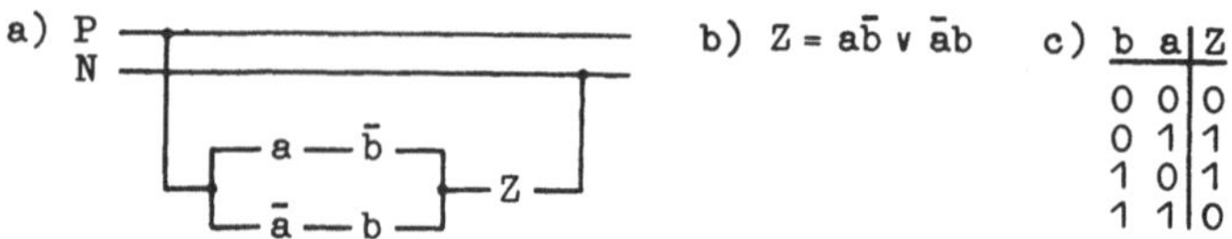

Bild 43: Wechselschaltung a) in schaltalgebraischer Schaltung, b) als boolesche Funktion, c) als Funktionstabelle

Die Wechselschaltung verkörpert das exklusive ODER, stellt also eine Antivalenz dar. Die Funktionstabelle zeigt deutlich: bei einer ungeraden Anzahl von Schalterbetätigungen hat die Lampe Spannung, bei einer geraden Anzahl nicht.

Beispiel 47: Kreuzschalter. Ein Kreuzschalter ist ein zweipoliger Umschalter, der aus 2 fest miteinander gekoppelten Wechselschaltern besteht und nur 4 statt 6 Kontakte besitzt. Er ist ein Polwender. Bild 44 zeigt das Schaltzeichen und die schaltalgebraische Schaltung eines Kreuzschalters.

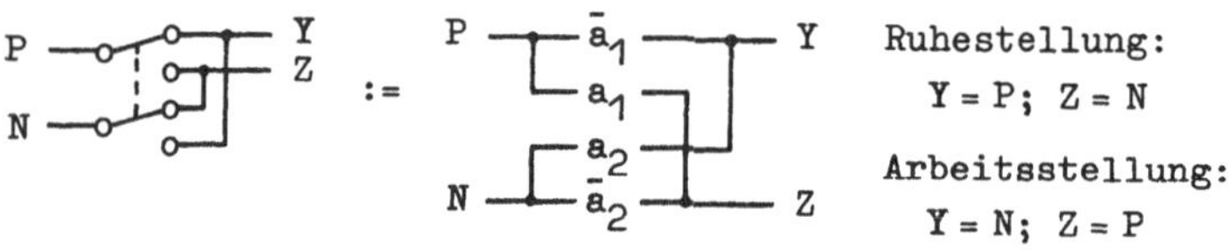

Bild 44: Kreuzschalter; links: Schaltzeichen, rechts: schaltalgebraische Schaltung

Beispiel 48: Die boolesche Funktion $Z = (a \vee b)c \vee ab$ ist als schaltalgebraische Schaltung darzustellen.

Bild 45 zeigt die aus 5 Schließern bestehende Schaltung.

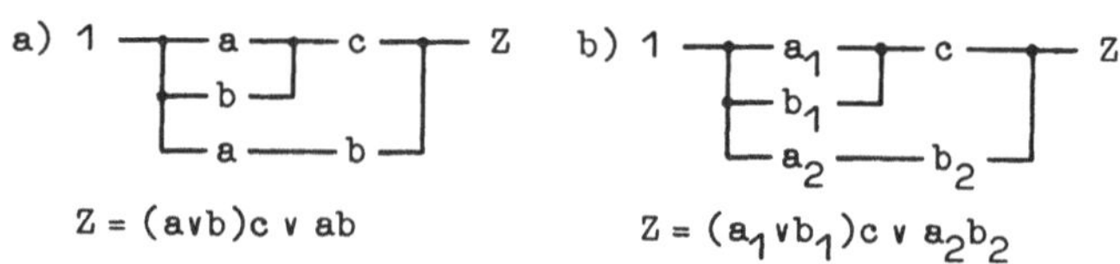

Bild 45: Schaltalgebraische Schaltung der booleschen Funktion $Z = (a \vee b)c \vee ab$ a) ohne, b) mit Indizes

Beispiel 49: **Kreuzschaltung**. Eine Kreuzschaltung besteht aus
2 Wechselschaltern und beliebig vielen Kreuzschaltern, die
z.B. eine Lampe im beliebigen Wechsel ein- und ausschalten
können. Für eine aus 2 Kreuzschaltern bestehende Kreuzschaltung ergibt sich die im Bild 46 dargestellte schaltalgebraische Schaltung und die in der Tafel 18 aufgeführte Funktionstabelle. Aus beiden erhält man die angegebenen booleschen Funktionen in disjunktiver Normalform.

Festlegungen: Lampe Z hat keine Spannung $\triangleq$ Z = 0

Lampe Z hat Spannung $\triangleq$ Z = 1

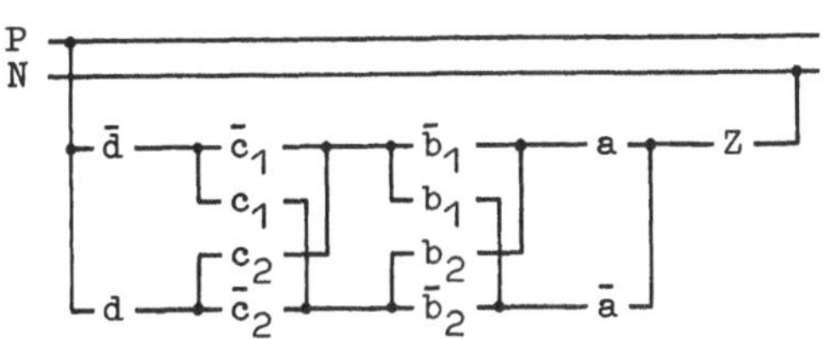

Bild 46: Kreuzschaltung in schaltalgebraischer Schaltung

Das Aufstellen der Funktionstabelle ist einfach, wenn man
beachtet, daß bei einer ungeraden Anzahl von Schalterbetätigungen die Lampe Spannung hat und bei einer geraden Anzahl
nicht. In der Funktionstabelle der Tafel 18 ist also überall
dort Z = 1, wo bei den Eingangsvariablen in den Spalten der
Wert 1 1mal oder 3mal auftritt.

a	0	1	0	1	0	1	0	1	0	1	0	1	0	1	0	1
b	0	0	1	1	0	0	1	1	0	0	1	1	0	0	1	1
c	0	0	0	0	1	1	1	1	0	0	0	0	1	1	1	1
d	0	0	0	0	0	0	0	0	1	1	1	1	1	1	1	1
Z	0	1	1	0	1	0	0	1	1	0	0	1	0	1	1	0

Tafel 18: Funktionsta-
belle für die
Kreuzschaltung
des Bildes 46

Die boolesche Funktion aus der Tafel 18:

$$Z = \bar{d}\bar{c}\bar{b}a \lor \bar{d}\bar{c}b\bar{a} \lor \bar{d}c\bar{b}\bar{a} \lor \bar{d}cba \lor d\bar{c}\bar{b}\bar{a} \lor d\bar{c}ba \lor dc\bar{b}a \lor dcb\bar{a}$$

Die boolesche Funktion als Schaltfunktion aus dem Bild 46:

$$Z = \bar{d}\bar{c}_1\bar{b}_1 a \lor \bar{d}\bar{c}_1 b_1 \bar{a} \lor \bar{d}c_1\bar{b}_2\bar{a} \lor \bar{d}c_1 b_2 a \lor d\bar{c}_2\bar{b}_2\bar{a} \lor d\bar{c}_2 b_2 a \lor$$

$$\lor dc_2\bar{b}_1 a \lor dc_2 b_1 \bar{a}$$

6 Binäre Verknüpfungsglieder

6.1 Allgemeines

Als <u>datenverarbeitendes System</u> (DVS) bezeichnet man eine
Struktur von binären bzw. booleschen Verknüpfungsgliedern,
die einer beliebigen Kombination der <u>binären Eingangssignale</u>
E_1 bis E_n eine bestimmte Signalkombination der <u>binären Aus-
gangssignale</u> A_1 bis A_m (Bild 47) zuordnet. Die Eingangs- und
Ausgangsgrößen sind also in bestimmter Weise miteinander
verknüpft. Hierzu die folgenden Beispiele 50 und 51. Alle
komplizierten Verknüpfungen, wie z.B. in Speichergliedern,
Addiergliedern, Codierern u.a., lassen sich reduzieren auf
die <u>4 einstelligen</u> und die <u>16 zweistelligen booleschen Ver-
knüpfungen</u>.

Bild 47: Allgemeines datenverarbeitendes
        System (DVS) mit n Eingängen E
        und m Ausgängen A

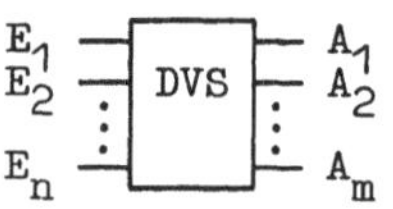

<u>Binärsignale</u> werden elektrotechnisch dargestellt durch z.B.

"keine Spannung"	oder	"Spannung vorhanden"
"niedriges Potential"	oder	"hohes Potential"
"unmagnetisch"	oder	"magnetisch"
"südmagnetisch"	oder	"nordmagnetisch"

Diesen elektrischen Zuständen lassen sich die <u>Werte 0 oder 1</u>
und die <u>Pegel L oder H</u> zuordnen. Die Zuordnung muß eindeutig
definiert sein. Näheres hierüber im Abschn. 6.1.3.

Beispiel 50: Die Addition 2er Dualziffern A und B führt, wie
in der Tafel 19 angegeben ist, zur einstelligen Summe S mit
einstelligem Übertrag Ü. Da das Dualsystem ein Binärsystem
ist wie die Boolesche Algebra, ist die Tafel 19 gleichzeitig

Tafel 19: Addition 2er Dual-
        ziffern A und B

B	A	S	Ü	
0	0	0	0	A, B = Summanden
0	1	1	0	S = Summe
1	0	1	0	Ü = Übertrag
1	1	0	1	A + B = S mit Ü

eine Funktionstabelle, so daß zwischen den Eingangs- und Ausgangsvariablen boolesche Verknüpfungen bestehen. Damit ergibt sich: $S = \bar{B}A \vee B\bar{A}$ (Antivalenz) $\ddot{U} = BA$ (Konjunktion)

Eine Struktur, die diese Addition ausführen kann, nennt man Halbaddierer. Ein Halbaddierer ist also ein datenverarbeitendes System mit 2 Eingängen für die Summanden, hier A und B genannt, und je 1 Ausgang für die Summe und den Übertrag, hier S und $\ddot{U}$ genannt (Bild 48).

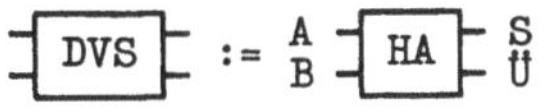

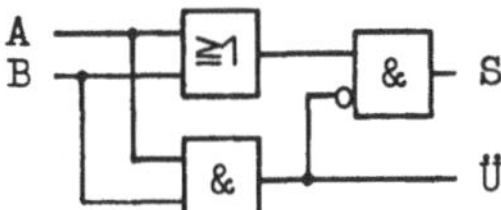

Bild 48: Halbaddierer (HA), ein datenverarbeitendes System

Mit der Umformung $S = \bar{B}A \vee B\bar{A} \vee B\bar{B} \vee A\bar{A} = (A \vee B)\overline{AB}$
und $\ddot{U} = AB$
erhält man die im Bild 49 dargestellte logische Schaltung eines Halbaddierers. Aus Zweckmäßigkeitsgründen wird die Negation vom Ausgang des linken unteren UND-Gliedes auf den Eingang des rechten oberen UND-Gliedes verlegt.

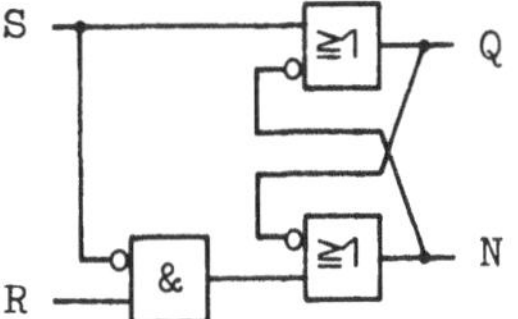

Bild 49: Logische Schaltung eines Halbaddierers

Beispiel 51: Die beiden Eingänge S und R und die beiden Ausgänge Q und N eines datenverarbeitenden Systems (Bild 50) sind durch die booleschen Funktionen $Q = S \vee \bar{N}$ und $N = R\bar{S} \vee \bar{Q}$ miteinander verknüpft. Es ergibt sich die im Bild 51 dargestellte Schaltlogik dieses datenverarbeitenden Systems.

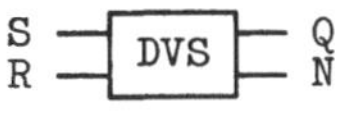

Bild 50: DVS des Bsp. 51

Bild 51: Logische Schaltung des datenverarbeitenden Systems des Beispiels 51.

6.1.1 <u>Die 4 einstelligen booleschen Verknüpfungen</u>

Das datenverarbeitende System im Bild 47 auf S.79 hat

     1 Eingang für das binäre Eingangssignal A und

     1 Ausgang für das binäre Ausgangssignal Z.

Für die beiden Werte des binären Eingangssignals gibt es 4 mögliche Zuordnungen der Werte des binären Ausgangssignals. Sie sind in der Tafel 20 angegeben.

Tafel 20: Die 4 einstelligen booleschen Verknüpfungen

A	0 1	Boolesche Funktion	Bezeichnungen und Erklärungen	
Z_0	0 0	$Z_0 = 0$	Z hat niemals den Wert 1	
Z_1	0 1	$Z_1 = A$	Position, DVS ist Verstärkerschaltung	
Z_2	1 0	$Z_2 = \bar{A}$	Negation, Inverter	(14)
Z_3	1 1	$Z_3 = 1$	Z hat immer den Wert 1	

Die bei Z verwendeten Indizes haben nur Zählcharakter und entsprechen den als Dualzahl gelesenen Werten der 2. Spalte. Die Negation wird im Abschn. 6.2 gesondert behandelt. Im Bild 52 sind alle 4 Möglichkeiten als Relaisschaltungen, die für den Anfänger recht anschaulich sind, angegeben. Der ohmsche Widerstand kann durch eine Lampe, die als Kontrollampe bei Z=1 leuchtet, ersetzt werden. Der Zweck ist, daß bei geöffnetem Schalter Z an 0 V liegt und damit Z = 0 wird. Sonst "hinge Z in der Luft", und es gäbe kein definiertes Z=0. Bei A = 1 nimmt das Relais die Arbeitsstellung, bei A = 0 die Ruhestellung ein.

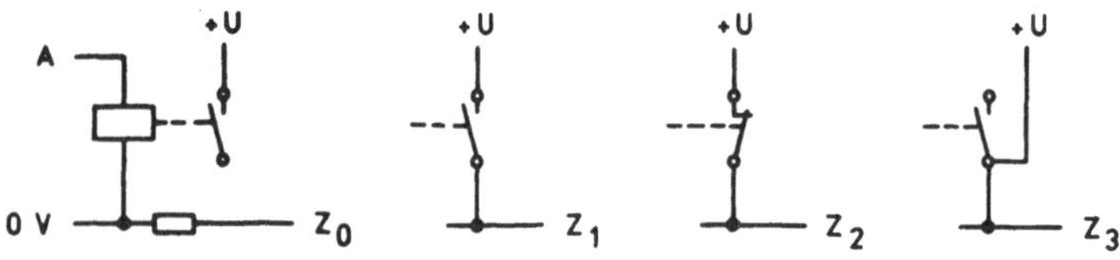

Signalpegelzuordnung: 0 V $\hat{=}$ 0; +U $\hat{=}$ 1

Bild 52: Relais- oder Schützschaltungen der 4 einstelligen booleschen Verknüpfungen nach Tafel 20

6.1.2 Die 16 zweistelligen booleschen Verknüpfungen

Das datenverarbeitende System im Bild 47 auf S.79 hat

    2 Eingänge für die binären Eingangssignale (hier A, B),

    1 Ausgang für das binäre Ausgangssignal (hier Z).

Wie Tafel 21 zeigt, gibt es für die 4 Kombinationsmöglichkeiten der Werte der beiden binären Eingangssignale 16 mögliche Zuordnungen der Werte des binären Ausgangssignals.

Tafel 21: Die 16 zweistelligen booleschen Verknüpfungen

A $0\ 1\ 0\ 1$	Boolesche	Bezeichnungen	
B $0\ 0\ 1\ 1$	Funktion		
Z_0 $0\ 0\ 0\ 0$	$Z_0 = 0$	Z hat nie den Wert 1	
Z_1 $0\ 0\ 0\ 1$	$Z_1 = AB$	Konjunktion, UND-Verknüpfung	(15)
Z_2 $0\ 0\ 1\ 0$	$Z_2 = \bar{A}B$	Inhibition	(16)
Z_3 $0\ 0\ 1\ 1$	$Z_3 = B$		
Z_4 $0\ 1\ 0\ 0$	$Z_4 = A\bar{B}$	Inhibition	(17)
Z_5 $0\ 1\ 0\ 1$	$Z_5 = A$		
Z_6 $0\ 1\ 1\ 0$	$Z_6 = A\bar{B} \vee \bar{A}B$	Antivalenz, exklusives ODER (auch mit XOR abgekürzt)	(18)
Z_7 $0\ 1\ 1\ 1$	$Z_7 = A \vee B$	Disjunktion, Adjunktion, Alternation, ODER-Verknüpfung, inklusives ODER	(19)
Z_8 $1\ 0\ 0\ 0$	$Z_8 = \bar{A}\bar{B} = \overline{A \vee B}$	NOR-Verknüpfung	(20)
Z_9 $1\ 0\ 0\ 1$	$Z_9 = \bar{A}\bar{B} \vee AB$	Äquivalenz, Äquijunktion, Bisubjunktion	(21)
Z_{10} $1\ 0\ 1\ 0$	$Z_{10} = \bar{A}$		
Z_{11} $1\ 0\ 1\ 1$	$Z_{11} = \bar{A} \vee B$	Implikation, Subjunktion	(22)
Z_{12} $1\ 1\ 0\ 0$	$Z_{12} = \bar{B}$		
Z_{13} $1\ 1\ 0\ 1$	$Z_{13} = A \vee \bar{B}$	Implikation, Subjunktion	(23)
Z_{14} $1\ 1\ 1\ 0$	$Z_{14} = \bar{A} \vee \bar{B} = \overline{AB}$	NAND-Verknüpfung	(24)
Z_{15} $1\ 1\ 1\ 1$	$Z_{15} = 1$	Z hat immer den Wert 1	

Im Bild 53 auf S.83 sind alle 16 Möglichkeiten als Relais- oder Schützschaltungen angegeben. Für die Indizes bei Z gilt das im vorigen Abschnitt Gesagte.

Negation, Konjunktion und Disjunktion bilden die booleschen Hauptverknüpfungen, mit denen sich durch entsprechende Kom-

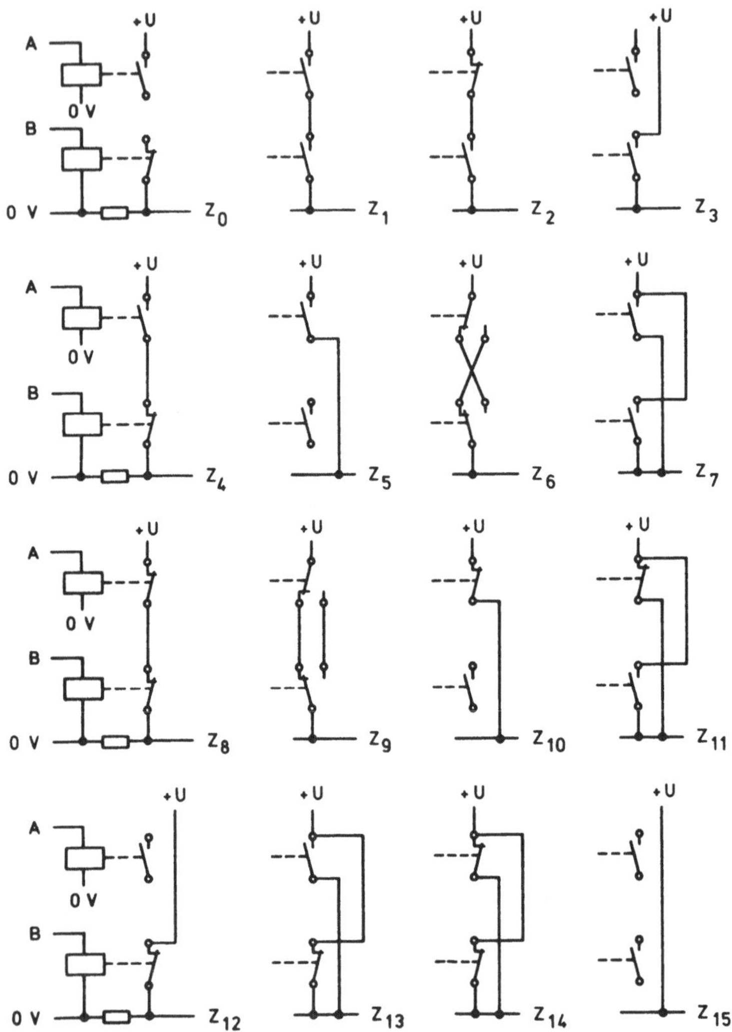

Signalpegelzuordnung: $0\,V \triangleq 0$; $+U \triangleq 1$

Bild 53: Relais- oder Schützschaltungen der 16 zweistelligen booleschen Verknüpfungen nach Tafel 21

binationen alle anderen binären bzw. booleschen Verknüpfungen herstellen lassen (siehe Abschn. 6.2 bis 6.9).

6.1.3 Wert- und Pegelzuordnung binärer Variablen

Solange boolesche Funktionen nur mathematisch oder graphisch dargestellt werden, genügt es, die binären Variablen mit dem Wert 0 oder Wert 1 zu kennzeichnen. Werden jedoch physikalische Größen, für die es 2 voneinander getrennte, sich ausschließende Geltungsbereiche gibt, durch binäre Variablen dargestellt, so gibt man diese beiden Geltungsbereiche als Pegel der binären Variablen an. Die Pegel bezeichnet man mit H (high $\hat{=}$ hoch) und L (low $\hat{=}$ niedrig).

Legt man beispielsweise an die Eingänge einer elektrischen Schaltung die beiden elektrischen Potentiale 0 V oder +5 V, so gilt $\underline{0\ V \hat{=} L}$ und $\underline{+5\ V \hat{=} H}$.

Infolge auftretender Spannungsabfälle in der Schaltung betragen die Potentiale an den Ausgängen z.B. +1,5 V statt 0 V oder z.B. +3,5 V statt +5 V. Potentiale zwischen +2 V und +3 V seien nicht möglich. Dann definiert man z.B.:

    Potentialbereich von 0 V bis +2 V $\hat{=}$ L
    Potentialbereich von +3 V bis +5 V $\hat{=}$ H

Diese beiden Geltungsbereiche schließen sich also gegenseitig aus. Man schreibt statt der Geltungsbereiche meistens nur kurz die "Sollwerte" als Signalpegelzuordnung:

    0 V $\hat{=}$ L; +5 V $\hat{=}$ H

Eine Tabelle, die die elektrischen Potentialwerte oder die die Pegel H und L enthält, heißt Arbeitstabelle.

Zusammenhang zwischen Wert und Pegel binärer Variablen

Sollen in einer Schaltung die booleschen und die physikalischen Funktionen angegeben werden, gibt es 2 sich gegenseitig ausschließende Methoden der Darstellung: 1. das gemeinsame und 2. das individuelle Zuordnungssystem.

Gemeinsames Zuordnungssystem:

Die Zuordnung zwischen den Werten und den Pegeln binärer Va-

riablen gilt für den ganzen oder einen fest umgrenzten Teil
der Schaltung und ist dort anzugeben.

Gibt man den mehr positiven Pegeln der binären Variablen an
allen Ein- und Ausgängen den Wert 1 und den weniger positiven den Wert 0, spricht man von positiver Logik.

Gibt man den weniger positiven Pegeln der binären Variablen
an allen Ein- und Ausgängen den Wert 1 und den mehr positiven den Wert 0, spricht man von negativer Logik.

Individuelles Zuordnungssystem:

Das individuelle Zuordnungssystem gilt für den ganzen oder
einen fest umgrenzten Teil der Schaltung. In diesem System
ist die Zuordnung zwischen den Werten und den Pegeln binärer
Variablen örtlich verschieden. Eine allgemeine Zuordnung
kann also nicht getroffen werden. Die örtliche Zuordnung erfolgt durch einen Polaritätsindikator.

Ein Polaritätsindikator kennzeichnet an einem bestimmten
Eingang oder Ausgang, daß der weniger positive Pegel der binären Variablen an dieser Stelle dem Wert 1 zugeordnet ist
(wie bei negativer Logik). Siehe hierzu Bild 54 und 55.

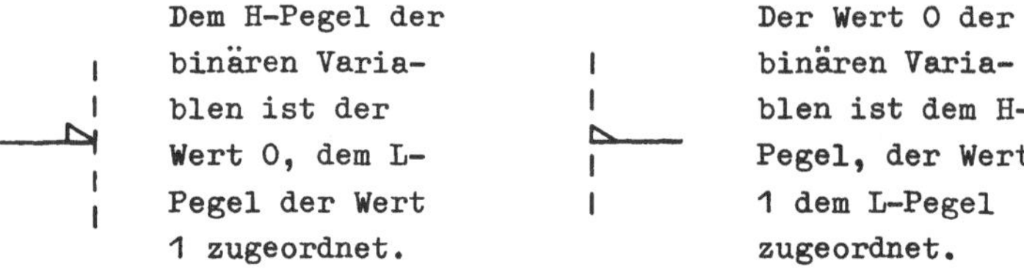

Dem H-Pegel der binären Varia- blen ist der Wert 0, dem L- Pegel der Wert 1 zugeordnet.

Der Wert 0 der binären Varia- blen ist dem H- Pegel, der Wert 1 dem L-Pegel zugeordnet.

Bild 54: Eingang mit Polaritätsindikator

Bild 55: Ausgang mit Polaritätsindikator

Ist der Polaritätsindikator an einem bestimmten Eingang oder
Ausgang nicht vorhanden, bedeutet das, daß der mehr positive
Pegel der binären Variablen an dieser Stelle dem Wert 1 zu-
geordnet ist (wie bei positiver Logik).

Das individuelle Zuordnungssystem wird mit dieser Definition
auch "gemischte Logik" genannt. In diesem System darf kein

Negationszeichen verwendet werden. Eine Negation wird durch
einen Wechsel der Zuordnung auf der Verbindungslinie zwischen 2 Schaltzeichen erreicht. Das zeigt Bild 56, b) und c).
Die Bedeutung des Polaritätsindikators wird in der Regel 13
zusammengefaßt. Die Zuordnungssysteme werden durch das Beispiel 52 veranschaulicht.

Regel 13: Im individuellen Zuordnungssystem wirkt ein Polaritätsindikator wie negative Logik (L $\hat{=}$ 1; H $\hat{=}$ 0), ein nicht
vorhandener wie positive Logik (L $\hat{=}$ 0; H $\hat{=}$ 1).

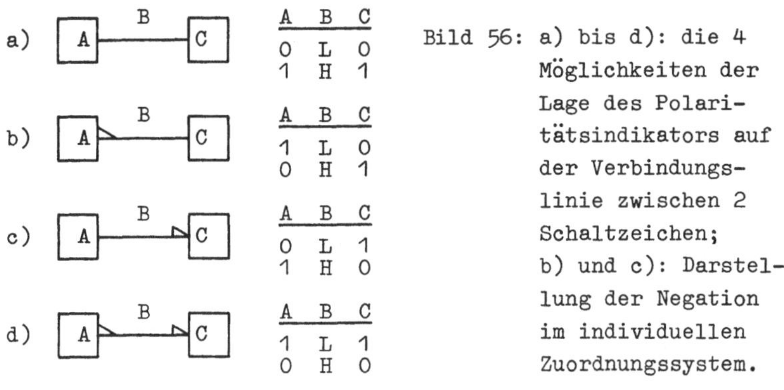

Bild 56: a) bis d): die 4 Möglichkeiten der Lage des Polaritätsindikators auf der Verbindungslinie zwischen 2 Schaltzeichen; b) und c): Darstellung der Negation im individuellen Zuordnungssystem.

Beispiel 52: Eine Binärschaltung mit den 2 Eingängen A und B
und dem Ausgang Z, deren Pegel entweder 0 V oder +5 V betragen, arbeitet nach den in der Tafel 22 angegebenen Arbeitstabellen.

Tafel 22: Arbeitstabellen des Beisp.'s 52

B	A	Z		B	A	Z
0 V	0 V	+5 V		L	L	H
0 V	+5 V	0 V	oder	L	H	L
+5 V	0 V	0 V		H	L	L
+5 V	+5 V	0 V		H	H	L

Je nach Wahl des
Zuordnungssystems ergibt sich aus der Arbeitstabelle eine
bestimmte Funktionstabelle. Die Binärschaltung führt die
sich daraus ergebende boolesche Verknüpfung aus und wird
durch ein entsprechendes Schaltzeichen dargestellt. Das
Zeigt Tafel 23 auf S.87 für alle 8 Fälle, die bei 2 Ein-
gangs- und 1 Ausgangsvariablen möglich sind.

Tafel 23: Boolesche Verknüpfungen der Binärschaltung des Beispiels 52. PL $\triangleq$ positive, NL $\triangleq$ negative Logik.

Gemeinsames Zuordnungssystem

Nr.	Zuordnung	B A | Z	B A | Z	Verknüpfung
1.	Positive Logik $0\ V \triangleq L \triangleq 0$ $+5\ V \triangleq H \triangleq 1$	L L | H L H | L H L | L H H | L	0 0 | 1 0 1 | 0 1 0 | 0 1 1 | 0	$Z = \overline{A}\,\overline{B}$ $Z = \overline{A \vee B}$ NOR-Verknüpfung
2.	Negative Logik $0\ V \triangleq L \triangleq 1$ $+5\ V \triangleq H \triangleq 0$	L L | H L H | L H L | L H H | L	1 1 | 0 1 0 | 1 0 1 | 1 0 0 | 1	$Z = \overline{A} \vee \overline{B}$ $Z = \overline{AB}$ NAND-Verknüpfung

Individuelles Zuordnungssystem

Nr.	Zuordnung	B A | Z	B A | Z	Verknüpfung
3.	A-Werte wie NL B- " " PL Z- " " PL	L L | H L H | L H L | L H H | L	0 1 | 1 0 0 | 0 1 1 | 0 1 0 | 0	$Z = A\overline{B}$ Inhibition
4.	A-Werte wie PL B- " " NL Z- " " PL	L L | H L H | L H L | L H H | L	1 0 | 1 1 1 | 0 0 0 | 0 0 1 | 0	$Z = \overline{A}B$ Inhibition
5.	A-Werte wie NL B- " " NL Z- " " PL	L L | H L H | L H L | L H H | L	1 1 | 1 1 0 | 0 0 1 | 0 0 0 | 0	$Z = AB$ UND-Verknüpfung
6.	A-Werte wie PL B- " " PL Z- " " NL	L L | H L H | L H L | L H H | L	0 0 | 0 0 1 | 1 1 0 | 1 1 1 | 1	$Z = A \vee B$ ODER-Verknüpfung
7.	A-Werte wie NL B- " " PL Z- " " NL	L L | H L H | L H L | L H H | L	0 1 | 0 0 0 | 1 1 1 | 1 1 0 | 1	$Z = \overline{A} \vee B$ Implikation
8.	A-Werte wie PL B- " " NL Z- " " NL	L L | H L H | L H L | L H H | L	1 0 | 0 1 1 | 1 0 0 | 1 0 1 | 1	$Z = A \vee \overline{B}$ Implikation

6.1.4 Halbleiterbauelemente

Die elektrotechnische Realisierung boolescher Verknüpfungen
bzw. logischer Schaltungen beruht auf der Halbleitertechnik.
Dafür gibt es mehrere "Techniken", die sich nach der Her-
stellungsmethode in 2 Gruppen aufteilen lassen: in die dis-
krete und in die integrierte Technik. In der diskreten Technik wird die Schaltung aus einzelnen, vorgefertigten Bauelementen zusammengebaut. In der integrierten Technik entsteht
zumindest ein Teil der Bauelemente einschließlich der gegen-
seitigen Schaltverbindungen gleichzeitig bei der Herstel-
lung. Vorteile der integrierten Technik gegenüber der diskreten Technik sind u.a. wesentlich geringeres Bauvolumen,
weniger Schaltverbindungen, geringeres Gewicht; alles Vor-
aussetzungen zur Entwicklung der Mikrotechnik.

Boolesche Verknüpfungen werden in einigen dieser "Techniken"
durch Transistoren und zum Teil durch Dioden hergestellt.
Transistoren zählen zu den aktiven, Dioden zu den passiven
Bauelementen. Zum besseren Verständnis ihrer Arbeitsweise
in den Schaltungen als Verknüpfungsglied in den folgenden
Abschnitten werden zunächst kurz die physikalischen Grundlagen der Dioden und Transistoren behandelt.

6.1.4.1 Dioden

Dioden sind Halbleiterbauelemente, deren innerer Widerstand
sehr stark von der Polung der angelegten Spannung abhängt.
In Sperrichtung ist der innere Widerstand sehr groß, und es

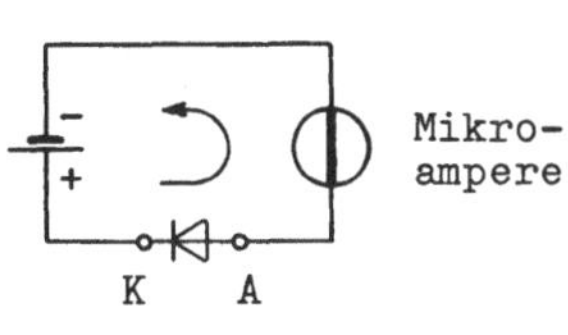

Sperrichtung

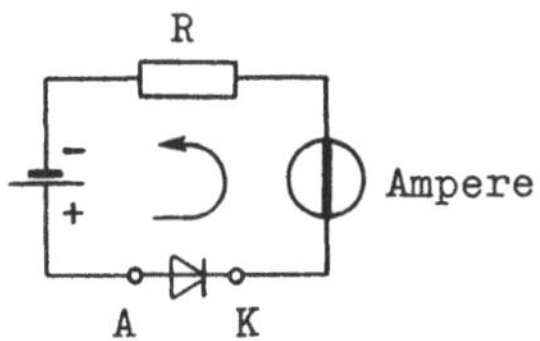

Durchlaßrichtung

Anschlüsse der Diode: A = Anode; K = Kathode

Bild 57: Schaltzeichen und Ventilwirkung einer Diode

fließt nur ein sehr kleiner, von der <u>Eigenleitung</u> herrühren-
der <u>Sperrstrom</u>, während in <u>Durchlaßrichtung</u> der innere Widerstand sehr klein ist und der gewünschte <u>Arbeitsstrom</u>
fließen kann (Bild 57), der <u>unabhängig von seiner Stärke</u> in
der Diode einen <u>Spannungsabfall von etwa 1 V</u> hervorruft.

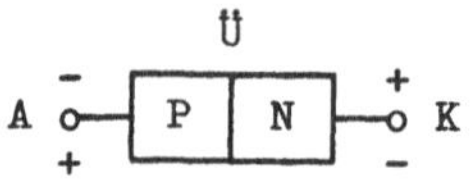

$\hat{=}$ Polung in Sperrrichtung

$\hat{=}$ Polung in Durchlaßrichtung

Ü = PN-Übergang

Bild 58: Diode als 2-Schichten-Anordnung

Dioden sind also elektrische Ventile mit 2 Anschlüssen und
bestehen, wie Bild 58 zeigt, aus 2 Schichten: einer <u>P- und</u>
einer <u>N-Schicht</u>. Die Bedeutung und Funktion dieser Schichten
und des PN-Überganges sollen kurz erläutert werden.

Die beiden Schichten bestehen aus einem <u>Halbleiterkristall-</u>
<u>gitter</u>, dem <u>Fremdatome</u> zugesetzt werden. Die gebräuchlichsten
Halbleiter hierfür sind z.Z. <u>Silizium</u> und <u>Germanium</u>.

Bei Halbleitern werden für den Aufbau des Kristallgitters alle äußeren Elektronen für die Bindung benötigt und fest gebunden. Beim absoluten Nullpunkt der Temperatur ($-273\ ^{\circ}$C)
stehen keine frei beweglichen Ladungsträger zur Verfügung,
der Kristall wird zum <u>Isolator</u>.

Für die Erzeugung beweglicher Ladungsträger für den Strom-
transport muß dem Halbleiter <u>thermische Energie</u> zugeführt
werden. Für die hierfür notwendige Kristalltemperatur reicht
bereits Zimmertemperatur aus. Nicht nur das <u>Elektron</u> kann nun
im Kristallgitter frei wandern, sondern auch die positiv geladene Elektronenlücke, auch "<u>Defektelektron</u>" oder "<u>Loch</u>" genannt, kann sich fortbewegen. Rutscht nämlich ein Elektron
von einem Atom A in die benachbarte Lücke des Atoms B, dann
ist die benachbarte Lücke jetzt zum Atom A gewandert. Elektronen und Löcher sind bei der Eigenleitung in gleicher Anzahl vorhanden. Die Vereinigung eines Elektrons mit einem
Loch heißt "<u>Rekombination</u>". Die in allen Halbleitern bei Zim-

mertemperatur vorhandene Eigenleitung ist für viele technische Zwecke so gering, daß das Kristallgitter mit Fremdatomen dotiert wird. Es entsteht dadurch die Stör- oder Fremdleitung, gegenüber der die Eigenleitung vernachlässigbar ist.

P = p-Leitung bzw. p-leitend:

Setzt man dem aus 4-wertigen Atomen (z.B. Silizium) bestehenden Grundkristall 3-wertige Atome (z.B. Aluminium, Indium) zu, so entstehen Störstellen mit je einem Loch, weil eine Bindung zu einem Nachbaratom wegen Mangel an Außenelektronen nicht hergestellt werden kann. Bei schon sehr geringer thermischer Energiezufuhr (siehe S. 89) rücken die Elektronen benachbarter Grundgitteratome in die Löcher nach. Es entsteht hier also jeweils ein bewegliches, positives Loch und eine feststehende, einfach negativ geladene Stelle (Akzeptor).

Das mit 3-wertigen Stör- oder Fremdatomen versehene Material nennt man p-leitend, weil der Strom hier vorwiegend von den positiv geladenen, beweglichen Löchern getragen wird.

N = n-Leitung bzw. n-leitend:

Setzt man dem aus 4-wertigen Atomen (z.B. Silizium) bestehenden Grundkristall 5-wertige Atome (z.B. Arsen, Phosphor, Antimon) zu, so kann bereits bei sehr geringer thermischer Energiezufuhr (siehe S. 89) das fünfte Außenelektron aus seiner Bindung gelöst werden. Es entsteht hier also jeweils ein frei bewegliches Elektron und eine feststehende, einfach positiv geladene Stelle (Donator).

Das mit 5-wertigen Stör- oder Fremdatomen versehene Material nennt man n-leitend, weil der Strom hier vorwiegend von den negativ geladenen, beweglichen Elektronen getragen wird.

PN-Übergang:

Haben eine P- und eine N-Schicht engen Kontakt miteinander, so tritt ein Diffusionsvorgang der beweglichen Ladungsträger auf, und die Grenzschicht der P-Schicht wird durch die ortsfesten Akzeptoren negativ, die der N-Schicht durch die ortsfesten Donatoren positiv geladen. Diese so entstehende Dif-

fusionsspannung (etwa 0,8 V) bringt den thermodynamischen
Diffusionsvorgang zum Stillstand.

Wird nun von außen eine Spannung angelegt (Bild 58, S.89),
so wird infolge der Polarität die Diffusionsspannung entweder vergrößert, das bedeutet Sperrwirkung, großen Innenwiderstand, oder abgebaut, das bedeutet Durchlaßwirkung,klei-
nen Innenwiderstand. Damit ergibt sich die Regel 14.

Regel 14: Für den Übergang PN zwischen einer P- und einer N-
Schicht gilt:

"Plus" an P und "Minus" an N := PN-Übergang leitet,
"Minus" an P und "Plus" an N := PN-Übergang sperrt.

6.1.4.2 Transistoren

Transistoren besitzen, wie das Bild 59 und das Bild 62 auf
S.93 zeigen, 3 Anschlüsse und bestehen aus 3 Schichten: dem
Emitter E, der Basis B und dem Kollektor C.

Es gibt 2 Grundtypen: den PNP- und den NPN-Transistor. Man
kann sich einen Transistor auch als 2 in Reihe liegende,
aber gegeneinander geschaltete Dioden vorstellen. Wirkungsweise der Schichten und Übergänge siehe Abschn. 6.1.4.1.

PNP-Transistor:

Nach Regel 14 ist im Bild 59 der Übergang Ü1 zwischen Emitter und Basis leitend, während der Übergang Ü2 zwischen Basis und Kollektor sperrt.

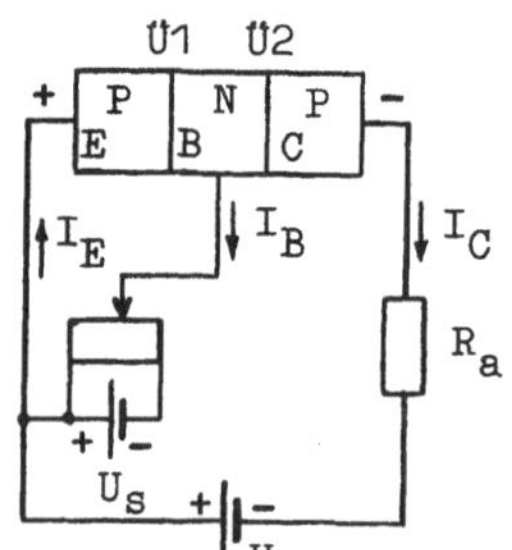

Bild 59: Schaltung des PNP-Transistors

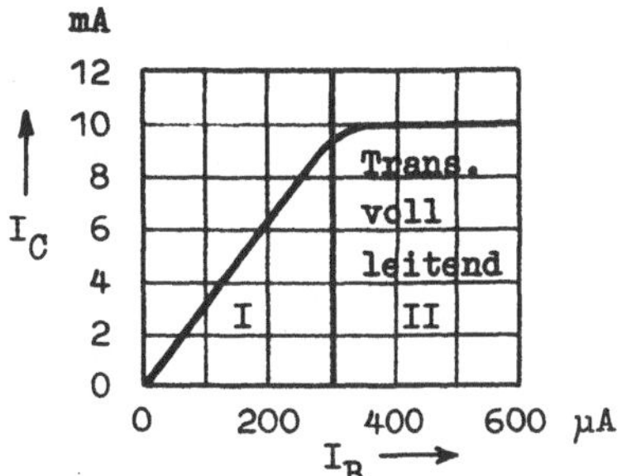

Bild 60: Transistorkennlinie;
    I : Verstärkerbereich
    II: Schalterbereich

Bild 61: Schaltzeichen des
    PNP-Transistors

Legt man nun eine zusätzliche Steuer- oder Basisspannung mit "+" an E und mit "-" an B, so fließt ein Basisstrom in der im Bild 59 eingezeichneten Richtung, wodurch ein Teil der "Löcher" geradeaus von E über B nach C gerissen wird und die Sperre Ü2 durchbricht. Der Transistor wird leitend: es fließt der Kollektor- oder Arbeitsstrom.

<u>Unabhängig von der Stärke</u> ruft der <u>fließende Strom</u> zwischen <u>Emitter und Basis</u> einen <u>Spannungsabfall von etwa 1 V</u> hervor, zwischen Basis und Kollektor ist er vernachlässigbar klein.

Bild 60 zeigt die Transistorkennlinie mit $I_C = f(I_B)$. Man unterscheidet den Verstärker- und den Schalterbereich (Bereich I und II im Bild 60). Bild 61 zeigt das Schaltzeichen des PNP-Transistors. In der Tafel 24 ist die Arbeitsweise des PNP-Transistors übersichtlich zusammengestellt.

Tafel 24: Arbeitsweise des PNP-Transistors

Basis- gegenüber Emitterpotential ist	
schwach negativ, Null oder positiv	stark negativ
I_B = 0 bis klein	I_B ist groß
Ü1 leitet	Ü1 leitet
Ü2 sperrt	Ü2 leitet
R_{CE}: sehr groß	R_{CE}: sehr klein
I_C : sehr klein (Sperrstrom)	I_C : groß (Arbeitsstrom)
Transistor <u>sperrt</u>	Transistor <u>leitet</u>

NPN-Transistor:

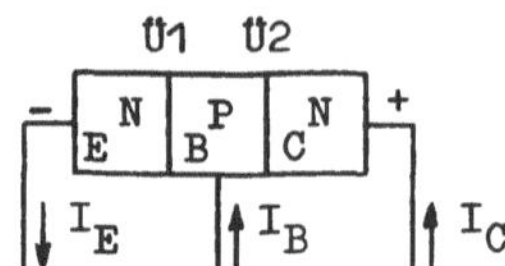

Bild 62: Schaltung des NPN-
Transistors. Schaltung
und Bezeichnungen wie
im Bild 59 auf S.91

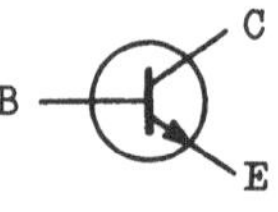

Bild 63: Schaltzeichen des
NPN-Transistors

Genauso wie beim PNP-Transistor ist auch beim NPN-Transistor
(Bild 62) nach Regel 14 auf S.91 der Übergang Ü1 leitend und
der Übergang Ü2 gesperrt. Für die Arbeitsweise des NPN-Transistors gilt sinngemäß das gleiche wie für den PNP-Transistor; z.B. daß jetzt durch den Basisstrom ein Teil der Elektronen geradeaus von E über B nach C gerissen wird und die
Sperre Ü2 durchbricht. Der NPN-Transistor wird leitend, der
Kollektorstrom fließt vom Kollektor zum Emitter, also umgekehrt wie beim PNP-Transistor. Für die vom fließenden Strom
hervorgerufenen inneren Spannungsabfälle gilt dasselbe wie
beim PNP-Transistor auf S.92. In den beiden Schaltzeichen
der Bilder 61 und 63 gibt der Pfeil bei E die Richtung des
Kollektorstromes an. In der Tafel 25 ist die Arbeitsweise
des NPN-Transistors übersichtlich zusammengestellt.

Tafel 25:
Arbeitsweise des
NPN-Transistors

Basis- gegenüber Emitterpotential ist	
schwach positiv, Null oder negativ	stark positiv
I_B = 0 bis klein	I_B ist groß
Ü1 leitet Ü2 sperrt	Ü1 leitet Ü2 leitet
R_{CE}: sehr groß I_C : sehr klein 　　　(Sperrstrom)	R_{CE}: sehr klein I_C : groß 　　　(Arbeitsstrom)
Transistor **sperrt**	Transistor **leitet**

6.1.5 Impulsdiagramm

Boolesche Funktionen oder Funktionstabellen lassen oft nicht
den Zusammenhang erkennen, der bei Folgeschaltungen zwischen
den binären Eingangs- und Ausgangsvariablen besteht. Deshalb
stellt man deren Signalabläufe graphisch in einem übersicht-
lichen Signalzeitplan oder Impulsdiagramm dar. Darin werden
die binären Signale i.a. als rechteckförmige Impulse von der
Länge und Folge so aufgetragen, wie sie sich im zeitlichen
Ablauf in der logischen Schaltung ergeben. Die zwischen den
Impulsen liegende Zeitspanne heißt Pause. Es gilt:

$$\text{Impulshöhe} \;\hat{=}\; \text{H-Pegel bzw. Wert 1 bei positiver Logik,}$$
$$\text{Pause} \;\hat{=}\; \text{L-Pegel bzw. Wert 0 bei positiver Logik.}$$

Im Bild 64 ist als Beispiel das Impulsdiagramm einer Negation angegeben. Die Ordinatenbezeichnung (Wert oder Pegel)
wird oft weggelassen. Wenn A=0 ist, ist Z=1 und umgekehrt.

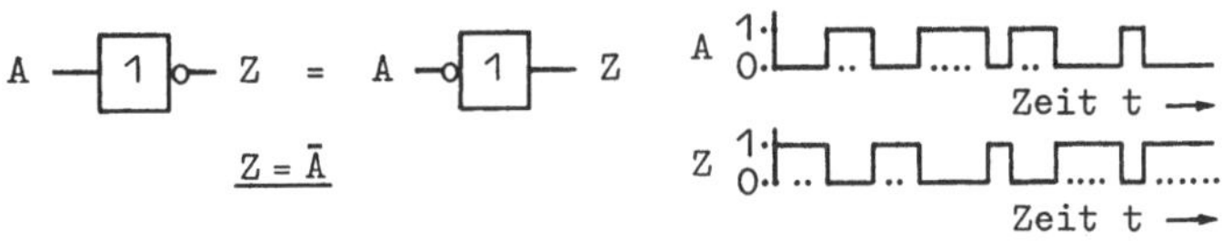

Bild 64: Schaltzeichen und Impulsdiagramm einer Negation

Der Übergang von Pause zu Impuls heißt 0/1-Flanke und umgekehrt 1/0-Flanke und wird i.a. senkrecht gezeichnet. In
elektrischen Schaltungen dauert der Übergang infolge von Be-
triebskapazitäten oder infolge von Totzeiten der Schaltglieder jedoch eine gewisse Zeit, so daß die Flanke schräg verläuft und eine bestimmte Flankensteilheit besitzt.

Ein Eingang, der so angegeben wird wie der im linken Schaltzeichen des Bildes 64, heißt "statischer Eingang". Ein negierter Eingang wie der im rechten Schaltzeichen des Bildes 64 heißt "statischer Eingang mit Negation".

Bei einem statischen Eingang ist nur der Zustand der binären
Eingangsvariablen wirksam. Er reagiert also nur auf die Impulshöhe des binären Eingangssignals. Ein Eingang, der nicht

auf die Impulshöhe, sondern auf die __Flankensteilheit__ reagiert, heißt "__dynamischer Eingang__". Bei einem dynamischen Eingang ist also nur die Änderung des Zustandes der binären Eingangsvariablen von 0 auf 1 oder umgekehrt wirksam, wobei diese Änderung allerdings in einer bestimmten Zeit erfolgen muß, d.h. es muß eine bestimmte Flankensteilheit vorliegen.

6.2 __NICHT-Glied__

Wie bereits besprochen wurde, hat das NICHT-Glied, die Negation,   1 binäre Eingangsvariable, hier A genannt, und
     1 binäre Ausgangsvariable, hier Z genannt,
und es gelten dafür die Darstellungen im Bild 65.

a)
A	Z
0	1
1	0

b) $Z = \bar{A}$

c) $A - [1] \circ - Z$

d) Impulsdiagramm für A und Z über der Zeit t

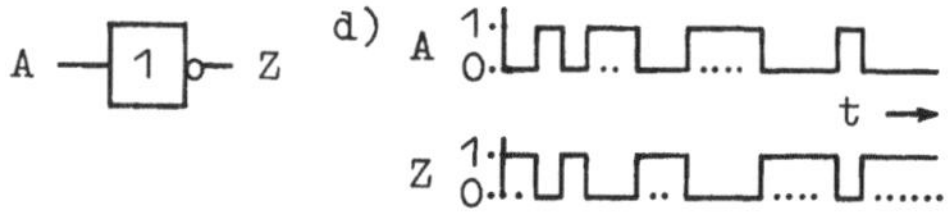

Bild 65: NICHT-Glied: a) Funktionstabelle, b) boolesche Funktion, c) Schaltzeichen, d) Impulsdiagramm

NAND- oder NOR-Glieder, deren Eingänge miteinander zu nur einem einzigen Eingang verbunden werden, arbeiten auch als Negation. Das zeigen die Funktionstabellen in der Tafel 26, die die Tafeln 7 und 8 auf S.57 zusammenfaßt. Im Bild 66 auf S.96 sind unter a) und b) die entsprechenden NAND- und NOR-Schaltzeichen und unter c) die äquivalenten Schaltzeichen für das NICHT-Glied, die Negation, angegeben.

Eine als Negation arbeitende Relaisschaltung ist im Bild 52 auf S.81 mit Z_2 als Ausgang dargestellt.

Tafel 26: Funktionstabellen für a) NAND-, b) NOR-Verknüpfungen mit 2 Eingangsvariablen A und B und mit 1 Eingangsvariablen A, indem B = A gesetzt wird.

a)
B	A	Z
0	0	1
0	1	1
1	0	1
1	1	0

:=
B	A	Z
0	0	1
1	1	0

:=
A	Z
0	1
1	0

b)
B	A	Z
0	0	1
0	1	0
1	0	0
1	1	0

:=
B	A	Z
0	0	1
1	1	0

:=
A	Z
0	1
1	0

a) $\dfrac{A}{B}$ —[&]o— Z := A —[&]o— Z = A —[&]o— Z

b) $\dfrac{A}{B}$ —[≧1]o— Z := $\dfrac{A}{B}$ —[≧1]o— Z = A —[≧1]o— Z

c) A —[&]o— Z = A —[≧1]o— Z = A —[1]o— Z = A —o[1]— Z

Bild 66: a) NAND-, b) NOR-Glied mit 2 Eingängen bzw. 1 Eingang, c) äquivalente Negations-Schaltzeichen

Für die im Bild 67 angegebene Negations-PNP-Transistorschaltung stehen die Potentiale −5 V und 0 V zur Verfügung. Der Spannungsabfall zwischen Emitter und Basis beträgt 1 V, zwischen Basis und Kollektor 0 V (Abschn. 6.1.4.2 auf S.92).
Potentialbereiche: $\underline{-5 \text{ V bis } -3 \text{ V} \triangleq L}$, $\underline{-2 \text{ V bis } 0 \text{ V} \triangleq H}$

Hat A das Potential 0 V, so hat auch die Basis das Potential 0 V, und der Transistor sperrt. Durch den Spannungsabfall in R_1 hat Z ein höheres Potential als −5 V, liegt aber in jedem Fall im L-Pegel. Man ist also berechtigt zu setzen: Z = −4 V.

Hat A das Potential −5 V, so beginnt der Basisstrom zu fließen, und die Basis und damit auch Z nehmen das Potential −1 V an (siehe oben). Die Spannung an R_1 und R_2 beträgt je 4 V.

Damit erhält man die in der Tafel 27 auf S.97 angegebene Arbeitstabelle a) für die Potentialwerte und b) für die Pegelwerte. In der Tafel 27, c) ist die Funktionstabelle für positive Logik und in der Tafel 27, d) die Funktionstabelle für negative Logik aufgestellt.

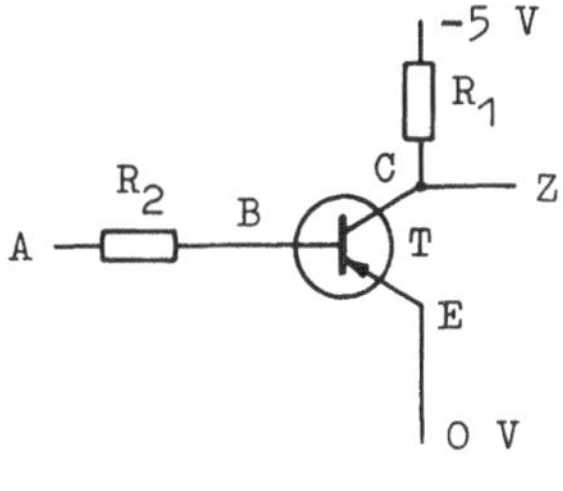

B = Basis
C = Kollektor
E = Emitter
T = Transistor

Bild 67: PNP-Transistorschaltung als Negation

Tafel 27: PNP-Transistor-Negationsschaltung des Bildes 67:
  Arbeitstabelle a) der Potentialwerte, b) der Pegelwerte; Funktionstabelle c) für positive Logik,
  d) für negative Logik

a)

A	0 V	-5 V
B	0 V	-1 V
E	0 V	0 V
BE	o	n
T	s	l
Z	-4 V	-1 V

$B \;\hat{=}\;$ Basispotential

$E \;\hat{=}\;$ Emitterpotential

$BE \;\hat{=}\; B$ gegen E: $o \;\hat{=}\; 0$ V

$n \;\hat{=}\;$ negativ

$p \;\hat{=}\;$ positiv

$T \;\hat{=}\;$ Transistor: $l \;\hat{=}\;$ leitet

$s \;\hat{=}\;$ sperrt

b)

A	Z
0 V	-4 V
-5 V	-1 V

$\hat{=}$

A	Z
H	L
L	H

c) Positive Logik:

A	Z
H	L
L	H

$:=$

A	Z
1	0
0	1

d) Negative Logik:

A	Z
H	L
L	H

$:=$

A	Z
0	1
1	0

6.3 UND-Glied

Wie bereits besprochen wurde, hat das UND-Glied, die Konjunktion,

  2 oder mehr binäre Eingangsvariablen A, B, C, ... und

  1 binäre Ausgangsvariable, hier Z genannt,

und es gelten für 2 Eingangsvariablen die im Bild 68 angegebenen Darstellungen. Das Impulsdiagramm zeigt anschaulich,
daß immer dann Z = 1 ist, wenn A = 1 und B = 1 ist.

Eine als Konjunktion arbeitende Relaisschaltung ist auf S.83
im Bild 53 mit Z_1 als Ausgang angegeben.

Boolesche Verknüpfungsglieder aus elektronischen Bauelemen-

a)

B	A	Z
0	0	0
0	1	0
1	0	0
1	1	1

b) $Z = A \wedge B$

  Sprechweise:

  A und B

c) 

d) 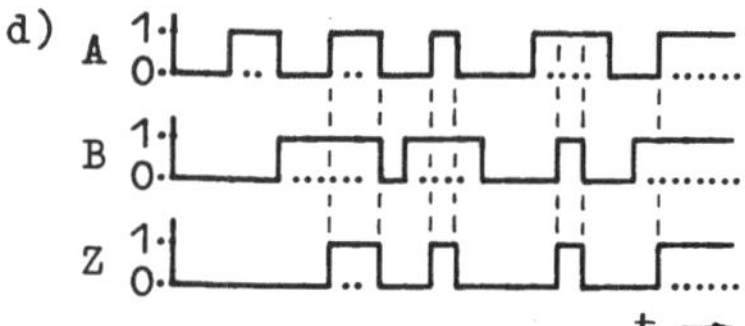

Bild 68: UND-Glied, Konjunktion, für 2 Eingangsvariablen:
  a) Funktionstabelle, b) boolesche Funktion,
  c) Schaltzeichen, d) Impulsdiagramm

ten können in bezug auf Flankensteilheit oder andere Be-
triebsbedingungen einen aufwendigeren Schaltungsaufbau er-
fordern als er in allen hier behandelten Grundschaltungen
nötig ist. In den Beispielen 53 bis 55 werden einige solcher
Grundschaltungen für UND-Glieder behandelt.

Beispiel 53: Diodenschaltungen als UND-Glieder.

Für die beiden Diodenschaltungen 69/1 und 69/2 im Bild 69
stehen die Potentiale 0 V und +5 V zur Verfügung. Der Spannungsabfall in jeder Diode beträgt in Durchlaßrichtung 1 V
(Abschn. 6.1.4.1 auf S.89). Pegelbereiche: 0 V bis +2 V ≙ L
und +3 V bis +5 V ≙ H.

Eine Diode, die in der Schaltung 69/1 an ihrer Kathode das
Potential 0 V oder in der Schaltung 69/2 an ihrer Anode das
Potential +5 V hat, arbeitet in Durchlaßrichtung. Arbeitet
also mindestens 1 Diode in Durchlaßrichtung, hat in 69/1 der
Ausgang Z das Potential +1 V und in 69/2 das Potential +4 V.

69/1:

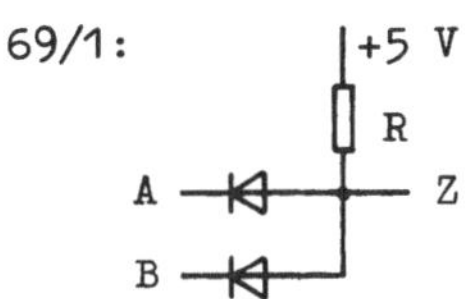

69/2:

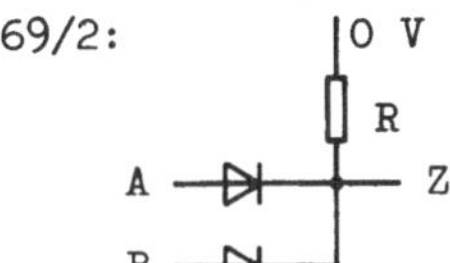

a)

A	0 V	+5 V	0 V	+5 V
B	0 V	0 V	+5 V	+5 V
Z	+1 V	+1 V	+1 V	+4 V

a)

A	0 V	+5 V	0 V	+5 V
B	0 V	0 V	+5 V	+5 V
Z	+1 V	+4 V	+4 V	+4 V

b)

A	L	H	L	H
B	L	L	H	H
Z	L	L	L	H

b)

A	L	H	L	H
B	L	L	H	H
Z	L	H	H	H

c) Positive Logik: L ≙ 0, H ≙ 1

A	0	1	0	1
B	0	0	1	1
Z	0	0	0	1

c) Negative Logik: L ≙ 1, H ≙ 0

A	1	0	1	0
B	1	1	0	0
Z	1	0	0	0

Bild 69: Diodenschaltungen als UND-Glied. Schaltung 69/1 mit
positiver, Schaltung 69/2 mit negativer Logik. Arbeitstabelle a) für die Potentialwerte, b) für die
Pegelwerte, c) Funktionstabelle

Die restliche Spannung wird im Widerstand R abgebaut.

Haben beide Dioden das gleiche Potential wie das fest angelegte Potential bei R, so arbeiten sie in Sperrichtung, weil der fließende Strom im Widerstand R einen geringen Spannungsabfall hervorruft, wodurch Z in jedem Fall im Pegelbereich des fest angelegten Potentials bleibt. Es ist also berechtigt, in 69/1 $\underline{Z = +4\ V}$ und in 69/2 $\underline{Z = +1\ V}$ anzunehmen.

Damit ergeben sich die Arbeitstabellen für die Potentialwerte im Bild 69, a), aus denen die Arbeitstabellen für die Pegelwerte im Bild 69, b) hervorgehen. Aus diesen erkennt man leicht, daß für die Schaltung 69/1 positive und für die Schaltung 69/2 negative Logik anzuwenden ist. Das führt zu den Funktionstabellen im Bild 69, c).

<u>Beispiel 54</u>: <u>PNP-Transistorschaltung als UND-Glied.</u>

Für die aus 2 parallel geschalteten PNP-Transistoren bestehende Schaltung im Bild 70 auf S.100 stehen die Potentiale -5 V und 0 V zur Verfügung. Der Spannungsabfall zwischen Emitter und Basis beträgt 1 V, zwischen Basis und Kollektor 0 V (siehe Abschn. 6.1.4.2 auf S.92). Für die Potentialbereiche gilt $\underline{-5\ V\ bis\ -3\ V \mathrel{\hat=} L}$ und $\underline{-2\ V\ bis\ 0\ V \mathrel{\hat=} H}$.

Haben A <u>und</u> B das Potential 0 V, so haben auch B1 und B2 das Potential 0 V. Der Spannungsabfall in R_2 muß so klein sein, daß Z in jedem Fall im H-Pegel liegt. Es ist also berechtigt, Z = E1 = E2 = -1 V zu setzen: beide Transistoren sperren.

Hat A <u>oder</u> B das Potential -5 V, so beginnt der Basisstrom zu fließen. B1 oder B2 haben, da der Spannungsabfall zwischen Basis und Kollektor und damit auch der in R_1 vernachlässigt wird, das Potential -5 V und folglich E1 oder E2 und auch Z das Potential -4 V. Die Spannung an R_2 beträgt 4 V.

Damit erhält man die im Bild 70 unter a) angegebene Arbeitstabelle für die Potentialwerte, aus der die unter b) angegebene Arbeitstabelle für die Pegelwerte folgt. Dieser entnimmt man, daß diese Schaltung bei <u>positiver</u> Logik als UND-Glied arbeitet. Das führt zur Funktionstabelle unter c).

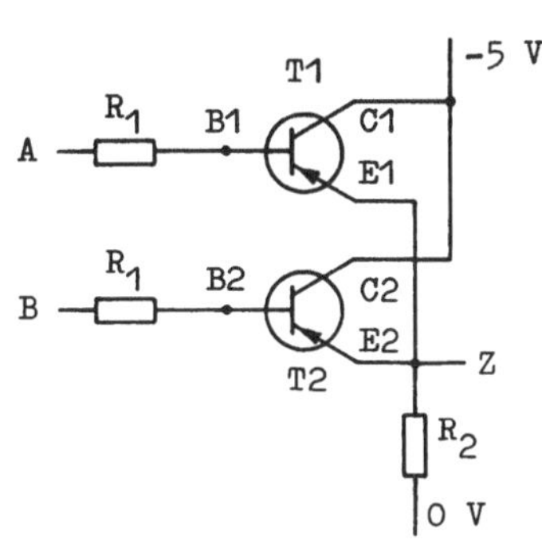

a)

A	−5 V	0 V	−5 V	0 V
B	−5 V	−5 V	0 V	0 V
B1	−5 V	0 V	−5 V	0 V
E1	−4 V	−4 V	−4 V	−1 V
B1/E1	n	p	n	p
B2	−5 V	−5 V	0 V	0 V
E2	−4 V	−4 V	−4 V	−1 V
B2/E2	n	n	p	p
T1	l	s	l	s
T2	l	l	s	s
Z	−4 V	−4 V	−4 V	−1 V

b)

A	L	H	L	H
B	L	L	H	H
Z	L	L	L	H

c) Positive Logik: $L \triangleq 0$
$\qquad\qquad\qquad H \triangleq 1$

A	0	1	0	1
B	0	0	1	1
Z	0	0	0	1

B1 $\triangleq$ Basispotential von T1

E1 $\triangleq$ Emitterpotential von T1

B1/E1 $\triangleq$ B1 gegen E1 : o $\triangleq$ etwa 0 V
$\qquad\qquad\qquad\qquad\qquad$ n $\triangleq$ negativ
$\qquad\qquad\qquad\qquad\qquad$ p $\triangleq$ positiv

B2, E2 analog B1, E1

T1 $\triangleq$ Transistor 1: l $\triangleq$ leitet

T2 $\triangleq$ Transistor 2: s $\triangleq$ sperrt

Bild 70: PNP-Transistorschaltung mit positiver Logik als
UND-Glied. Arbeitstabelle a) für die Potentialwerte
und b) für die Pegelwerte; c) Funktionstabelle

Beispiel 55: NPN-Transistorschaltung als UND-Glied.

Für die aus 2 parallel geschalteten NPN-Transistoren bestehende Schaltung im Bild 71 auf S.101 stehen die Potentiale
0 V und +5 V zur Verfügung. Der Spannungsabfall zwischen Basis und Emitter beträgt 1 V, zwischen Kollektor und Basis
0 V (siehe Abschn. 6.1.4.2 auf S.92). Für die Potentialbereiche gilt 0 V bis +2 V $\triangleq$ L und +3 V bis +5 V $\triangleq$ H.

Hat A oder B das Potential 0 V, so hat auch B1 oder B2 das
Potential 0 V, und der betreffende Transistor sperrt.

Haben A und B das Potential 0 V, so sperren beide Transistoren. Die Spannung an R_3 wird wie in den vorangegangenen Beispielen mit 1 V angenommen. Damit hat Z das Potential +4 V.

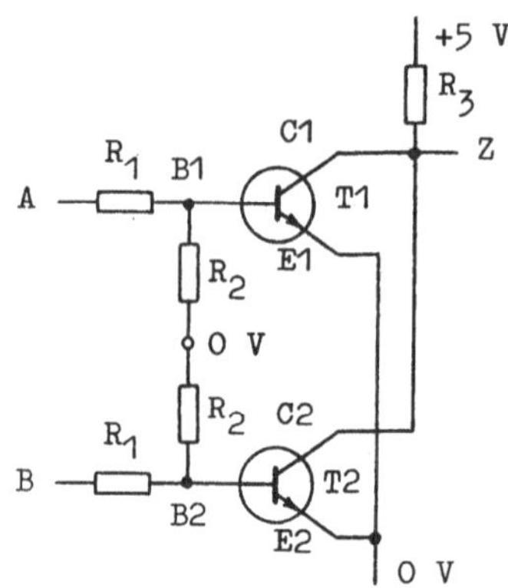

$$\underline{R_1 : R_2 = 2:1}$$

$U_{R_1+R_2}$	I_B	U_{R_1}	U_{R_2}	Basis
0 V	=0	0,0 V	0,0 V	0,0 V
5 V	=0	3,33 V	1,67 V	+1,67 V
5 V	≠0	4,0 V	1,0 V	+1,0 V

a)

A	0 V	+5 V	0 V	+5 V
B	0 V	0 V	+5 V	+5 V
B1	0 V	+1 V	0 V	+1 V
E1	0 V	0 V	0 V	0 V
B1/E1	o	p	o	p
B2	0 V	0 V	+1 V	+1 V
E2	0 V	0 V	0 V	0 V
B2/E2	o	o	p	p
T1	s	l	s	l
T2	s	s	l	l
Z	+4 V	+1 V	+1 V	+1 V

b)

A	L	H	L	H
B	L	L	H	H
Z	H	L	L	L

Erklärungen zu a) siehe Bild 70

c) Individuelles Zuordnungs-
system: A ≙ negativer Logik
B ≙ negativer Logik
Z ≙ positiver Logik

A	1	0	1	0
B	1	1	0	0
Z	1	0	0	0

Bild 71: NPN-Transistorschaltung im individuellen Zuordnungssystem als UND-Glied: A, B mit negativer Logik, Z mit positiver Logik; a) und b) Arbeitstabellen; c) Funktionstabelle mit Schaltzeichen

Hat A _oder_ B das Potential +5 V und fließt durch R_1 kein Basisstrom, so muß die Basis ein Potential größer als +1 V haben. Es wird $R_1 : R_2 = 2:1$ gewählt, so daß die Basis das Potential +1,67 V hat (Tabelle oben rechts). Dadurch beginnt der
Basisstrom von A durch R_1 nach E1 oder von B durch R_1 nach
E2 zu fließen, und die Basis nimmt das Potential +1 V an. In
R_1 und R_2 ändern sich dementsprechend die Ströme, und die
Spannungsabfälle betragen am Widerstand R_1 4 V und am Wider-

stand R_2 1 V. Z hat Kollektor- bzw. Basispotential: Z = +1 V.
In der Tabelle im Bild 71 oben rechts sind zur Veranschaulichung der geschilderten 3 Betriebsfälle die Spannungsabfälle
an R_1 und R_2 und die Potentiale an der Basis angegeben.

Damit erhält man die Arbeitstabelle für die Potentialwerte
im Bild 71, a) auf S.101, aus der die unter b) angegebene
Arbeitstabelle für die Pegelwerte folgt. Dieser entnimmt
man, daß diese Schaltung als UND-Verknüpfung nur im individuellen Zuordnungssystem arbeiten kann, indem den beiden
Eingängen negative, dem Ausgang positive Logik zugeordnet
wird (Bild 71, c)). Im Schaltzeichen (Bild 71, c)) erhält
also jeder Eingang einen Polaritätsindikator.

Die Schaltung dieses Beispiels liegt dem <u>Beispiel 52</u> auf
S.86 mit dem 5. Fall in der Tafel 23 auf S.87 zu Grunde.

6.4 <u>ODER-Glied</u>

Wie bereits besprochen wurde, hat das ODER-Glied, die Disjunktion

    2 oder mehr binäre Eingangsvariablen A, B, C, ··· und

    1 binäre Ausgangsvariable, hier Z genannt,

und es gelten für 2 Eingangsvariablen die im Bild 72 angegebenen Darstellungen. Das Impulsdiagramm zeigt deutlich, daß
immer dann Z = 1 ist, wenn A = 1 oder B = 1 ist und daß die
boolesche Funktion Z = A∨B ein "inklusives ODER" darstellt.

Eine als Disjunktion arbeitende <u>Relaisschaltung</u> ist auf S.83
im Bild 53 mit Z_7 als Ausgang angegeben.

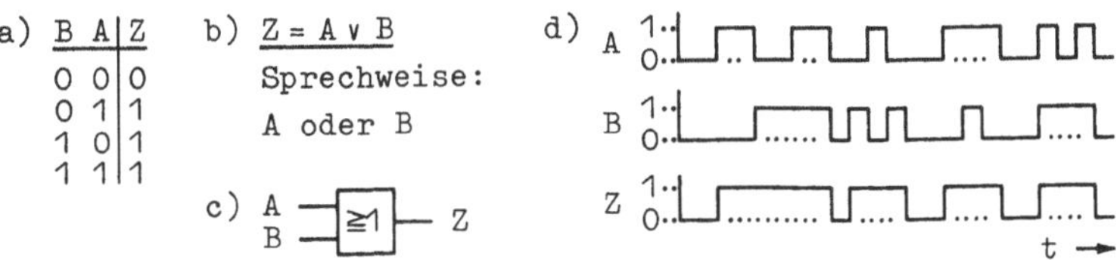

Bild 72: ODER-Glied, Disjunktion, für 2 Eingangsvariablen:
       a) Funktionstabelle, b) boolesche Funktion,
       c) Schaltzeichen, d) Impulsdiagramm

Für die Darstellung eines ODER-Gliedes durch elektronische Bauelemente wird auf die Schaltungen der Beispiele 53 bis 55 zurückgegriffen. Die Arbeitstabellen für die Potential- und Pegelwerte bleiben also unverändert erhalten. Damit diese Schaltungen als eine andere boolesche Verknüpfung arbeiten, müssen lediglich die Werte-Pegel-Zuordnungen entsprechend geändert werden, wie in der Tafel 23 auf S.87 gezeigt wurde.

Diodenschaltung als ODER-Glied:

Siehe hierzu Beispiel 53 auf Seite 98.

Dem Bild 69 auf S.98 werden die Schaltungen und die Arbeitstabellen für die Pegelwerte entnommen und im Bild 73 unter a) angegeben. Aus ihnen erkennt man leicht, daß nun für die Schaltung 69/1 negative und für die Schaltung 69/2 positive Logik anzuwenden ist. Das führt zu den im Bild 73 unter b) angegebenen Funktionstabellen.

Der Wechsel zwischen positiver und negativer Logik läßt also diese Diodenschaltungen entweder als UND- oder als ODER-Verknüpfung arbeiten.

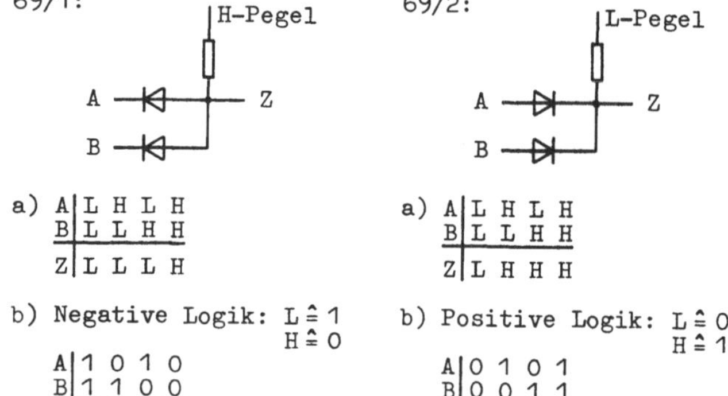

Bild 73: Diodenschaltungen des Bildes 69 auf S.98 als ODER-Glied. Schaltung 69/1 mit negativer, Schaltung 69/2 mit positiver Logik. a) Arbeitstabelle für die Pegelwerte, b) Funktionstabelle

PNP-Transistorschaltung als ODER-Glied:

Siehe hierzu Beispiel 54 auf Seite 99.

Aus dem Bild 70 auf S.100 werden Schaltung und Arbeitstabelle der Pegelwerte ins Bild 74, a) übertragen. Aus ihr erkennt man leicht, daß jetzt negative Logik anzuwenden ist. Das ergibt die im Bild 74, b) angegebene Funktionstabelle.

Der Wechsel zwischen positiver und negativer Logik läßt also diese PNP-Transistorschaltung entweder als UND- oder als ODER-Verknüpfung arbeiten.

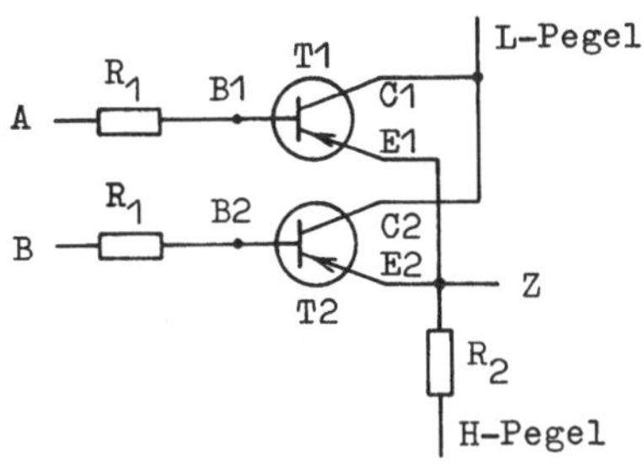

a)
A	L	H	L	H
B	L	L	H	H
Z	L	L	L	H

b) Negative Logik:
$L \triangleq 1; \quad H \triangleq 0$

A	1	0	1	0
B	1	1	0	0
Z	1	1	1	0

Bild 74: PNP-Transistorschaltung des Bildes 70 auf S.100 mit negativer Logik als ODER-Glied. a) Arbeitstabelle für die Pegelwerte, b) Funktionstabelle

NPN-Transistorschaltung als ODER-Glied:

Siehe hierzu Beispiel 55 auf Seite 100.

Aus dem Bild 71 auf S.101 werden Schaltung und Arbeitstabelle der Pegelwerte ins Bild 75, a) übertragen. Ihr entnimmt man, daß diese Schaltung als ODER-Verknüpfung nur im individuellen Zuordnungssystem arbeiten kann, indem jedem der Eingänge positive und dem Ausgang negative Logik zugeordnet wird. Im Schaltzeichen erhält der Ausgang also einen Polaritätsindikator. Damit ergibt sich die im Bild 75, b) angegebene Funktionstabelle mit dem zugehörigen Schaltzeichen.

Die Schaltung des Bildes 75 liegt dem Beispiel 52 auf S.86 mit dem 6. Fall in der Tafel 23 auf S.87 zu Grunde.

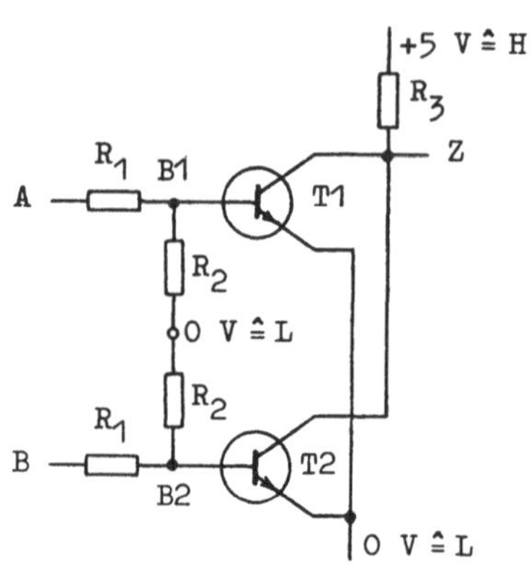

a)

A	L	H	L	H
B	L	L	H	H
Z	H	L	L	L

b) Individuelles Zuord-
nungssystem:

A $\triangleq$ positiver Logik

B $\triangleq$ positiver Logik

Z $\triangleq$ negativer Logik

A	0	1	0	1
B	0	0	1	1
Z	0	1	1	1

Bild 75: NPN-Transistorschaltung des Bildes 71 auf S.101 im
individuellen Zuordnungssystem als ODER-Glied:
A und B mit positiver Logik, Z mit negativer Logik;
a) Arbeitstabelle für die Pegelwerte, b) Funktionstabelle mit Schaltzeichen

6.5 NAND- und NOR-Glied

In den Abschnitten 6.3 und 6.4 wurde gezeigt, daß die glei-
che Schaltung durch Wechsel der positiven mit der negativen
Logik entweder als UND- oder als ODER-Verknüpfung arbeitet.
Fügt man diesen Schaltungen eine Negation hinzu, arbeiten
sie analog als NAND- oder als NOR-Verknüpfung. Hierzu die
Beispiele 56 bis 58 auf den Seiten 106 bis 109.

Wie bereits besprochen wurde, hat sowohl das NAND-Glied, die
NICHT-UND-Verknüpfung, als auch das NOR-Glied, die NICHT-
ODER-Verknüpfung,

2 oder mehr binäre Eingangsvariablen A, B, C, ... und

1 binäre Ausgangsvariable, hier Z genannt,

und es gelten für 2 Eingangsvariablen die in den Bildern 76
und 77 auf S.106 angegebenen Darstellungen. Im Bild 76 zeigt
das Impulsdiagramm anschaulich, daß immer dann Z=0 ist, wenn
A=1 und B=1 ist oder auch, daß immer dann Z=1 ist, wenn A=0
oder B=0 ist. Auch das Impulsdiagramm des Bildes 77 zeigt

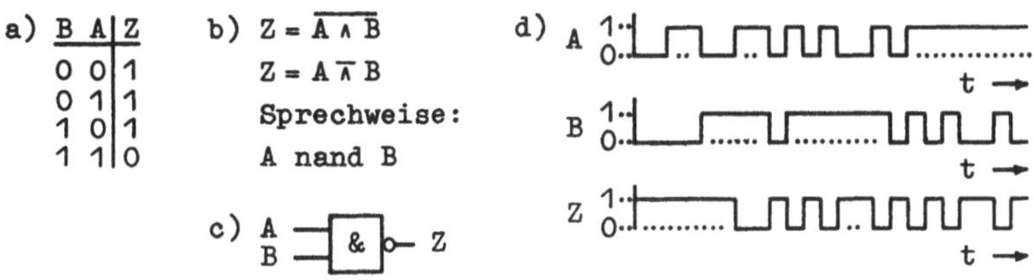

Bild 76: NAND-Glied für 2 Eingangsvariablen; a) Funktionstabelle, b) boolesche Funktion, c) Schaltzeichen,
d) Impulsdiagramm

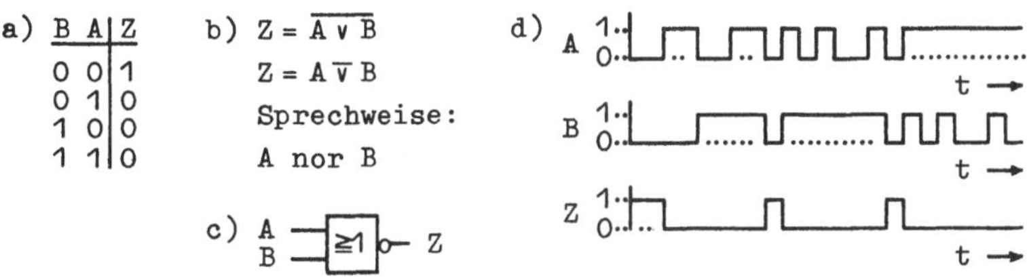

Bild 77: NOR-Glied für 2 Eingangsvariablen; a) Funktionstabelle, b) boolesche Funktion, c) Schaltzeichen,
d) Impulsdiagramm

anschaulich, daß immer dann $Z=0$ ist, wenn $A=1$ <u>oder</u> $B=1$ ist
oder auch, daß immer dann $Z=1$ ist, wenn $A=0$ <u>und</u> $B=0$ ist.

Aus technologischen Gründen werden häufig integrierte Schaltungen aus nur NAND- oder aus nur NOR-Gliedern hergestellt.
Das bezeichnet man als <u>NAND-Technik</u> bzw. <u>NOR-Technik</u>.

Im Bild 53 auf S.83 ist eine als NAND-Verknüpfung arbeitende
<u>Relaisschaltung</u> mit Z_{14} als Ausgang und eine als NOR-Ver-
knüpfung arbeitende mit Z_8 als Ausgang angegeben.

<u>Beispiel 56</u>: <u>Dioden-PNP-Transistorschaltung als NAND- oder
NOR-Glied.</u>

Für die aus 2 Dioden und 1 PNP-Transistor bestehende Schaltung im Bild 78 auf S.107 stehen die Potentiale -5 V und 0 V
zur Verfügung. Für die Pegelbereiche gilt <u>-5 V bis -3 V $\hat{=}$ L</u>
und <u>-2 V bis 0 V $\hat{=}$ H</u>.

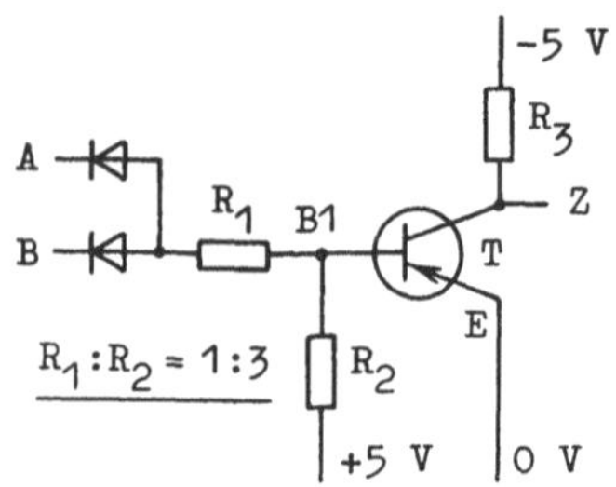

$U_{R_1+R_2}$	I_B	U_{R_1}	U_{R_2}	B1
4 V	=0	1,0 V	3,0 V	+2,0 V
9 V	=0	2,25 V	6,75 V	-1,75 V
9 V	≠0	3,0 V	6,0 V	-1,0 V

a)

A	-5V	0V	-5V	0V
B	-5V	-5V	0V	0V
B1	-1V	-1V	-1V	+2V
B1/E	n	n	n	p
T	l	l	l	s
Z	-1V	-1V	-1V	-4V

Erklärungen siehe S.100

b)

A	L	H	L	H
B	L	L	H	H
Z	H	H	H	L

c) Positive Logik: L ≙ 0; H ≙ 1

A	0	1	0	1
B	0	0	1	1
Z	1	1	1	0	≙ NAND

d) Negative Logik: L ≙ 1; H ≙ 0

A	1	0	1	0
B	1	1	0	0
Z	0	0	0	1	≙ NOR

Bild 78: Dioden-Transistorschaltung c) mit positiver Logik
als NAND-Glied, d) mit negativer Logik als NOR-
Glied. Arbeitstabelle a) für die Potentialwerte,
b) für die Pegelwerte

Das in den Beisp. 53 bis 55 auf S.98 bis 100 Gesagte gilt
auch hier. Damit die Basis einmal negatives, einmal positives Potential hat, wird gewählt $R_1:R_2 = 1:3$. Die jeweiligen
Spannungsabfälle am Spannungsteiler R_1+R_2 und das Potential
an der Basis B1 sind im Bild 78 oben rechts angegeben.

Haben A und B das Potential 0 V, so hat die Basis das Potential +2 V. Der Transistor sperrt. Die Spannung an R_3 wird wie
bisher mit 1 V angenommen. Damit hat Z das Potential -4 V.

Hat A oder B das Potential -5 V, und fließt kein Basisstrom,
so hat B1 das Potential -1,75 V. Dadurch beginnt der Basisstrom I_B zu fließen, und B1 und folglich auch Z nehmen das
Potential -1 V an. Die Ströme in R_1 und R_2 ändern sich entsprechend. Die Spannungen betragen an R_1 3 V und an R_2 6 V.

Damit erhält man die Arbeitstabelle für die Potentialwerte
im Bild 78, a) und daraus die für die Pegelwerte unter b).

Für positive Logik arbeitet diese Schaltung als NAND-, für
negative Logik als NOR-Glied (Bild 78, c) und d)).

Beispiel 57: <u>PNP-Transistorschaltung als NAND- oder NOR-Glied</u>

Für die aus 2 parallel geschalteten PNP-Transistoren bestehende Schaltung im Bild 79 stehen die Potentiale -5 V und
0 V zur Verfügung. Gewählt wird $R_1 : R_2 = 1:2$.

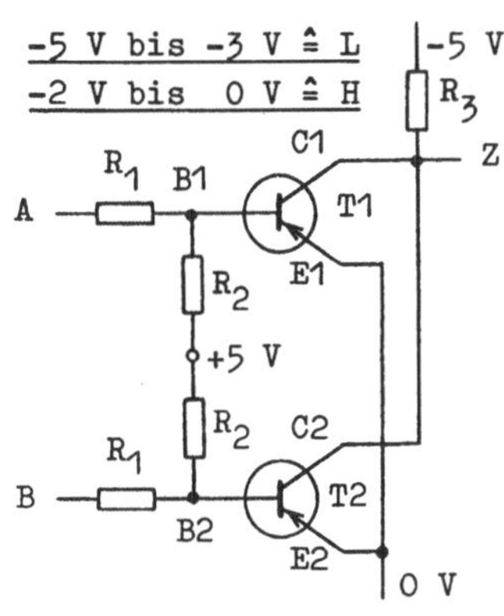

$R_1 : R_2 = 1:2$

$U_{R_1+R_2}$	I_B	U_{R_1}	U_{R_2}	Basis
5 V	=0	1,67 V	3,33 V	+1,67 V
10 V	=0	3,33 V	6,67 V	-1,67 V
10 V	≠0	4,0 V	6,0 V	-1,0 V

b)

A	L	H	L	H
B	L	L	H	H
Z	H	H	H	L

c) Positive Logik: $L \triangleq 0$ $H \triangleq 1$

A	0	1	0	1
B	0	0	1	1
Z	1	1	1	0 ≙ NAND

d) Negative Logik: $L \triangleq 1$ $H \triangleq 0$

A	1	0	1	0
B	1	1	0	0
Z	0	0	0	1 ≙ NOR

Erklärungen zu a) siehe S.100

x) aus Platzgründen von
1,67 V auf 2 V aufgerundet

a)

A	-5V	0 V	-5V	0 V	
B	-5V	-5 V	0 V	0 V	
B1	-1 V	+2 V	-1 V	+2 V	x)
B1/E1	n	p	n	p	
B2	-1 V	-1 V	+2 V	+2 V	x)
B2/E2	n	n	p	p	
T1	l	s	l	s	
T2	l	l	s	s	
Z	-1 V	-1 V	-1 V	-4 V	

Bild 79: PNP-Transistorschaltung c) mit positiver Logik als
NAND-Glied, d) mit negativer Logik als NOR-Glied.
Arbeitstabelle a) für die Potentialwerte, b) für
die Pegelwerte

Die Arbeitsweise ergibt sich aus den ausführlichen Erklärungen der vorangegangenen Beispiele. Diese Schaltung arbeitet

bei positiver Logik als NAND- und bei negativer Logik als
NOR-Glied. Das zeigen die Tabellen b) bis d) im Bild 79.

<u>Beispiel 58</u>: <u>NPN-Transistorschaltung als NAND- oder NOR-Glied</u>

Die mit den Eingangssignalen 0 V und +5 V arbeitende, aus 2
parallel geschalteten NPN-Transistoren bestehende Schaltung
des Beispiels 55 im Bild 71 auf S.101, die der Schaltung des
Beispiels 52 mit der Tafel 23 auf S.87 entspricht, arbeitet
bei positiver Logik als NOR- und bei negativer Logik als
NAND-Glied (1. und 2. Fall in der Tafel 23 auf S.87).

6.6 Exklusiv-ODER-Glied

Nach Tafel 21 auf S.82 hat das exklusive ODER
2 binäre Eingangsvariablen und 1 binäre Ausgangsvariable,
und es gelten die im Bild 80 angegebenen Darstellungen. Das
Impulsdiagramm zeigt anschaulich, daß immer dann Z=1 ist,
wenn entweder A=1 <u>und</u> B=0 <u>oder</u> A=0 <u>und</u> B=1 ist, also wenn
beide "antivalent" sind. Deshalb heißt das exklusive ODER
auch <u>Antivalenz</u>. Die Bedeutung eines booleschen Ausdruckes
mit mehr als 2 Eingangsvariablen, die miteinander antivalent
verknüpft sind, wird in den Beispielen 60 und 61 gezeigt.
Das Schaltzeichen im Bild 80, c) ist ein Exklusiv-ODER-Glied
(kurz <u>XOR-Glied</u>), wofür im Beisp. 29, b) und c) auf S.51 zwei
logische Schaltungen angegeben sind. In der DIN 40 700, T.14
sind wegen der Unklarheit, die entsteht, wenn der Ausdruck
"exklusives ODER" auf Schaltglieder mit mehr als 2 Eingängen
angewendet wird, nur 2 Eingänge für das XOR-Glied angegeben.

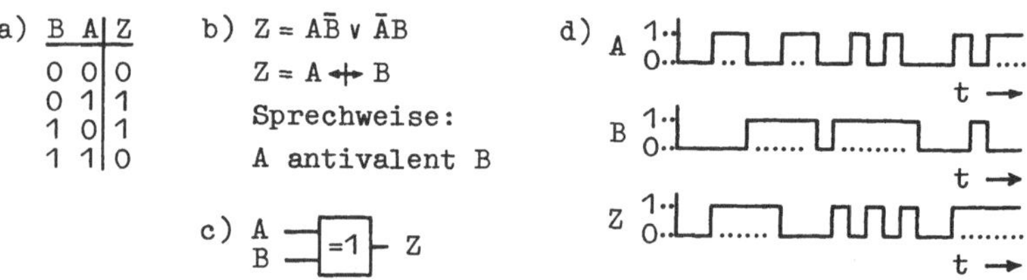

Bild 80: Exklusiv-ODER-Glied, Antivalenz, für 2 Eingangsvariablen; a) Funktionstabelle, b) boolesche Funktion, c) Schaltzeichen, d) Impulsdiagramm

Eine als exklusives ODER arbeitende <u>Relaisschaltung</u> ist auf S.83 im Bild 53 mit Z_6 als Ausgang angegeben. Eine Transistorschaltung wird in den Beispielen 59 und 63 behandelt.

<u>Beispiel 59</u>: <u>PNP-Transistorschaltung als Exklusiv-Oder-Glied</u>

Für die aus 2 parallel geschalteten PNP-Transistoren bestehende Schaltung im Bild 81 stehen die Potentiale -5 V und 0 V zur Verfügung. Gewählt wird $R_1:R_2 = 1:2$.

-5 V bis -3 V $\hat{=}$ L
-2 V bis 0 V $\hat{=}$ H

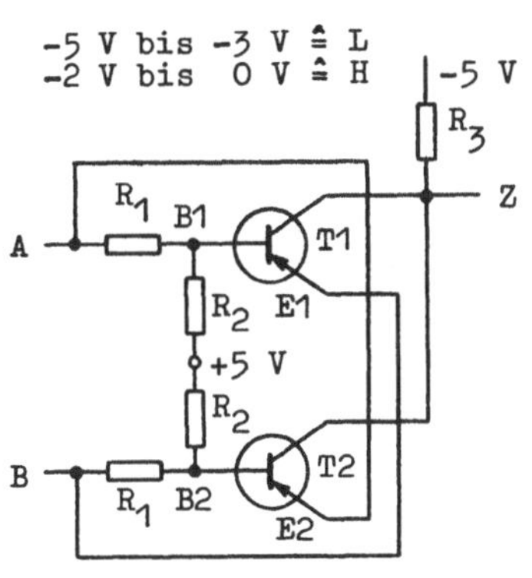

$\underline{R_1:R_2 = 1:2}$

$U_{R_1+R_2}$	I_B	U_{R_1}	U_{R_2}	Basis
5 V	=0	1,67 V	3,33 V	+1,67 V
10 V	=0	3,33 V	6,67 V	-1,67 V
10 V	≠0	4,0 V	6,0 V	-1,0 V

Erklärungen zu a) siehe S.100

a)

A	-5 V	0 V	-5 V	0 V
B	-5 V	-5 V	0 V	0 V
B1	-1 V	+2 V	-1 V	+2 V x)
E1	-5 V	-5 V	0 V	0 V
B1/E1	p	p	n	p
B2	-1 V	-1 V	+2 V	+2 V x)
E2	-5 V	0 V	-5 V	0 V
B2/E2	p	n	p	p
T1	s	s	l	s
T2	s	l	s	s
Z	-4 V	-1 V	-1 V	-4 V

x) aus Platzgründen von 1,67 V auf 2 V aufgerundet

b)

A	L	H	L	H
B	L	L	H	H
Z	L	H	H	L

c) Positive Logik: L $\hat{=}$ 0
                   H $\hat{=}$ 1

A	0	1	0	1
B	0	0	1	1
Z	0	1	1	0

Bild 81: PNP-Transistorschaltung bei positiver Logik als Exklusiv-ODER-Glied; Arbeitstabelle für die a) Potentialwerte, b) Pegelwerte, c) Funktionstabelle

Die Emitter sind gegengekoppelt: E1 liegt am Eingang B und E2 am Eingang A. Für weitere Erklärungen wird auf die vorangegangenen Beispiele verwiesen. Aus den Arbeitstabellen für die Potential- und Pegelwerte im Bild 81, a) und b) ergibt sich bei positiver Logik die Funktionstabelle im Bild 81 c).

Die <u>NPN-Transistorschaltung</u> im Bild 89 auf S.116 arbeitet, wie man leicht erkennt, bei negativer Logik auch als Exklusiv-ODER-Glied.

<u>Beispiel 60</u>: Der boolesche Ausdruck $Z = A \oplus B \oplus C$, der als "Antivalenz mit 3 Variablen" bezeichnet werden kann, ist in ausführlicher Schreibweise und in einer Funktionstabelle anzugeben. Was bedeutet das exklusive ODER in bezug auf mehr als 2 Eingangsvariablen?

Es wird gesetzt $Y = A \oplus B$, damit ist $Z = Y \oplus C$, und man erhält

$$Y = A\bar{B} \vee \bar{A}B \text{ und } Z = Y\bar{C} \vee \bar{Y}C:$$

$$Z = (A\bar{B} \vee \bar{A}B)\bar{C} \vee \overline{A\bar{B} \vee \bar{A}B}C$$
$$= A\bar{B}\bar{C} \vee \bar{A}B\bar{C} \vee (\bar{A} \vee B)(A \vee \bar{B})C$$
$$\underline{Z = A\bar{B}\bar{C} \vee \bar{A}B\bar{C} \vee \bar{A}\bar{B}C \vee ABC}$$

Tafel 28: Funktionstabelle für den booleschen Ausdruck $Z = A \oplus B \oplus C$	C	B	A	Z
	0	0	0	0
	0	0	1	1
	0	1	0	1
	0	1	1	0
	1	0	0	1
	1	0	1	0
	1	1	0	0
	1	1	1	1

Damit erhält man die Funktionstabelle der Tafel 28. Sie zeigt anschaulich, daß eine Antivalenz mit 3 Eingangsvariablen kein exklusives ODER in dem Sinne darstellt, daß "oder alle" ausgeschlossen ist. Erweitert man die Aufgabe auf noch mehr Variablen (Beisp. 61 mit Bild 83 auf S.112), zeigt sich, daß nur eine Antivalenz mit 2 Variablen dem exklusiven ODER identisch ist. Für eine Antivalenz mit mehr als 2 Variablen ergibt sich, daß sie immer dann den Wert 0 hat, wenn 2k Variablen (k = 0, 1, 2, ...) den Wert 1 haben, und daß sie immer dann den Wert 1 hat, wenn (2k+1) Variablen den Wert 1 haben. Deshalb unterscheidet man die 3 im Bild 82 auf S.112 dargestellten Schaltzeichen: a) das <u>Exklusiv-ODER-Glied</u>, die Antivalenz für nur 2 Variablen; b) das <u>Ungerade-Glied</u>, die Antivalenz für mehr als 2 Variablen, das sich bei n Eingangsvariablen auf (n-1) Exklusiv-ODER-Glieder zurückführen läßt (Bild 83 auf S.112), und c) das <u>Gerade-Glied</u>, das einem negierten Ungerade-Glied entspricht (siehe Funktionstabellen der Beisp. 60 und 61).

Boolesche Ausdrücke mit mehr als 2 Variablen, die wie in den Beisp. 60 und 61 miteinander antivalent verknüpft sind, sind also als Schaltglied durch ein Ungerade-Glied darzustellen.

a) 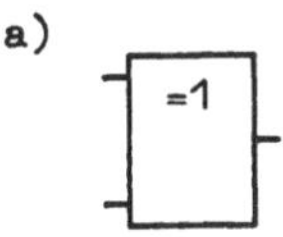 **Exklusiv-ODER-Glied**: Die Variable am Ausgang nimmt nur dann den Wert 1 an, wenn an einem, und nur an einem Eingang die Variable den Wert 1 hat.

b) 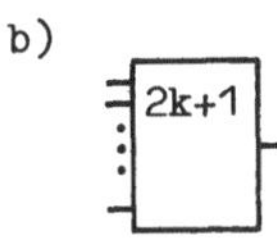 Ungerade-Glied: Die Variable am Ausgang nimmt nur dann den Wert 1 an, wenn die Variablen an einer ungeraden Anzahl (1, 3, 5, $\cdots$) von Eingängen den Wert 1 haben.

c) 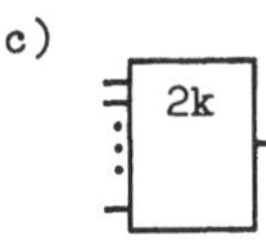 Gerade-Glied: Die Variable am Ausgang nimmt nur dann den Wert 1 an, wenn die Variablen an einer geraden Anzahl (0, 2, 4, $\cdots$) von Eingängen den Wert 1 haben.

Bild 82: Schaltzeichen für a) Exklusiv-ODER-Glied, b) Ungerade-Glied (Addition modulo 2-Glied), c) Gerade-Glied

$\underline{\text{Beispiel 61}}$: Der boolesche Ausdruck $Z = A \oplus B \oplus C \oplus D$ ist als Funktionstabelle und als logische Schaltung in einfachster Form anzugeben.

Die Lösung ist im Bild 83 angegeben. Die linke Hälfte ($D=0$) der Funktionstabelle entspricht der der Tafel 28 auf S.111.

Es ist:

$A \oplus B = U$;

$C \oplus D = V$;

damit:

$Z = U \oplus V$

A	0	1	0	1	0	1	0	1	0	1	0	1	0	1	0	1
B	0	0	1	1	0	0	1	1	0	0	1	1	0	0	1	1
C	0	0	0	0	1	1	1	1	0	0	0	0	1	1	1	1
D	0	0	0	0	0	0	0	0	1	1	1	1	1	1	1	1
U	0	1	1	0	0	1	1	0	0	1	1	0	0	1	1	0
V	0	0	0	0	1	1	1	1	1	1	1	1	0	0	0	0
Z	0	1	1	0	1	0	0	1	1	0	0	1	0	1	1	0

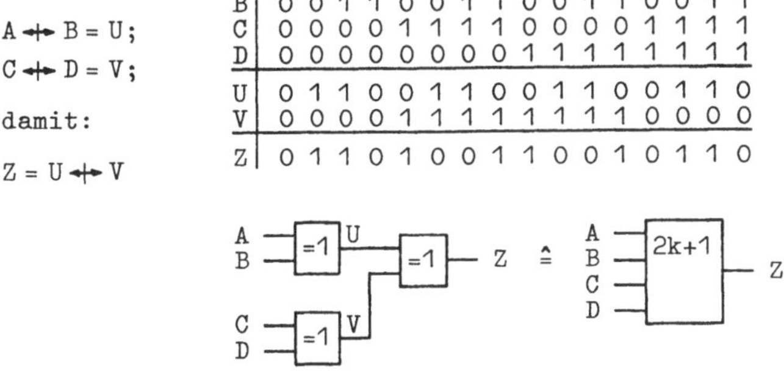

Bild 83: Funktionstabelle und Schaltzeichen (Ungerade-Glied) für den antivalent verknüpften booleschen Ausdruck $Z = A \oplus B \oplus C \oplus D$.

Das Schaltzeichen im Bild 80, c) auf S.109 ist ein Symbol für die durch $Z = A\bar{B} \vee \bar{A}B$ bestimmte logische Schaltung, die im Bild 84 in verschiedener Form angegeben ist. Die Schaltung im Bild 84, b) erhält man durch folgende Umformung:

$$Z = A\bar{B} \vee \bar{A}B \vee A\bar{A} \vee B\bar{B} = A(\bar{A} \vee \bar{B}) \vee B(\bar{A} \vee \bar{B})$$
$$= (A \vee B)(\bar{A} \vee \bar{B})$$
$$\underline{Z = (A \vee B) \wedge \overline{AB}}$$

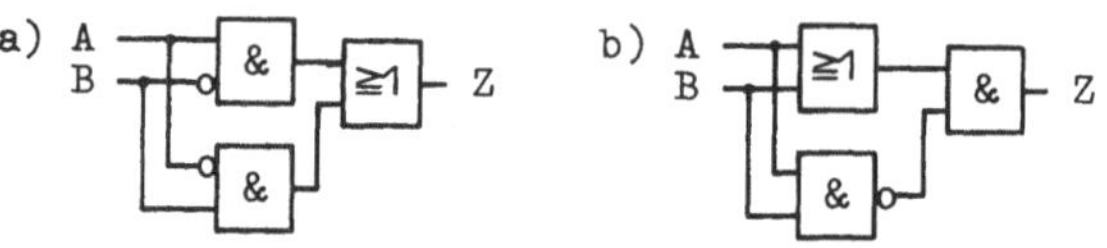

Bild 84: Logische Schaltung eines Exklusiv-ODER-Gliedes für a) $Z = A\bar{B} \vee \bar{A}B$, b) $Z = (A \vee B) \wedge \overline{AB}$

Die Darstellung eines Exklusiv-ODER-Gliedes durch nur NOR- oder durch nur NAND-Glieder ergibt sich durch Umformung von $Z = A\bar{B} \vee \bar{A}B$ und ist im Bild 85 angegeben. Die graphischen Umwandlungen der logischen Schaltungen im Bild 84 nach Regel 8 auf S.56 liefern aufwendigere Schaltungen.

Für NAND-Glieder:
$$Z = A\bar{B} \vee \bar{A}B \vee A\bar{A} \vee B\bar{B} = A(\bar{A} \vee \bar{B}) \vee B(\bar{A} \vee \bar{B})$$
$$= (A \wedge \overline{AB}) \vee (B \wedge \overline{AB}) = \overline{\overline{(A \wedge \overline{AB}) \vee (B \wedge \overline{AB})}}$$
$$\underline{Z = \overline{A \wedge \overline{AB} \wedge B \wedge \overline{AB}}}$$

Für NOR-Glieder:
$$Z = A\bar{B} \vee \bar{A}B \vee A\bar{A} \vee B\bar{B} = \bar{A}(A \vee B) \vee \bar{B}(A \vee B)$$
$$= \overline{\overline{\bar{A}(A \vee B)}} \vee \overline{\overline{\bar{B}(A \vee B)}} = \overline{\overline{A \vee \bar{A} \vee B}} \vee \overline{\overline{B \vee \bar{A} \vee B}}$$
$$\underline{Z = \overline{\overline{A \vee \bar{A} \vee B} \vee \overline{B \vee \bar{A} \vee B}}}$$

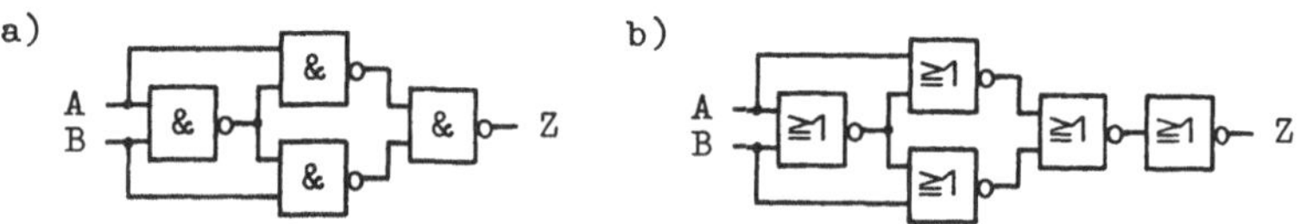

Bild 85: Darstellung eines Exklusiv-ODER-Gliedes durch a) nur NAND-, b) nur NOR-Glieder

6.7 Äquivalenz-Glied

Das Äquivalenz-Glied hat

    2 oder mehr binäre Eingangsvariablen A, B, C, $\cdots$ und

    1 binäre Ausgangsvariable, hier Z genannt,

und es gelten für 2 Eingangsvariablen die im Bild 86 angegebenen Darstellungen. Das Impulsdiagramm zeigt anschaulich,

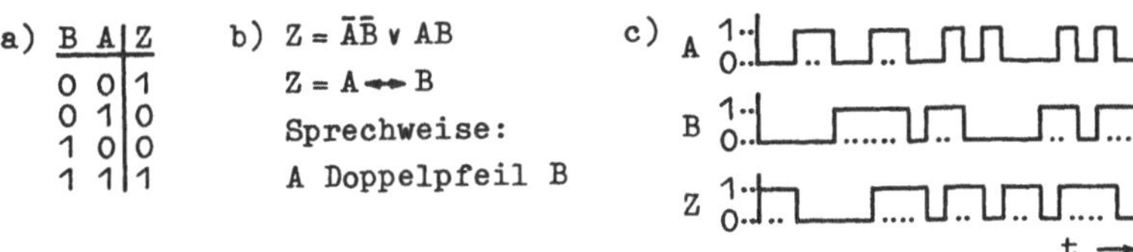

a)

B	A	Z
0	0	1
0	1	0
1	0	0
1	1	1

b) $Z = \bar{A}\bar{B} \vee AB$

    $Z = A \leftrightarrow B$

    Sprechweise:

    A Doppelpfeil B

c)

Bild 86: Äquivalenz für 2 Eingangsvariablen; a) Funktionstabelle, b) boolesche Funktion, c) Impulsdiagramm

daß immer dann Z=1 ist, wenn entweder alle Eingangsvariablen
den Wert 1 oder alle Eingangsvariablen den Wert 0 haben, also wenn alle Eingangsvariablen __äquivalent__ sind. Das Schaltzeichen mit Erklärungen ist im Bild 87 angegeben. Die Schaltfunktion für ein Äquivalenz-Glied lautet demnach für 3 Va-
riablen $Z = \bar{A}\bar{B}\bar{C} \vee ABC$ und für 4 Variablen $Z = \bar{A}\bar{B}\bar{C}\bar{D} \vee ABCD$.

Die Schreibweise hierfür nach Bild 86, b) für 3 Variablen
$Z = A \leftrightarrow B \leftrightarrow C$ oder für 4 Variablen $Z = A \leftrightarrow B \leftrightarrow C \leftrightarrow D$ ist nur
dann richtig, wenn bestimmte Vereinbarungen getroffen werden
(DIN 5474: iterierte Schreibweisen, wie z.B. $Z = A \leftrightarrow B \leftrightarrow C \cdots$
sollen oft iterierte Konjunktionen $Z = (A \leftrightarrow B) \wedge (B \leftrightarrow C) \wedge \cdots$
darstellen). Ohne Vereinbarungen bedeutet z.B. $Z = A \leftrightarrow B \leftrightarrow C$
mit $A \leftrightarrow B = U$, also $\bar{A}\bar{B} \vee AB = U$ und $A\bar{B} \vee \bar{A}B = \bar{U}$ (Beisp. 64, S.117):

    $Z = U \leftrightarrow C = \bar{U}\bar{C} \vee UC = (A\bar{B} \vee \bar{A}B)\bar{C} \vee (\bar{A}\bar{B} \vee AB)C$

    $\underline{Z = A\bar{B}\bar{C} \vee \bar{A}B\bar{C} \vee \bar{A}\bar{B}C \vee ABC}$ ($\hat{=}$ Ergebnis des Beisp. 60, S.111)

Äquivalenz-Glied: Die Variable am Ausgang nimmt
nur dann den Wert 1 an, wenn entweder an allen
Eingängen die Variablen den Wert 1, oder wenn an
allen Eingängen die Variablen den Wert 0 haben.

Bild 87: Äquivalenz-Glied für beliebig viele Eingänge

Beispiel 62: Für die beiden logischen Schaltungen 62/1 und
62/2 ist eine Funktionstabelle aufzustellen. Die booleschen
Funktionen sind anzugeben.

Es ist $Z = \bar{A}\bar{B}\bar{C}\bar{D} \vee ABCD$ und $Y = U \leftrightarrow V = A \leftrightarrow B \leftrightarrow C \leftrightarrow D$.

Damit ergibt sich die Funktionstabelle in der Tafel 29 und
daraus $\underline{Y = \bar{A}\bar{B}\bar{C}D \vee A B\bar{C}D \vee A\bar{B}C\bar{D} \vee \bar{A}BC\bar{D} \vee A\bar{B}\bar{C}D \vee \bar{A}B\bar{C}D \vee \bar{A}\bar{B}CD \vee ABCD}$.

Tafel 29: Funktionstabelle der Schaltungen 62/1 und 62/2

A	0	1	0	1	0	1	0	1	0	1	0	1	0	1	0	1
B	0	0	1	1	0	0	1	1	0	0	1	1	0	0	1	1
C	0	0	0	0	1	1	1	1	0	0	0	0	1	1	1	1
D	0	0	0	0	0	0	0	0	1	1	1	1	1	1	1	1
U	1	0	0	1	1	0	0	1	1	0	0	1	1	0	0	1
V	1	1	1	1	0	0	0	0	0	0	0	0	1	1	1	1
Y	1	0	0	1	0	1	1	0	0	1	1	0	1	0	0	1
Z	1	0	0	0	0	0	0	0	0	0	0	0	0	0	0	1

Ein durch Doppelpfeil (äquivalent) verknüpfter boolescher
Ausdruck analog Beispiel 62/2 ist, wie Bild 88 zeigt, bei
einer geraden Anzahl von Variablen durch ein Gerade-Glied
und bei einer ungeraden Anzahl von Variablen durch ein Ungerade-Glied darzustellen.

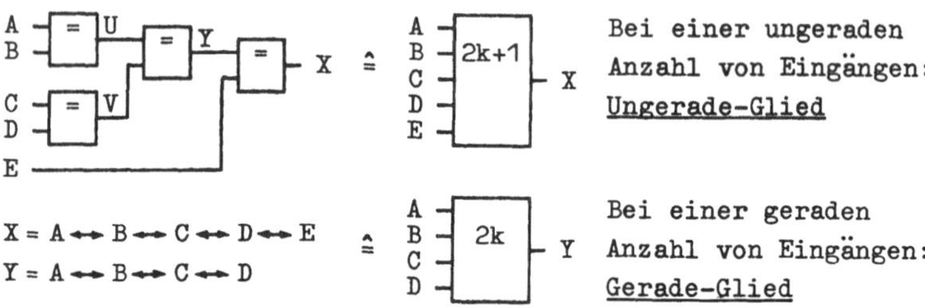

$X = A \leftrightarrow B \leftrightarrow C \leftrightarrow D \leftrightarrow E$

$Y = A \leftrightarrow B \leftrightarrow C \leftrightarrow D$

Bild 88: Darstellung von doppelpfeil (äquivalent) verknüpften booleschen Ausdrücken $Z = A \leftrightarrow B \leftrightarrow C \leftrightarrow \ldots$ durch
ein Ungerade- oder durch ein Gerade-Glied

Eine als Äquivalenz arbeitende <u>Relaisschaltung</u> ist auf S.83 im Bild 53 mit Z_9 als Ausgang angegeben. Eine Transistorschaltung wird im Beispiel 63 behandelt.

<u>Beispiel 63</u>: <u>NPN-Transistorschaltung als Äquivalenz-Glied</u>

Für die aus 2 parallel geschalteten NPN-Transistoren bestehende Schaltung im Bild 89 stehen die Potentiale 0 V und +5 V zur Verfügung. Gewählt wird $R_1 : R_2 = 1:2$.

Die Schaltung mit Erklärungen entspricht im Prinzip der des

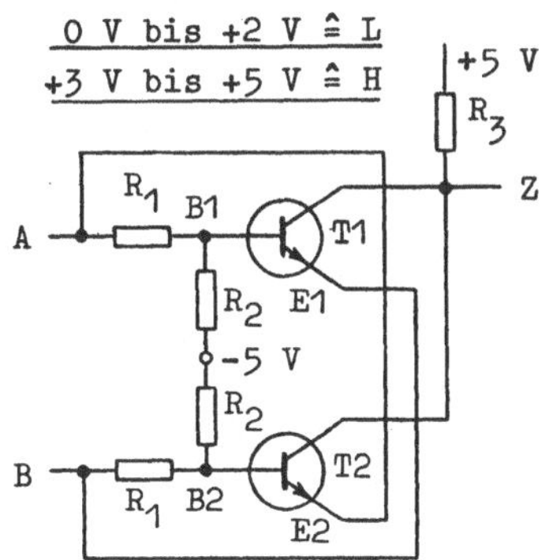

a)

A	0 V	+5 V	0 V	+5 V	
B	0 V	0 V	+5 V	+5 V	
B1	-2 V	+1 V	-2 V	+1 V	x)
E1	0 V	0 V	+5 V	+5 V	
B1/E1	n	p	n	n	
B2	-2 V	-2 V	+1 V	+1 V	x)
E2	0 V	+5 V	0 V	+5 V	
B2/E2	n	n	p	n	
T1	s	l	s	s	
T2	s	s	l	s	
Z	+4 V	+1 V	+1 V	+4 V	

x) $-1,67$ V auf -2 V gerundet

b)

A	L	H	L	H
B	L	L	H	H
Z	H	L	L	H

c) Positive Logik: $L \triangleq 0$
$\qquad\qquad\qquad\quad H \triangleq 1$

A	0	1	0	1
B	0	0	1	1
Z	1	0	0	1	≙ Äquivalenz

d) Negative Logik: $L \triangleq 1$
$\qquad\qquad\qquad\quad H \triangleq 0$

A	1	0	1	0
B	1	1	0	0
Z	0	1	1	0	≙ Antivalenz

$U_{R_1+R_2}$	I_B	U_{R_1}	U_{R_2}	Basis
5 V	=0	1,67 V	3,33 V	-1,67 V
10 V	=0	3,33 V	6,67 V	+1,67 V
10 V	≠0	4,0 V	6,0 V	+1,0 V

Erklärungen zu a) siehe Bild 70 auf S.100

Bild 89: NPN-Transistorschaltung c) mit positiver Logik als Äquivalenz-Glied, d) mit negativer Logik als Exklusiv-ODER-Glied. Arbeitstabelle a) für die Potentialwerte, b) für die Pegelwerte

Beispiels 59 auf S.110. Es werden wie üblich die Arbeitstabellen für die Potential- und Pegelwerte (Bild 89, a) und b))
aufgestellt. Daraus erkennt man, daß diese Schaltung bei positiver Logik als Äquivalenz-Glied, bei negativer Logik als
Exklusiv-ODER-Glied arbeitet. Das führt zu den Funktionstabellen c) und d) im Bild 89 auf S.116.

Die aus 2 parallel geschalteten PNP-Transistoren bestehende
Schaltung des Beispiels 59 im Bild 81 auf S.110 arbeitet bei
negativer Logik als Äquivalenz-Glied.

Beispiel 64: Es ist rechnerisch zu beweisen, daß eine Äquivalenz und eine Antivalenz mit 2 binären Eingangsvariablen
gegenseitige Komplementfunktionen darstellen.

$$Z = A\bar{B} \vee \bar{A}B \qquad = \text{Antivalenz}$$
$$\text{Regel 9:} \quad \bar{Z} = (\bar{A} \vee B)(A \vee \bar{B}) = \bar{A}\bar{B} \vee AB = \text{Äquivalenz}$$

Zur Verallgemeinerung des Beispiels 64 folgender Hinweis:

Für den antivalent verknüpften booleschen Ausdruck mit n Va-
riablen $Z_{a,n} = A \twoheadrightarrow B \twoheadrightarrow C \twoheadrightarrow \cdots$ und für den
doppelpfeil (äquivalent) verknüpften booleschen Ausdruck mit
n Variablen $Z_{\ddot{a},n} = A \twoheadleftrightarrow B \twoheadleftrightarrow C \twoheadleftrightarrow \cdots$
gilt für eine gerade Anzahl von Variablen mit $n = 2k$

$$Z_{a,2k} \quad \text{und} \quad Z_{\ddot{a},2k}$$

und für eine ungerade Anzahl von Variablen mit $n = 2k+1$

$$Z_{a,2k+1} \quad \text{und} \quad Z_{\ddot{a},2k+1}.$$

Zwischen diesen Ausdrücken besteht folgender Zusammenhang:

Haben beide Funktionen eine gleich große und gerade Anzahl
von Variablen, ist die eine Funktion das Komplement der anderen.

Haben beide Funktionen eine gleich große und ungerade Anzahl
von Variablen, sind beide Funktionen einander gleich.

Damit:
$$\underline{Z_{a,2k} = \bar{Z}_{\ddot{a},2k}} \quad (25) \qquad \underline{Z_{a,2k+1} = Z_{\ddot{a},2k+1}} \quad (26) \qquad (25)$$
$$Z_{a,2} = \bar{Z}_{\ddot{a},2} \qquad\qquad Z_{a,3} = Z_{\ddot{a},3} \qquad\qquad (26)$$

z.B.:
$$Z_{\ddot{a},4} = \bar{Z}_{a,4} \qquad\qquad Z_{a,5} = Z_{\ddot{a},5}$$

Das Schaltzeichen im Bild 87 auf S.114 für z.B. 2 Eingänge
ist ein Symbol für die durch $Z = \bar{A}\bar{B} \vee AB$ bestimmte logische
Schaltung, die im Bild 90 in verschiedener Form angegeben
ist. Die Schaltung im Bild 90, b) erhält man durch graphische Umformung der Schaltung a) nach Regel 8 oder durch folgende rechnerische Umformung:

$$Z = \bar{A}\bar{B} \vee AB = \overline{\bar{A}\vee \bar{B}} \vee AB = \overline{\overline{A\vee B} \vee \overline{\overline{AB}}}$$

$$Z = \overline{(A\vee B) \wedge \overline{AB}}$$

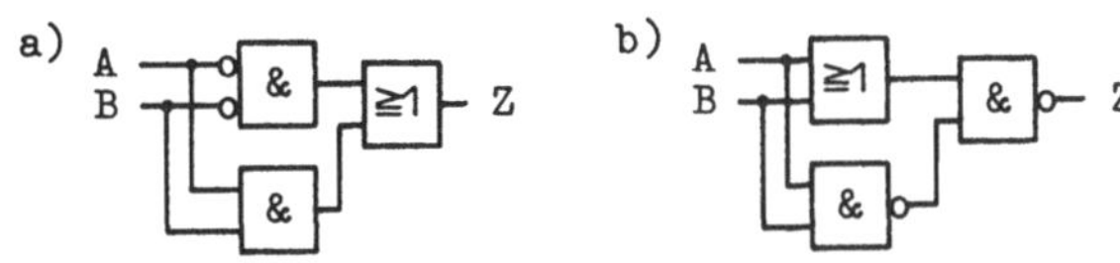

Bild 90: Logische Schaltung eines Äquivalenz-Gliedes mit
2 Eingängen für a) $Z = \bar{A}\bar{B} \vee AB$, b) $Z = \overline{(A\vee B) \wedge \overline{AB}}$

Die Darstellung eines Äquivalenz-Gliedes mit 2 Eingängen
durch nur NAND- oder nur NOR-Glieder ergibt sich durch Umformung von $Z = \bar{A}\bar{B} \vee AB$ und ist im Bild 91 angegeben. Die graphische Umwandlung der logischen Schaltungen im Bild 90 nach
Regel 8 auf S.56 liefert aufwendigere Schaltungen.

Für NAND-Glieder: $Z = \bar{A}\bar{B} \vee AB = (AB\vee\bar{A})(AB\vee\bar{B})$ nach (3b)

$$= \overline{\overline{AB\vee\bar{A}}} \wedge \overline{\overline{AB\vee\bar{B}}} = \overline{\overline{AB}\wedge A} \wedge \overline{\overline{AB}\wedge B}$$

$$Z = \overline{\overline{\overline{AB}\wedge A} \wedge \overline{\overline{AB}\wedge B}}$$

Für NOR-Glieder: $Z = \bar{A}\bar{B} \vee AB = \overline{A\vee B} \vee AB$

$$= (\overline{A\vee\bar{B}\vee A}) \wedge (\overline{A\vee\bar{B}\vee B}) = (\overline{A\vee B\vee A}) \wedge (\overline{A\vee B\vee B})$$

$$Z = \overline{\overline{A\vee\bar{B}\vee A} \vee \overline{A\vee B\vee B}}$$

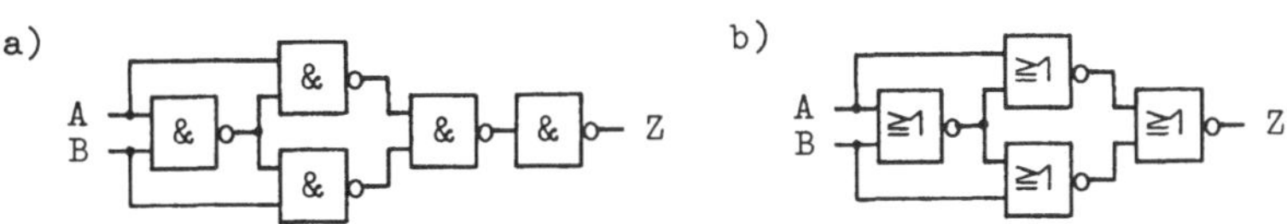

Bild 91: Darstellung eines Äquivalenz-Gliedes durch nur
a) NAND-, b) NOR-Glieder

6.8 Inhibitionsglied

Inhibieren bedeutet so viel wie "Einhalt tun", "verhindern",
"verbieten". Ein Inhibitionsglied hat

2 binäre Eingangsvariablen, von denen eine negiert ist,
und 1 binäre Ausgangsvariable, hier Z genannt,
und es gelten z.B. die im Bild 92 angegebenen Darstellungen.

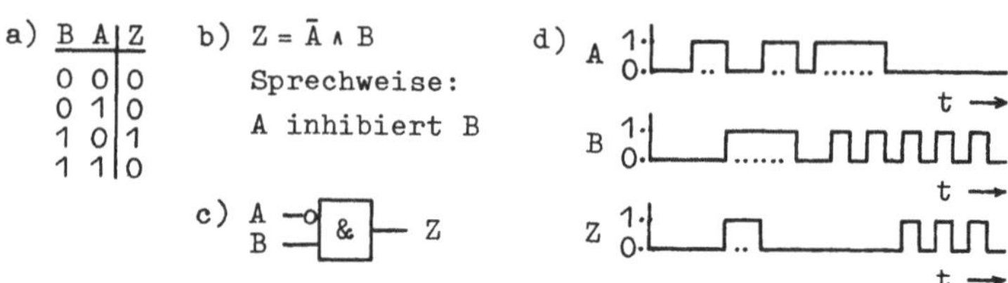

Bild 92: Inhibitionsglied mit A als Sperreingang;
a) Funktionstabelle, b) boolesche Funktion,
c) Schaltzeichen, d) Impulsdiagramm

Bei einem Inhibitionsglied ist einer der beiden Eingänge ein
Sperreingang, im Bild 92 ist es der Eingang für die negierte
Variable A. Natürlich kann umgekehrt auch A bejaht und B negiert sein. Hierfür braucht man also im Bild 92 nur A mit B
zu vertauschen.

Hat die Variable am Sperreingang den Wert 1, nimmt die Ausgangsvariable den Wert 0 an. Hat also die Variable am Sperreingang den Wert 0, nimmt die Ausgangsvariable den Wert der
anderen Eingangsvariablen an. Diese Arbeitsweise zeigt anschaulich das Impulsdiagramm im Bild 92, d): ist A=1, so ist
Z=0; ist A=0, so ist Z=B.

Das allgemeine Schaltzeichen eines Sperreingangs mit Erklärungen ist im Bild 93 angegeben. Im Bild 94 auf S.120 ist

Der Wert 1 der Variablen am Sperreingang
verhindert, daß die Ausgangsvariable den
Wert 1 annimmt oder den Wert 0, wenn die
Ausgangsvariable negiert ist.

Bild 93: Schaltzeichen eines Sperreinganges

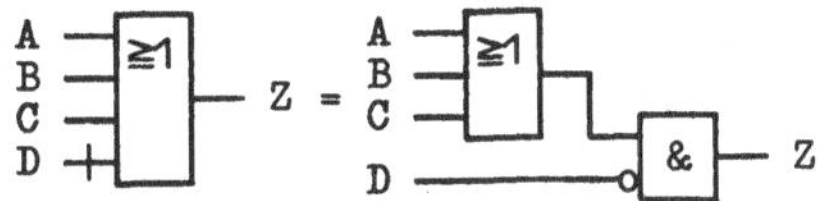

Bild 94: ODER-Glied mit Sperreingang

als Beispiel ein ODER-Glied mit Sperreingang dargestellt. Dieses Schaltzeichen ist eine vereinfachte Darstellung eines ODER-Gliedes mit einem Inhibitionsglied.

Als Inhibition arbeitende <u>Relaisschaltungen</u> sind im Bild 53 auf S.83 mit Z_2 und Z_4 als Ausgang angegeben.

Die <u>NPN-Transistorschaltung</u> im Bild 71 auf S.101 entspricht der Schaltung des Beispiels 52. Diese Schaltung arbeitet, wie der 3. und 4. Fall in der Tafel 23 auf S.87 zeigen, als Inhibitionsglied nur im individuellen Zuordnungssystem.

Eine als Inhibition arbeitende <u>PNP-Transistorschaltung</u> ist im Bild 96 auf S.121 angegeben.

6.9 <u>Implikationsglied</u>

Implizieren bedeutet so viel wie "mit hineinziehen", "mit einbegreifen", "mit einschließen". Ein Implikationsglied hat
    2 binäre Eingangsvariablen, von denen eine negiert ist,
und 1 binäre Ausgangsvariable, hier Z genannt,
und es gelten z.B. die im Bild 95 angegebenen Darstellungen. Natürlich kann umgekehrt auch A bejaht und B negiert sein. Hierfür braucht man also im Bild 95 nur A mit B zu vertauschen. Das Impulsdiagramm im Bild 95, d) zeigt anschaulich:

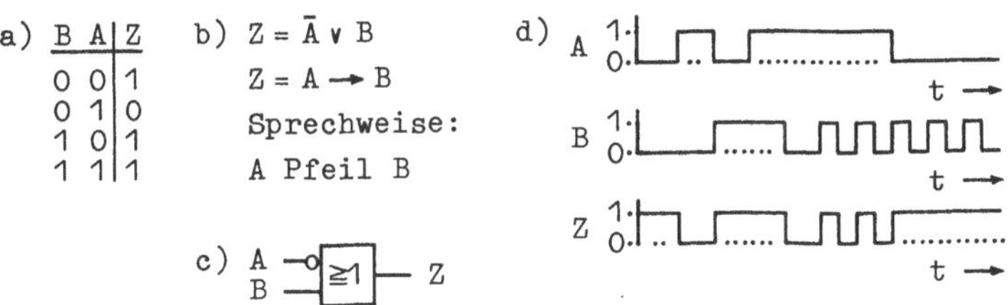

a)

B	A	Z
0	0	1
0	1	0
1	0	1
1	1	1

b) $Z = \bar{A} \vee B$

$Z = A \rightarrow B$

Sprechweise:

A Pfeil B

Bild 95: Implikationsglied mit negiertem A-Eingang;
a) Funktionstabelle, b) boolesche Funktion,
c) Schaltzeichen, d) Impulsdiagramm

a) Potential- und Spannungswerte in (V), gerundet

A	I_{B_3}	I_{B_1}	B3	U_{R_1}	$\bar{A}$	U_{R_2}	B1	U_{R_3}	B	I_{B_2}	U_{R_4}	B2	U_{R_5}
0	=0	=0	0	0,8	-4,2	3,1	-1,2	6,2	0	=0	1,7	+1,7	3,3
0	=0	≠0	0	0,8	-4,2	3,2	-1,0	6,0	-5	=0	3,3	-1,7	6,7
-5	≠0	=0	-1	4,0	-1,0	2,0	+1,0	4,0	-5	≠0	4,0	-1,0	6,0

Damit ergibt sich:

	A	-5 V	0 V	-5 V	0 V
	B	-5 V	-5 V	0 V	0 V
	T1	s	l	s	l
	T2	l	l	s	s
	Z	-1 V	-1 V	-4 V	-1 V

b)
$$-5 \text{ V bis } -3 \text{ V} \,\hat{=}\, L$$
$$-2 \text{ V bis } 0 \text{ V} \,\hat{=}\, H$$

A	L	H	L	H
B	L	L	H	H
Z	H	H	L	H

c) Positive Logik:

$L \,\hat{=}\, 0$, $H \,\hat{=}\, 1$

A	0	1	0	1
B	0	0	1	1
Z	1	1	0	1

$Z = A \vee \bar{B} \,\hat{=}\,$ Implikation

d) Negative Logik:

$L \,\hat{=}\, 1$, $H \,\hat{=}\, 0$

A	1	0	1	0
B	1	1	0	0
Z	0	0	1	0

$Z = A \wedge \bar{B} \,\hat{=}\,$ Inhibition

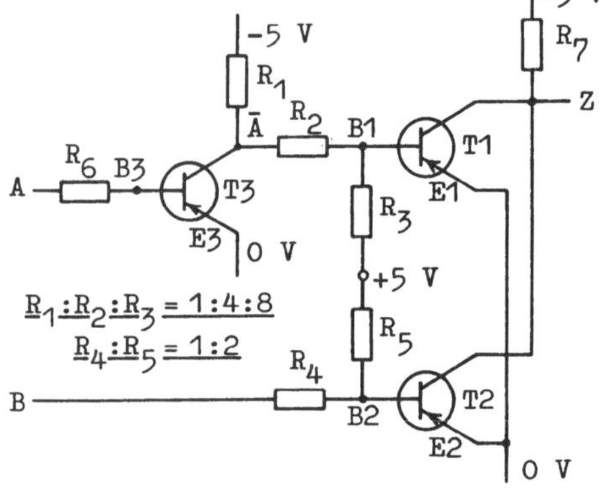

Bild 96: PNP-Transistorschaltung bei positiver Logik als Implikation, bei negativer Logik als Inhibition. Arbeitstabelle a) für die Potential-, b) für die Pegelwerte, c) und d) Funktionstabellen

ist A=1, so ist Z=B; ist A=0, so ist Z=1. In Z=1 ist das Impulsdiagramm der Variablen B mit einbegriffen.

Beispiel 65: PNP-Transistorschaltung als Implikationsglied oder als Inhibitionsglied

Für die aus 2 parallel geschalteten PNP-Transistoren bestehende Schaltung im Bild 96, der beim Eingang A ein Negationsglied vorgeschaltet ist, stehen die Potentiale -5 V und

O V zur Verfügung. Gewählt wird aus physikalischen und rechnerischen Gründen $R_1 : R_2 : R_3 = 1:4:8$ und $R_4 : R_5 = 1:2$. Die Spannungsabfälle an den Widerständen, die Potentiale an den Basen und die Arbeitstabelle im Bild 96, a) ergeben sich aus den ausführlichen Erklärungen der Beispiele 54 bis 56 auf S.99 bis 106. Die Schaltung arbeitet bei positiver Logik als Implikation und bei negativer Logik als Inhibition (Bild 96, Arbeitstabelle b) mit Funktionstabellen c) und d)).

Als Implikation arbeitende Relaisschaltungen sind im Bild 53 auf S.83 mit Z_{11} und Z_{13} als Ausgang angegeben.

Die NPN-Transistorschaltung im Bild 71 auf S.101, die der Schaltung des Beispiels 52 entspricht, arbeitet, wie der 7. und 8. Fall in der Tafel 23 auf S.87 zeigen, als Implikation nur im individuellen Zuordnungssystem.

7 Speicherglieder

7.1 Allgemeines

Man unterscheidet in bezug auf die Speicherdauer Lang- und Kurzzeitspeicher.

Langzeitspeicher dienen zur Speicherung größerer Datenmengen für längere Zeit. Gut geeignet hierfür sind magnetische Bauelemente, z.B. Tonband. Sie werden hier nicht behandelt.

Kurzzeitspeicher dienen zur Speicherung kleinerer Datenmengen für kurze Zeit. Hierzu gehören die bistabilen und monostabilen Kippglieder (früher "Flipflop", "Monoflop") und die aus ihnen zusammengesetzten Register. Gut geeignet hierfür sind elektronische Bauelemente. Bistabil ist z.B. ein AUS-EIN-Schalter, monostabil eine Fußgängerampel, die nach Drücken eines Schalters für eine bestimmte Zeit "grün" anzeigt und dann wieder in den Ruhezustand "rot" zurückkehrt.

Allgemeine Schaltzeichen mit Erklärungen sind in den Bildern 97 und 98 angegeben. Das Schaltzeichen eines bistabilen Kippgliedes wird durch eine gestrichelte Linie, die nicht in der Mitte liegen muß, in ein Setz- und ein Rücksetzfeld geteilt. Der Informationsfluß verläuft parallel zur gestrichelten Linie. Hat die Eingangsvariable den Wert 1, nimmt die Ausgangsvariable desselben Feldes den Wert 1 an und behält ihn, unabhängig von der Dauer des Wertes 1 der Eingangsvariablen. Die Variablen von Ausgängen, die sich in den durch

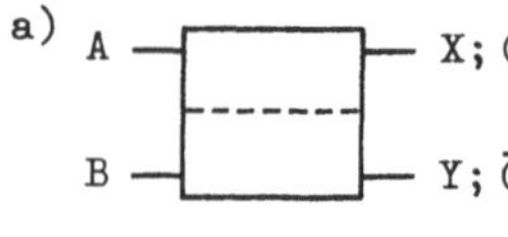

Oberes Feld = Setzfeld
A = Setzeingang; X, Q = Setzausgang
Unteres Feld = Rücksetzfeld
B = Rücksetzeingang; Y, $\bar{Q}$ = -ausgang

Es ist stets: $X = Q = \bar{Y}$; $Y = \bar{Q} = \bar{X}$

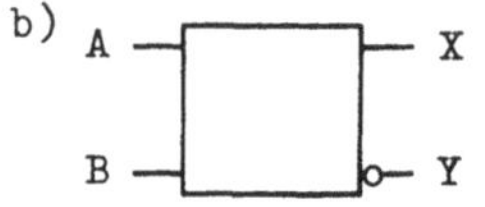

Alle Ausgänge sind, ggf. durch Verwendung des Negationszeichens, so anzugeben, daß ihr Wert dem des definierten Setzzustandes entspricht.

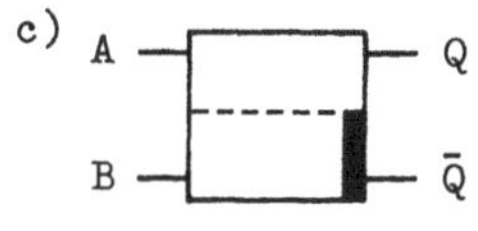

Der gekennzeichnete Ausgang hat in einer besonders zu definierenden Grundstellung, z.B. beim Einschalten der Stromversorgung, den Wert 1.

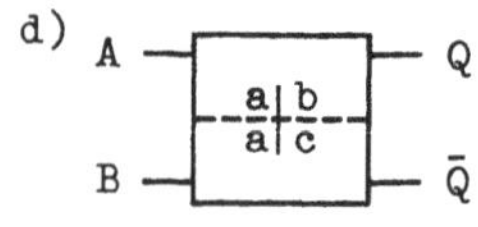

Die Ausgangsvariablen in den beiden Feldern nehmen nur dann die Werte b und c an, wenn an beiden Eingängen der Wert a anliegt.

Bild 97: Bistabiles Kippglied mit statischen Eingängen; a) allgemein, b) allgemein, jedoch ohne gestrichelte Linie, c) mit gekennzeichneter Grundstellung, d) mit besonderem Schaltverhalten

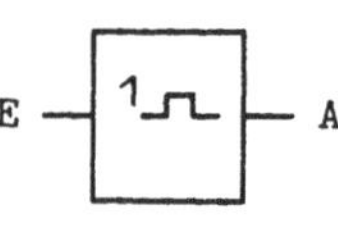

Die Ausgangsvariable nimmt den Wert 1 an, wenn die Eingangsvariable den Wert 1 annimmt. Die Ausgangsvariable behält den Wert 1 für eine bestimmte Zeit, unabhängig von der Dauer des Wertes 1 der Eingangsvariablen.

Bild 98: Allgemeines monostabiles Kippglied

die gestrichelte Linie gebildeten Feldern des Schaltzeichens gegenüberliegen, haben komplementäre Werte. Bei elektrischen Eingangs- und Ausgangsgrößen arbeitet man auch statt mit den Werten mit den Pegeln für positive Logik: $0 \mathrel{\widehat{=}} L$ und $1 \mathrel{\widehat{=}} H$.

Damit gilt mit den Bezeichnungen des Bildes 97 auf S.123:

$\quad$ A=1 und B=0 := Q=1 und $\bar{Q}$=0: Kippglied ist <u>gesetzt</u>;

$\quad$ A=0 und B=1 := Q=0 und $\bar{Q}$=1: Kippglied ist <u>rückgesetzt</u>.

Die gestrichelte Linie kann aus Platzgründen u.ä. entfallen, wenn dadurch keine Unklarheiten entstehen. In diesem Fall sind die Ausgänge so anzugeben, daß ihr Wert dem des definierten 1-Zustandes (Setzzustandes) entspricht. Der Rücksetzausgang ist also negiert darzustellen (Bild 97, b)).

In bezug auf das Ansprechverhalten unterscheidet man asynchrone bzw. ungetaktete und taktsynchrone bzw. getaktete Kippglieder.

<u>Asynchrone</u> bzw. <u>ungetaktete Kippglieder</u> speichern die ankommenden Binärsignale sofort (Bild 97).

<u>Taktsynchrone</u> bzw. <u>getaktete Kippglieder</u> speichern die binären Eingangssignale in Abhängigkeit eines zusätzlichen Taktsignals, dem "<u>Takt</u>". Der Takt bzw. der Takteingang wird mit "C" bezeichnet. Eine <u>Taktperiode</u> besteht aus dem <u>Taktimpuls</u> (Wert 1) und der <u>Pause</u> (Wert 0). Das Verhältnis Taktimpuls : Pause heißt <u>Tastverhältnis</u> und beträgt im allgemeinen 1 : 1. Der Übergang von Pause zu Taktimpuls heißt <u>0/1-Flanke</u> und umgekehrt <u>1/0-Flanke</u> und besitzt, da der Wechsel eine gewisse Zeit dauert, eine bestimmte <u>Flankensteilheit</u>.

Die Variablen auf der Eingangsseite des Kippgliedes, die vom Takt C gesteuert werden, erhalten die gleiche Kennziffer wie C. Bei dem steuernden Eingang C steht die Ziffer <u>hinter</u>, bei dem gesteuerten Eingang <u>vor</u> dem betreffenden Kennbuchstaben, oder allein, wenn kein Kennbuchstabe angegeben ist.

Bei den getakteten Kippgliedern unterscheidet man taktzustands- und taktflankengesteuerte Kippglieder.

<u>Taktzustandsgesteuerte Kippglieder</u>, deren allgemeines

Schaltzeichen im Bild 99 dargestellt ist, speichern die Eingangssignale erst dann, wenn der Takt den Wert 1 annimmt.

<u>Taktflankengesteuerte Kippglieder</u>, deren allgemeine Schaltzeichen im Bild 100 dargestellt sind, speichern die <u>Eingangssignale</u>, die <u>bereits anliegen müssen</u>, nur in Abhängigkeit von der Flankensteilheit des Taktes. Ob die 0/1-Flanke oder die 1/0-Flanke wirksam ist, hängt vom Schaltungsaufbau ab.

Der Eigenart nach unterscheidet man auch statische und dynamische Kippglieder.

<u>Statische Kippglieder</u>, zu denen die ungetakteten und taktzustandsgesteuerten Kippglieder gehören, reagieren auf die Impuls- oder Spannungshöhe der Eingangssignale.

<u>Dynamische Kippglieder</u>, zu denen die taktflankengesteuerten

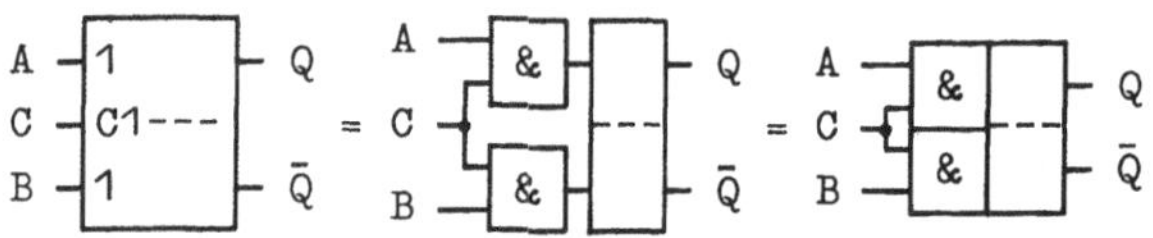

A und B sind von C gesteuerte Eingänge
C ist steuernder Eingang

Bild 99: Taktzustandsgesteuertes Kippglied

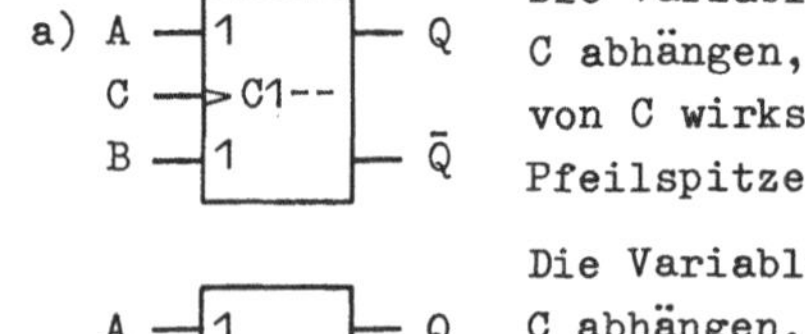

Die Variablen an den Eingängen, die von C abhängen, werden nur beim <u>0/1-Übergang</u> von C wirksam. Eingang C mit umrandeter Pfeilspitze heißt <u>dynamischer Eingang</u>.

Die Variablen an den Eingängen, die von C abhängen, werden nur beim <u>1/0-Übergang</u> von C wirksam. Negierter Eingang C mit umrandeter Pfeilspitze heißt <u>dynamischer Eingang mit Negation</u>.

zu A, B und C: siehe Erklärungen im Bild 99

Bild 100: Taktflankengesteuertes Kippglied a) mit dynamischem Eingang, b) mit dynamischem Eingang mit Negation

Tafel 30: Einteilung der bistabilen Kippglieder

In bezug auf	Bezeichnung		
Ansprech-verhalten	asynchron bzw. ungetaktet	taktsynchron bzw. getaktet	
		taktzustands-gesteuert	taktflanken-gesteuert
Eigenart	statisch		dynamisch

Kippglieder gehören, reagieren auf die Änderungsgeschwindig-keit der 0/1- oder der 1/0-Flanke des Taktsignals.

Die hier vorgenommene Einteilung der bistabilen Kippglieder ist in der Tafel 30 übersichtlich zusammengestellt.

In der Praxis werden häufig Kippglieder mit statischen und dynamischen Eingängen benötigt. Ein Beispiel zeigt Bild 101.

Dynamische Kippglieder, worunter auch "wie dynamisch wirken-de" statische Kippglieder verstanden werden sollen, sind überall dort nötig, wo die Bits binärer Informationen in un-mittelbar aufeinanderfolgenden Kippgliedern, z.B. in einem Schieberegister, gespeichert und dann im Takt von Kippglied zu Kippglied weitergeleitet werden müssen, wie z.B. bei der

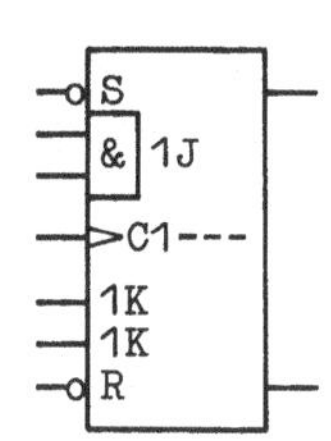

S = ungetakteter negierter Setzeingang

J = die beiden J-Setzeingänge sind durch UND miteinander verknüpft. J wird durch C ge-steuert

C = dynamischer und steuernder Eingang

K = die beiden K-Rücksetzeingänge sind durch ODER miteinander verknüpft. K wird durch C gesteuert

J, K = die J- und K-Eingänge werden wirksam bei der 0/1-Flanke von C

R = ungetakteter negierter Rücksetzeingang

R, S = die R- und S-Eingänge werden sofort wirksam

Bild 101: Bistabiles Kippglied mit statischer und dynami-scher Arbeitsweise

stellenweisen Addition von Dualzahlen. Das ist aber nur möglich, wenn ein Bit am Ausgang eines Kippgliedes erst dann
auf das nächste Kippglied wirksam werden kann, wenn ein zusätzliches Signal, ein Steuersignal, meistens der Takt C,
hierfür den Weg freigibt. Das kommt einer kurzzeitigen Verzögerung oder Zwischenspeicherung des Bit-Transportes gleich
und ist z.Z. entweder mit einem dynamischen Vorsatz oder einer Master-Slave-Anordnung erreichbar.

<u>Dynamischer Vorsatz:</u>

Die Verzögerung des Bit-Transportes in einem dynamischen
Vorsatz, dessen Schaltzeichen in den Bildern 102 und 103 angegeben ist, wird durch Einbau von RC-Gliedern, das sind
Kombinationen ohmscher Widerstände mit Kondensatoren, erreicht. Dadurch gelangt das Binärsignal am Eingang S1 (R1)
beim Auftreten der 0/1- oder der 1/0-Flanke des Taktes C als
kurzer Impuls an den Ausgang S2 (R2). Das zeigen die nur für
das Setzfeld angegebenen Impulsdiagramme im Bild 103. Ist
die Flankensteilheit nicht groß genug, ist sie unwirksam.

Bild 102: Dynamisches Kippglied,
          bestehend aus dynamischem
          Vorsatz DV (RC-Glied) und
          ungetaktetem Kippglied KG

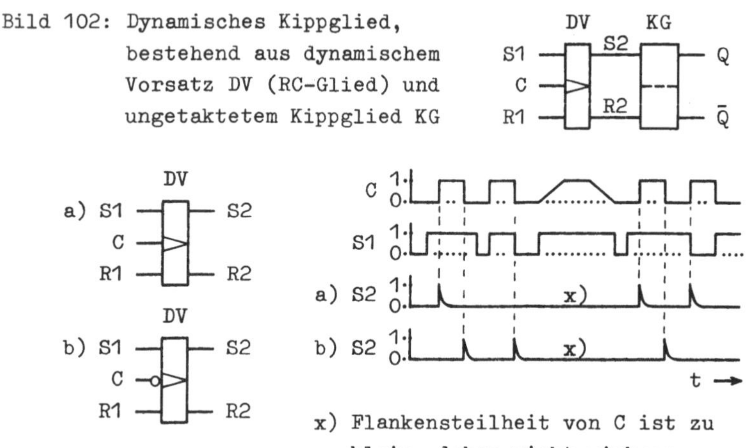

x) Flankensteilheit von C ist zu
   klein, daher nicht wirksam

Bild 103: Impulsdiagramme des Setzfeldes eines dynamischen
          Vorsatzes mit wirksamer a) 0/1-, b) 1/0-Flanke

<u>Master-Slave-Anordnung:</u>

Die Verwendung dynamischer Vorsätze in integrierten Schaltungen ist wegen der RC-Glieder teuer und nur mit Einschränkungen möglich. Deshalb benutzt man vorwiegend eine Master-Slave-Anordnung, die man <u>Kippglied mit Zweizustandssteuerung</u> nennt. Sie besteht aus 2 in Reihe geschalteten taktzustandsgesteuerten Kippgliedern (im Bild 104 aus RS-Kippgliedern):

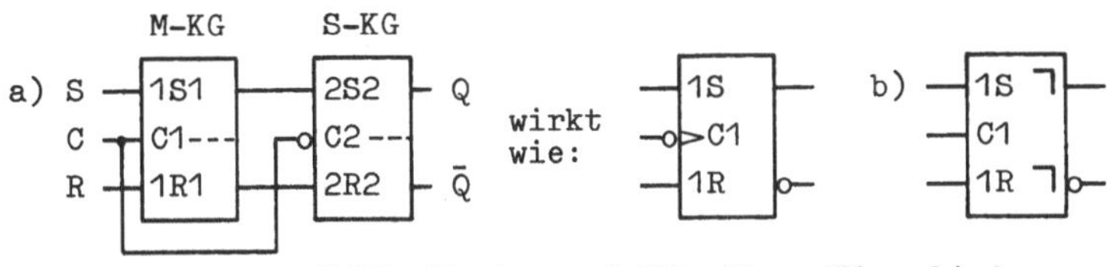

M-KG = Master-, S-KG = Slave-Kippglied

Bild 104: RS-Kippglied mit Zweizustandssteuerung = Master-Slave-Anordnung; a) Aufbau aus 2 taktzustandsgesteuerten RS-Kippgliedern, b) Schaltzeichen, das Zeichen ⌐ am Ausgang bedeutet <u>retardierter Ausgang.</u>

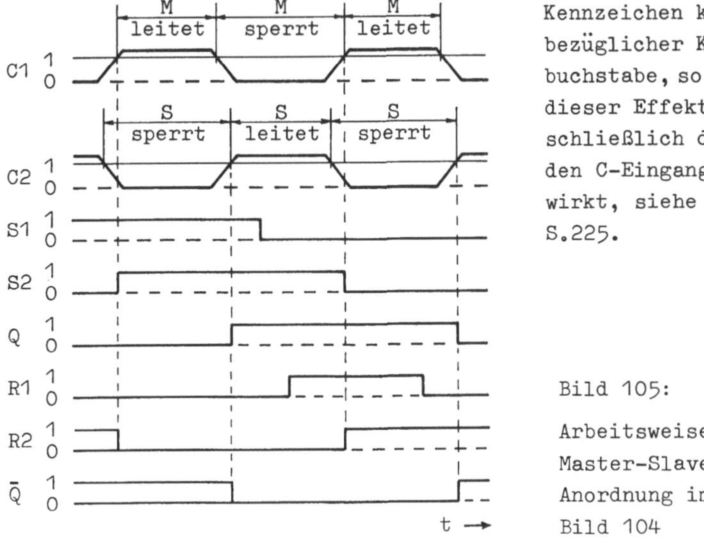

Steht vor diesem Kennzeichen kein bezüglicher Kennbuchstabe, so wird dieser Effekt ausschließlich durch den C-Eingang bewirkt, siehe auch S.225.

Bild 105:

Arbeitsweise der Master-Slave-Anordnung im Bild 104

dem Master (Herr)- und dem Slave (Knecht)-Kippglied, das am
komplementierten Takt angeschlossen ist.

Wie Bild 105 zeigt, schaltet das Master-Kippglied durch,
wenn die 0/1-Flanke des Taktes C den Wert 1 erreicht. Das
Binärsignal S (R), das bisher nur am Eingang S1 (R1) anlag,
liegt nun am Ausgang des Master-Kippgliedes und damit am
Eingang S2 (R2) des Slave-Kippgliedes an. Es gelangt nicht
zum Ausgang des Slave-Kippgliedes, weil an dessen Taktein-
gang C2 der Wert 0 anliegt. Bei Beendigung des Taktimpulses
(1/0-Flanke von C1 bzw. 0/1-Flanke von C2) wird das Master-
Kippglied bei Unterschreitung des Wertes 1 gesperrt. Kurz
danach erreicht der Eingang C2 des Slave-Kippgliedes den
Wert 1 und schaltet durch. In beiden Kippgliedern sind nun
die Binärsignale S und R gespeichert.

Nach außen wirkt die Master-Slave-Anordnung wie ein taktflankengesteuertes Kippglied mit aktiver 1/0-Flanke (deshalb
die retardierten Ausgänge im Schaltzeichen im Bild 104, b)).
Es unterscheidet sich jedoch von diesem dadurch, daß weniger
Zeitbedingungen einzuhalten sind, und daß an die Flankensteilheit des Taktes keine besonders großen Anforderungen
gestellt werden müssen. Damit die Master-Slave-Anordnung
einwandfrei arbeitet, muß die Laufzeit von C1 nach C2 kürzer
sein als die von S1 (R1) nach S2 (R2).

Um Kippglieder als logische Schaltungen darstellen oder um
logische Schaltungen mit Kippgliedern rechnerisch ermitteln
zu können, braucht man die Übertragungsfunktion des Kippgliedes. Sie gibt den Zusammenhang an zwischen der

> Ausgangsvariablen Q und den Eingangsvariablen E_1 bis E_i
> zum Zeitpunkt unmittelbar vor der Befehlseingabe (das
> sei der Zeitpunkt n) und der

> Ausgangsvariablen Q zum Zeitpunkt unmittelbar nach der
> Befehlsdurchführung (das sei der Zeitpunkt (n+1)):

$$Q^{n+1} = f(Q^n;\ E_1^{\ n}\ \text{bis}\ E_i^{\ n}) = f(Q;\ E_1\ \text{bis}\ E_i)^n \qquad (27)$$

Der hochgestellte Index gibt den Zeitpunkt der Betrachtung

an. (n+1) ist etwas mehr als (n+t_v) mit t_v als Verzögerungs-
oder Totzeit des Kippgliedes. Die Signaleingabe muß etwas
länger als t_v sein, da sonst die Schaltung nicht anspricht.

7.2 Verzögerungsglieder

Verzögerungsglieder besitzen 1 Eingang und 1 Ausgang und bestehen, wie im Abschn. 7.1 erwähnt wurde, aus RC-Gliedern.
Das allgemeine Schaltzeichen zeigt Bild 106. Im Bild 107
sind die Schaltzeichen für Verzögerungsglieder mit speziel-
lem Verhalten angegeben und erläutert. Die Zeiten t_1 und t_2
können durch die tatsächlichen Verzögerungswerte ersetzt
werden, ausgedrückt in Sekunden oder Takten.

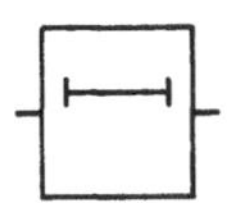

Jeder Übergang zwischen den beiden Werten der
Eingangsvariablen bewirkt einen um jeweils die
gleiche Zeit verzögerten Übergang zwischen den
beiden Werten der Ausgangsvariablen.

Bild 106: Verzögerungsglied, allgemeines Schaltzeichen

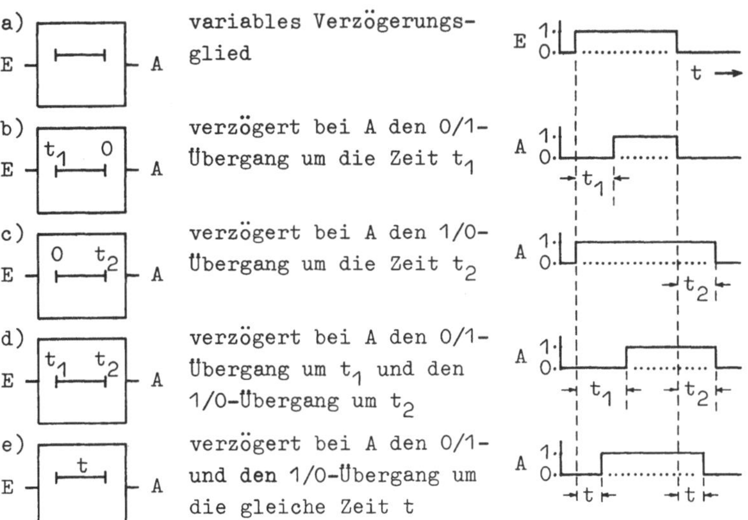

a) variables Verzögerungsglied

b) verzögert bei A den 0/1-
Übergang um die Zeit t_1

c) verzögert bei A den 1/0-
Übergang um die Zeit t_2

d) verzögert bei A den 0/1-
Übergang um t_1 und den
1/0-Übergang um t_2

e) verzögert bei A den 0/1-
und den 1/0-Übergang um
die gleiche Zeit t

Bild 107: Verzögerungsglieder, spezielle Schaltzeichen

7.3 RS-Kippglied

a) Schaltzeichen:

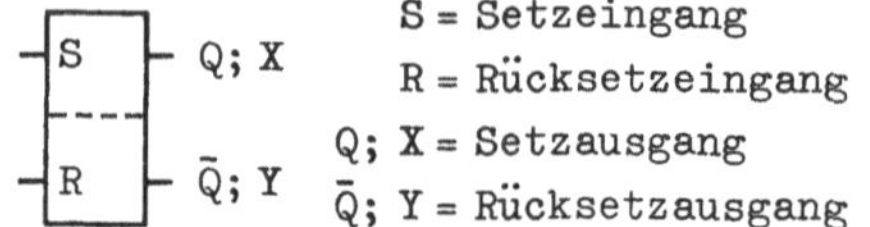

S = Setzeingang
R = Rücksetzeingang
Q; X = Setzausgang
$\bar{Q}$; Y = Rücksetzausgang

b) Impulsdiagramm:

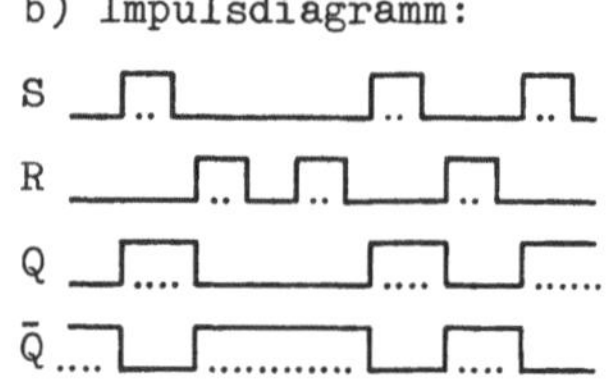

<u>Bedingung</u>: S=1 und gleichzeitig R=1 ist <u>nicht</u> zugelassen; d.h. mathematisch ist R∧S = 0 (siehe unten)

Bild 108: Ungetaktetes RS-Kippglied; a) Schaltzeichen mit Bezeichnungen, b) Impulsdiagramm

Die ausführliche Beschreibung der Arbeitstabellen und -matrizen für ein RS-Kippglied (Bild 108) findet man in der DIN 41 859, Blatt 1, Beiblatt, und im Blatt 2, beides Dez. 1973. Arbeitsmatrizen benutzt man zur Beschreibung der digitalen Eigenschaften von Folgeschaltungen. Für die Eingangskonfiguration (S,R)=(H,H) ergeben sich die pseudostabilen Werte Q=L und $\bar{Q}$=L. Die gleichzeitige Änderung von S und R vom H- zum L-Pegel führt zu den stabilen, jedoch nicht vorhersehbaren Ausgangskonfigurationen $(Q,\bar{Q})$ = (H,L) oder $(Q,\bar{Q})$ = (L,H).

Es wird vielfach in der Literatur, so auch hier, nur mit einer vereinfachten Arbeitstabelle gearbeitet, für die jedoch nähere Angaben und zusätzliche Erklärungen nötig sind. Nach Abschn. 7.1 haben Setz- und Rücksetzausgang komplementäre Werte. Deshalb gilt für die vereinfachte Arbeitstabelle und für die aus ihr bei positiver Logik hervorgegangenen Funk-

Tafel 31: RS-Kippglied; a) vereinfachte Arbeitstabelle mit b) Funktionstabelle bei positiver Logik für RS=0

a)

S^n	R^n	Q^{n+1}	X^{n+1}	Y^{n+1}
L	L	Q^n	X^n	Y^n
L	H	L	L	H
H	L	H	H	L
H	H	–	–	–

b)

S^n	R^n	Q^{n+1}	X^{n+1}	Y^{n+1}
0	0	Q^n	X^n	Y^n
0	1	0	0	1
1	0	1	1	0
1	1	–	–	–

tionstabelle in der Tafel 31 die Bedingung, daß S=H bzw. S=1
und gleichzeitig R=H bzw. R=1 nicht zugelassen ist. Der Minterm R∧S ist also eine _Pseudoduade_, eine Redundanz. Mathema-
tisch bedeutet das, daß $\underline{R \wedge S = RS = 0}$ ist (siehe 4.13 auf S.64).
In der Arbeitstabelle ist bei X und Y für S=H und R=H und
analog in der Funktiontabelle für S=1 und R=1 ein Strich
o.ä., aber niemals der Wert 0 einzusetzen. Das wäre falsch.

Für das ungetaktete RS-Kippglied ergibt sich aus der Funktionstabelle in der Tafel 31 auf S.131 die Übertragungsfunktion und die logische Schaltung.

<u>Übertragungsfunktion:</u>

$$Q^{n+1} = (\bar{S}\bar{R}Q \vee S\bar{R})^n, \text{ mit } RS = 0 \text{ die Vereinfachung:}$$
$$\bar{S}\bar{R}Q \vee S\bar{R} \vee SR = \bar{S}\bar{R}Q \vee S = (\bar{S} \vee S)(\bar{R}Q \vee S) = \bar{R}Q \vee S$$

also: $\underline{Q^{n+1} = (\bar{R}Q \vee S)^n \text{ mit } RS = 0}$ \hfill (28)

als $f(Q, \bar{Q})$ ergibt sich vereinfacht:

$$\underline{Q^{n+1} = (\bar{R}Q \vee S\bar{Q})^n \text{ mit } RS = 0}$$ \hfill (29)

<u>Logische Schaltung:</u>

Die Entwicklung der logischen Schaltung mit den Ausgängen Q
und $\bar{Q}$ führt zu verwirrenden, undurchschaubaren Ergebnissen.
Deshalb wird mit den beiden bejahten Ausgangsvariablen X und
Y gearbeitet. Die Übertragungsfunktion wird ohne Zeitangabe
zur <u>Schaltfunktion</u>. Es ergibt sich:

nach (28): $X = S \vee \bar{R}X = \bar{Y}$ \qquad analog: $Y = R \vee \bar{S}Y = \bar{X}$

$\qquad\qquad = S \vee S \vee \bar{R}X$ \qquad\qquad $= R \vee R \vee \bar{S}Y$ \hfill (30)

$\qquad \underline{X = S \vee \bar{Y}}$ (30) \qquad\qquad $\underline{Y = R \vee \bar{X}}$ (31) \hfill (31)

Es entstehen gegengekoppelte Funktionen, aus denen sich die
logische Schaltung des Bildes 109 ergibt. Durch die tech-
nisch bedingten Herstellungsto-
leranzen stellt sich beim Einschalten der Stromversorgung

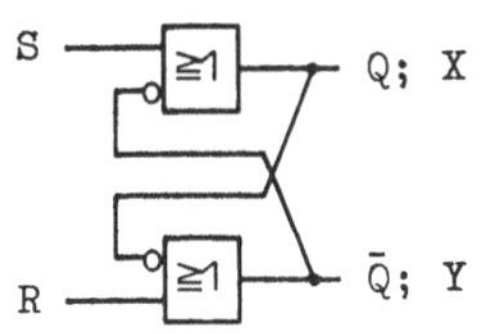

Bild 109:

Logische Schaltung
eines ungetakteten
RS-Kippgliedes

ein ganz bestimmter, stabiler Signalzustand ein: entweder
ist das Kippglied stets gesetzt oder stets rückgesetzt.
Durch gezielte Beeinflussung dieser Toleranzen kann beim
Einschalten der Stromversorgung jeder gewollte, stabile Aus-
gangssignalzustand garantiert werden.

Die logische Schaltung eines ungetakteten RS-Kippgliedes aus
nur NAND- oder nur NOR-Gliedern ergibt sich durch Umformung
der Gl. (30) und (31):

für NAND-Glieder:

$$X = \bar{\bar{S}} \vee \bar{Y} \qquad\qquad Y = \bar{\bar{R}} \vee \bar{X} \tag{32}$$

$$\underline{X = \overline{\bar{S} \wedge Y}} \tag{32} \qquad \underline{Y = \overline{\bar{R} \wedge X}} \tag{33} \tag{33}$$

für NOR-Glieder:

$$\bar{X} = \overline{S \vee \bar{\bar{Y}}} \qquad\qquad \bar{Y} = \overline{R \vee \bar{\bar{X}}} \tag{34}$$

$$\underline{Y = \overline{\bar{S} \vee X}} \tag{34} \qquad \underline{X = \overline{\bar{R} \vee Y}} \tag{35} \tag{35}$$

Damit erhält man die im Bild 110 angegebenen Schaltungen,
die sich auch durch graphische Umformung der Schaltung des
Bildes 109 auf S.132 ergeben. Hierzu Beispiel 66 auf S.135.

Bild 110:

Logische Schaltung
eines ungetakteten
RS-Kippgliedes aus
a) NAND-, b) NOR-
Gliedern

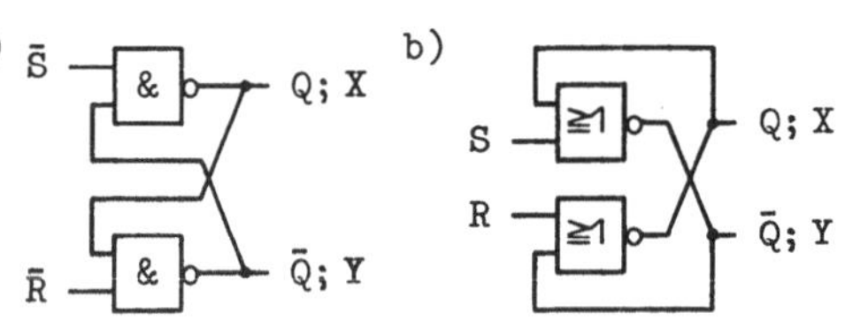

Wenn auch die Zusatzschaltung für ein taktzustandsgesteuertes RS-Kippglied leicht gefunden wird, soll übungshalber die
Schaltung aus der Funktionstabelle der Tafel 32 entwickelt
werden.

Tafel 32: Funktionstabelle eines taktzustandsgesteuerten RS-Kippgliedes

C^n	0	1	0	1	0	1	0	1
R^n	0	0	1	1	0	0	1	1
S^n	0	0	0	0	1	1	1	1
Q^{n+1}	Q^n	Q^n	Q^n	0	Q^n	1	–	–
X^{n+1}	X^n	X^n	X^n	0	X^n	1	–	–
Y^{n+1}	Y^n	Y^n	Y^n	1	Y^n	0	–	–

<u>Übertragungsfunktion:</u>

$$Q^{n+1} = (Q(\bar{S}\bar{R}\bar{C} \lor \bar{S}\bar{R}C \lor \bar{S}R\bar{C} \lor S\bar{R}\bar{C} \lor SR\bar{C} \lor \bar{S}R\bar{C}) \lor S\bar{R}C \lor SCR)^n$$
$$= (Q(\bar{C} \lor \bar{S}\bar{R}) \lor SC)^n = (Q(\bar{C} \lor \bar{S})(\bar{C} \lor \bar{R}) \lor SC)^n$$
$$= ((Q \land \overline{SC} \land \overline{RC}) \lor SC)^n = ((Q\overline{RC} \lor SC)(\overline{SC} \lor SC))^n$$
$$\underline{Q^{n+1} = (\overline{RC}Q \lor SC)^n \quad (36)} \tag{36}$$

<u>Schaltfunktion</u> (ohne Zeitangabe):

nach (36): $X = \overline{RC}X \lor SC = \bar{Y}$ analog: $Y = \overline{SC}Y \lor RC = \bar{X}$

$\qquad\qquad = SC \lor \overline{RC}X \lor SC \qquad\qquad = RC \lor \overline{SC}Y \lor RC$ (37)

$\qquad\underline{X = SC \lor \bar{Y}} \ (37) \qquad\qquad \underline{Y = RC \lor \bar{X}} \ (38)$ (38)

<u>Für NAND-Glieder:</u>

nach (37): $X = \overline{\overline{SC}} \lor \bar{Y}$ nach (38): $Y = \overline{\overline{RC}} \lor \bar{X}$ (39)

$\qquad\underline{X = \overline{SC} \land Y} \ (39) \qquad\qquad \underline{Y = \overline{RC} \land X} \ (40)$ (40)

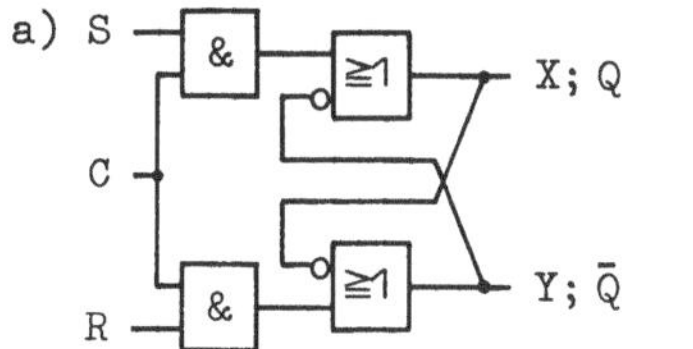
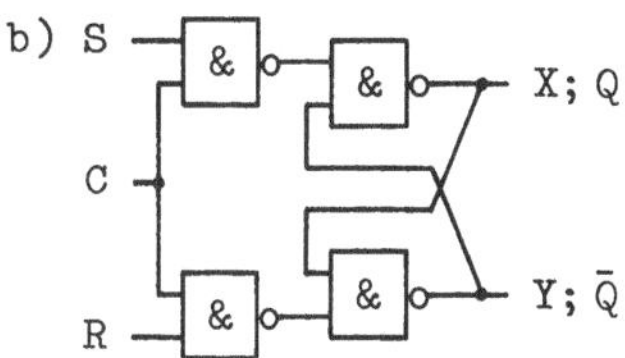

Bild 111: Logische Schaltung eines taktzustandsgesteuerten RS-Kippgliedes aus a) gemischten, b) NAND-Gliedern

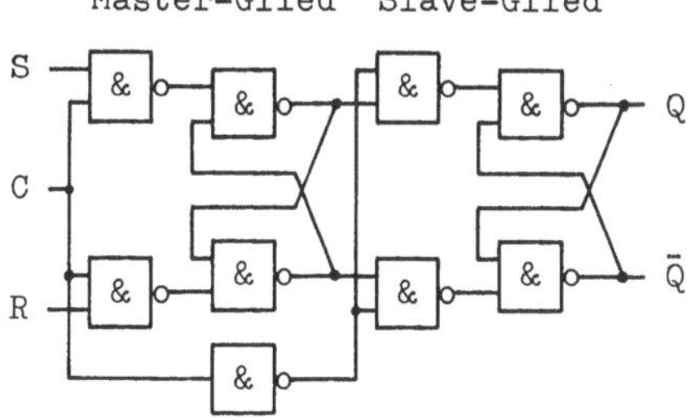

Bild 112: Logische Schaltung einer RS-Master-Slave-Anordnung aus NAND-Gliedern

Aus den Gl. (37) bis (40) entstehen die im Bild 111 dargestellten logischen Schaltungen.

Für ein RS-Kippglied mit Zweizustandssteuerung (Master-Slave-Anordnung) ergibt sich analog der Schaltung im Bild 104 auf S.128 die im Bild 112 angegebene Schaltlogik aus NAND-Gliedern

<u>Beispiel 66</u>: Die logische Schaltung eines ungetakteten RS-Kippgliedes (Bild 109, S.132) ist durch graphische Umformung nach Regel 8 auf S.56 durch NOR-Glieder darzustellen.

Ergebnis im Bild 113: Um Nor-Glieder zu erhalten, muß der positive Ausgang des ODER-Gliedes 2mal negiert werden: plus = minus·minus.

Die Negation am Ein-
gang des ODER-Glie-
des und die entstan-
dene NOR-Negation
werden über den Ver-
zweigungs- oder
Knotenpunkt nach
rechts zum Aus-
gang verschoben
und durch eine
einzige NOR-Ne-
gation ersetzt.

Die NOR-Negation
am Ausgang entfällt
durch Komplementierung
der Ausgangsvariablen,
die durch die bejahte
Variable des Gegenfel-
des ersetzt wird. Die
Ausgangsvariable wird
in ihr Feld verlegt.

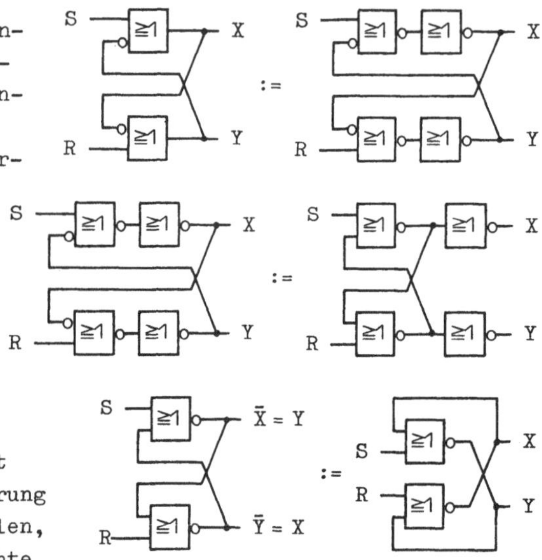

Bild 113: Schrittweise graphische
Umformung der logischen
Schaltung eines ungetakteten RS-
Kippgliedes in NOR-Glieder

7.4 <u>D-Kippglied</u>

Das Schaltzeichen mit Impulsdiagramm ist im Bild 114 auf S.136 angegeben. Der Buchstabe "D" kommt vom englischen Wort "delay" und bedeutet "verzögern". Ein D-Eingang ist immer einem anderen Eingang untergeordnet, oft ist dies ein C-Eingang. Während die Variable am C-Eingang den Wert 1 einnimmt, hat Q den gleichen Wert wie D. Der Übergang am C-Eingang vom Wert 1 zum Wert 0 ändert die Ausgangskonfiguration nicht.

Während die Variable am C-Eingang den Wert 0 einnimmt, hat D
keine Wirkung. Die gleichzeitige Änderung der Werte an beiden Eingängen führt zu einer nicht vorhersehbaren Ausgangskonfiguration, wenn die Variable am C-Eingang vom Wert 1 zum
Wert 0 übergeht und wenn die Variable am D-Eingang sich entweder vom Wert 0 zum Wert 1 oder vom Wert 1 zum Wert 0 ändert. Das alles gilt für positive Logik.

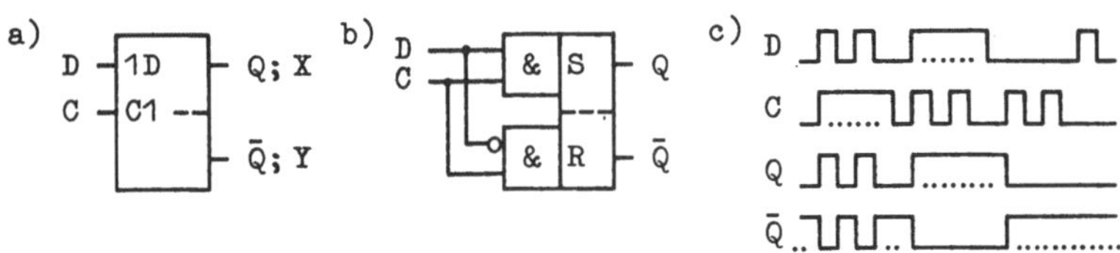

Bild 114: D-Kippglied; a) Schaltzeichen, b) ausführliche
Schaltung, c) Impulsdiagramm

Das D-Kippglied entsteht, wie Bild 114, b) zeigt, aus einem
taktzustandsgesteuerten RS-Kippglied, bei dem der D-Eingang
am Setzeingang und über einen Inverter am Rücksetzeingang
angeschlossen ist. Das D-Kippglied kann auch taktflankenge-
steuert sein. Aus D-Kippgliedern werden z.B. häufig Schieberegister aufgebaut (siehe Abschn. 9.2 auf S.153).

D^n	C^n	Q^{n+1}	X^{n+1}	Y^{n+1}
0	0	Q^n	X^n	Y^n
0	1	0	0	1
1	0	Q^n	X^n	Y^n
1	1	1	1	0

Tafel 33:

Funktionstabelle des D-Kippgliedes nach Bild 114

Aus der Funktionstabelle der Tafel 33 erhält man die Übertragungsfunktion und die logische Schaltung.

Übertragungsfunktion:

$$Q^{n+1} = (\bar{D}\bar{C}Q \vee D\bar{C}Q \vee DC)^n = (\bar{C}Q \vee DC)^n \quad (41)$$

ohne Takt C: $Q^{n+1} = D^n$ (42)

Schaltfunktionen:

nach (41): $X = DC \vee \bar{C}X = \bar{Y}$ analog: $Y = \bar{D}C \vee \bar{C}Y = \bar{X}$

$\quad = DC \vee DC \vee \bar{C}X$ $= \bar{D}C \vee \bar{D}C \vee \bar{C}Y$ (43)

$\underline{X = DC \vee \bar{Y}}$ (43) $\underline{Y = \bar{D}C \vee \bar{X}}$ (44) (44)

Für <u>NAND</u>-Glieder nach Gl. (43) und (44):

$$X = \overline{\overline{DC} \vee \bar{Y}} \qquad\qquad Y = \overline{\overline{DC} \vee \bar{\tilde{X}} \vee C\bar{C}} = \overline{\overline{DCC} \vee \bar{X}} \qquad (45)$$

$$\underline{X = \overline{\overline{DC} \wedge Y}} \ (45) \qquad \underline{Y =} \ \overline{\overline{\overline{DCC}} \vee \bar{X}} = \overline{\overline{DC} \wedge C \wedge X} \ (46) \qquad (46)$$

Mit den Gl. (43) bis (46) erhält man die im Bild 115 angegebenen logischen Schaltungen.

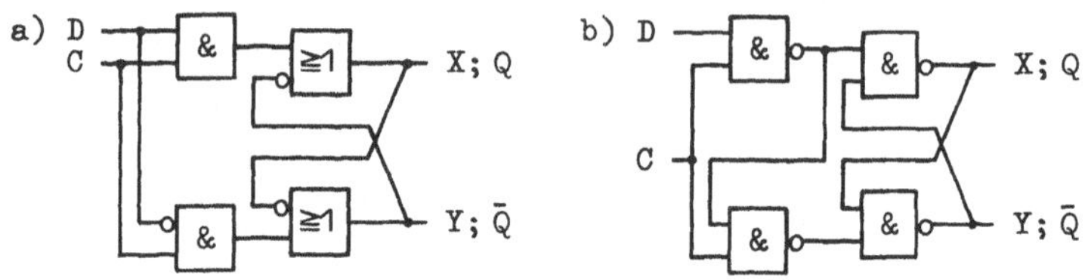

Bild 115: Logische Schaltung eines D-Kippgliedes aus
a) gemischten Gliedern, b) NAND-Gliedern

Das bisher als DV-Flipflop bezeichnete D-Kippglied mit zu-
sätzlichem vorbereitenden Eingang V ist das im Bild 116 dargestellte <u>D-Kippglied mit Zustandssteuerung.</u> Der Eingang V
wird zuerst mit dem Eingang C durch UND verknüpft. Der UND-
Ausgang steuert den Eingang D. Anders ausgedrückt: der Eingang C steuert den Eingang D und wird selbst durch den Eingang V gesteuert. Die Arbeitsweise veranschaulicht das Impulsdiagramm im Bild 117 auf S.138.

<u>Anmerkung:</u> Be-
steht zwischen
einem steuern-
den und gesteu-
erten Eingang
oder Ausgang eine <u>UND-Abhängigkeit</u>, erhält jeder die
gleiche Kennziffer und der steuernde Ein- oder Ausgang
zusätzlich den <u>Kennbuchstaben G.</u> Der C-Eingang stellt
eine Steuerabhängigkeit und damit mehr als eine einfache
UND-Abhängigkeit dar.

Bild 116: D-Kippglied mit Zustandssteuerung; a) Schaltzeichen, b) ausführliche Schaltung mit Anmerkungen

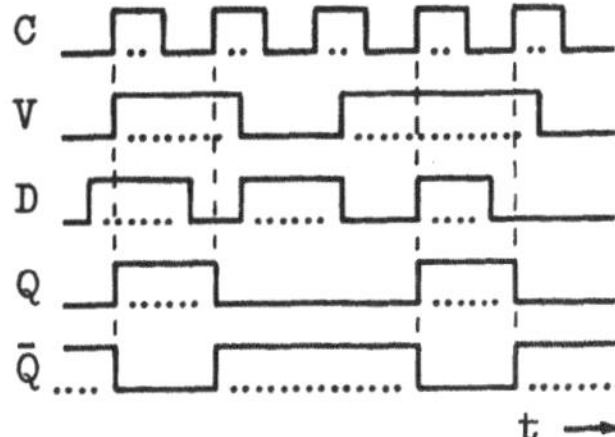

Bild 117: Impulsdiagramm des
D-Kippgliedes mit
Zustandssteuerung
nach Bild 116

7.5 T-Kippglied

Die T-Kippschaltung ist eine Folgeschaltung mit einem einzigen Eingang T. Der Buchstabe "T" kommt vom englischen Wort "trigger" und bedeutet "Drücker".

Wenn die elektrische Eingangsgröße an T vom L-Pegel zum H-Pegel übergeht, ändert sich die Ausgangskonfiguration $(Q,\bar{Q})$: entweder $(H,L) := (L,H)$ oder $(L,H) := (H,L)$. Der Übergang der Eingangsgröße vom H- zum L-Pegel hat keine Wirkung. Schaltzeichen und Impulsdiagramm sind im Bild 118, a) und b) angegeben. Die Ausgangskonfiguration ändert sich in gleicher Weise, wenn die elektrische Eingangsgröße am negierten T-Eingang vom H-Pegel zum L-Pegel übergeht. Der Übergang der

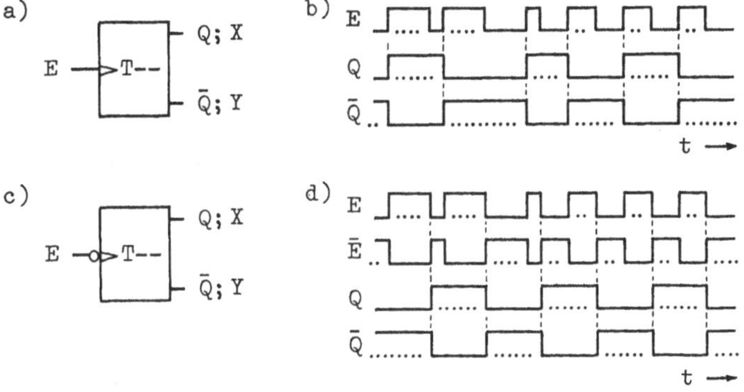

Bild 118: Schaltzeichen und Impulsdiagramm eines T-Kippgliedes; a) und b) für aktive 0/1-Flanke der Variablen E, c) und d) für aktive 1/0-Flanke der Variablen E

Eingangsgröße vom L- zum H-Pegel hat keine Wirkung. Schaltzeichen und Impulsdiagramm hierfür sind im Bild 118, c) und d) angegeben.

Man arbeitet mit positiver Logik ($L \hat{=} 0$; $H \hat{=} 1$), so daß meistens mit den Werten statt mit den Pegeln gearbeitet wird: der T-Eingang bewirkt jedesmal einen Zustandswechsel des bistabilen Kippgliedes, wenn die Variable am T-Eingang den Wert 1 annimmt. Die Rückkehr dieser Variablen zum Wert 0 bewirkt keine Änderung des Zustandes.

Bild 119:

T-Kippglied als

Frequenzteiler

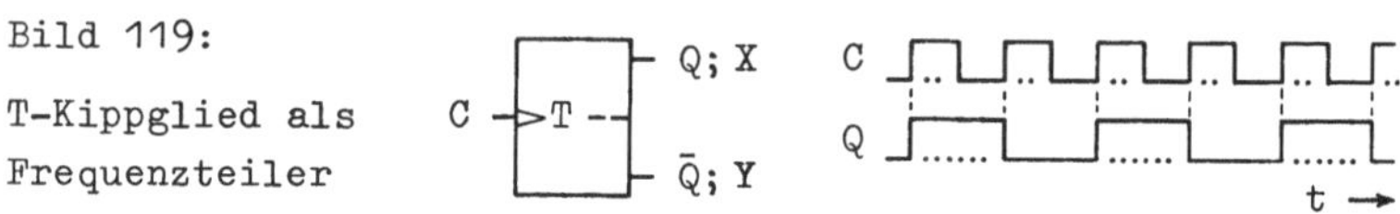

Legt man an den T-Eingang eine Variable bestimmter Frequenz, wie z.B. den Takt C, so erkennt man leicht, daß der Q-Ausgang, wie Bild 119 zeigt, die halbe Frequenz hat. Das T-Kippglied arbeitet als <u>Frequenzteiler</u>. Es gilt:

$$\text{Eingangsfrequenz : Ausgangsfrequenz} = f_T : f_Q = 2 : 1 \quad (47)$$

Das T-Kippglied heißt auch <u>Binäruntersetzer</u> oder <u>Dualteiler</u>. Die Wirkungsweise entspricht den in vielen Haushaltslampen installierten Druckknopfschaltern, bei denen jeder Druck auf den Schalterknopf das Licht abwechselnd ein- und ausschaltet.

Die Übertragungsfunktion und logische Schaltung ergibt sich aus der Funktionstabelle der Tafel 34.

Tafel 34:

Funktionstabelle

eines T-Kippgliedes

T^n	Q^{n+1}	X^{n+1}	Y^{n+1}
0	Q^n	X^n	Y^n
1	$\bar{Q}^n$	$\bar{X}^n$	$\bar{Y}^n$

<u>Übertragungsfunktion</u>: $Q^{n+1} = (\bar{T}Q \vee T\bar{Q})^n$ (48)   (48)

<u>Schaltfunktionen</u>:

nach (48): $X = \bar{T}X \vee T\bar{X} = \bar{Y}$ analog: $Y = \bar{T}Y \vee T\bar{Y} = \bar{X}$

$ = \bar{T}X \vee T\bar{X} \vee T\bar{X}$ $= \bar{T}Y \vee T\bar{Y} \vee T\bar{Y}$ (49)

$\underline{X = TY \vee \bar{Y}}$ (49) $\underline{Y = TX \vee \bar{X}}$ (50)   (50)

Die UND-Verknüpfungen $T \wedge Y$ und $T \wedge X$ in den Gl. (49) und (50) werden bei einer Zustandssteuerung durch UND-Glieder, bei einer Flankensteuerung durch einen dynamischen Vorsatz, den man als __Pseudo-UND__ bezeichnen kann, realisiert. Damit ergibt sich die im Bild 120 dargestellte logische Schaltung. Sie

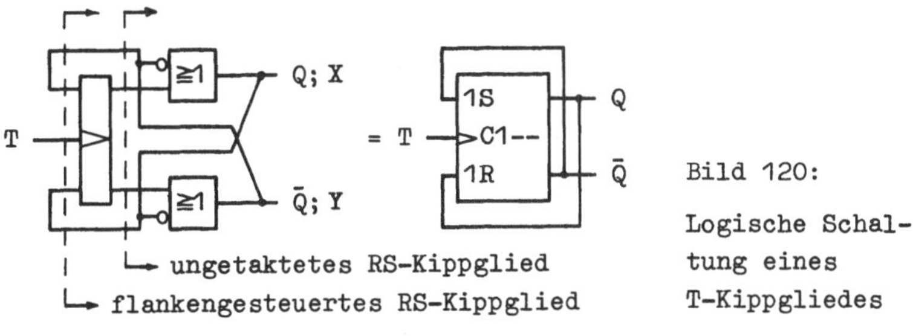

Bild 120:

Logische Schaltung eines T-Kippgliedes

besteht aus einem ungetakteten RS-Kippglied mit einem dynamischen Vorsatz mit aktiver 0/1-Flanke. Das T-Kippglied ist also ein 0/1-flankengesteuertes RS-Kippglied, dessen Setzeingang mit dem Rücksetzausgang und dessen Rücksetzeingang mit dem Setzausgang verbunden ist. Der steuernde Eingang für diese Gegenkopplungsschaltung heißt nicht C, sondern T.

Ein zustandsgesteuertes, jedoch wie ein 1/0-flankengesteuert wirkendes T-Kippglied ergibt sich, wie Bild 121 zeigt, aus einer RS-Master-Slave-Anordnung, der man nach (49) und (50) UND-Glieder vorschaltet. Die logische Schaltung hierfür ergibt sich aus den Bildern 111 und 112 auf S.134.

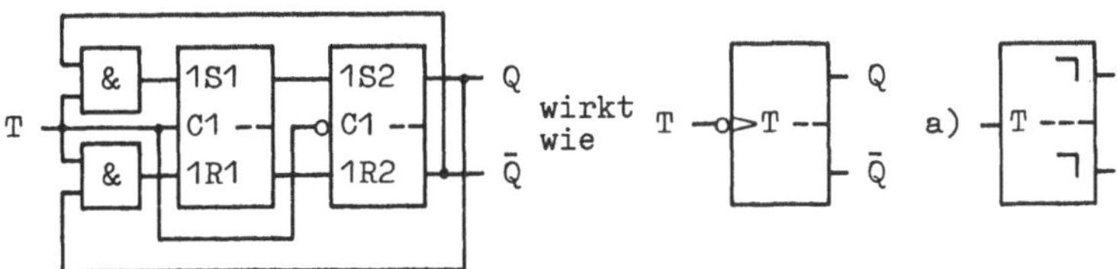

Bild 121: T-Kippglied mit Zweizustandssteuerung (Master-Slave-Anordnung); a) Schaltzeichen

Stellt man die logische Schaltung eines T-Kippgliedes nur nach (49) und (50) her, also ohne Einbau eines dynamischen Vorsatzes oder ohne Einbau von Verzögerungsgliedern, so entsteht eine Kippschaltung, die abwechselnd setzt und rücksetzt, solange die Variable am T-Eingang den Wert 1 einnimmt. Die Frequenz dieses "Taktgebers" ist abhängig von den Signallaufzeiten innerhalb der einzelnen Schaltglieder. Damit die Schaltung ordnungsgemäß arbeitet, muß die Impulsdauer kürzer sein als die innere Signallaufzeit bis zum 2. Eingang des betreffenden UND-Gliedes. Da diese jedoch infolge von Herstellungstoleranzen unterschiedlich groß ist, entsteht so eine unsichere, unzuverlässige Arbeitsweise. Deshalb kommt nur die flankengesteuerte oder zweizustandsgesteuerte (Master-Slave-Anordnung, die auf die Impulshöhe reagiert) Ausführung in Frage, bei denen die Impulsdauer am T-Eingang beliebig lang sein kann.

7.6 JK-Kippglied

a) Schaltzeichen:

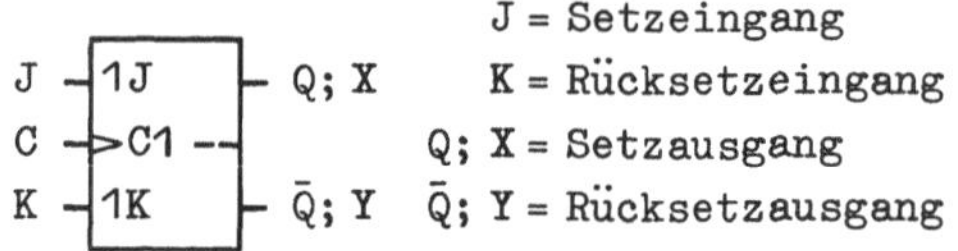

J = Setzeingang
K = Rücksetzeingang
Q; X = Setzausgang
$\bar{Q}$; Y = Rücksetzausgang

b) Impulsdiagramm:

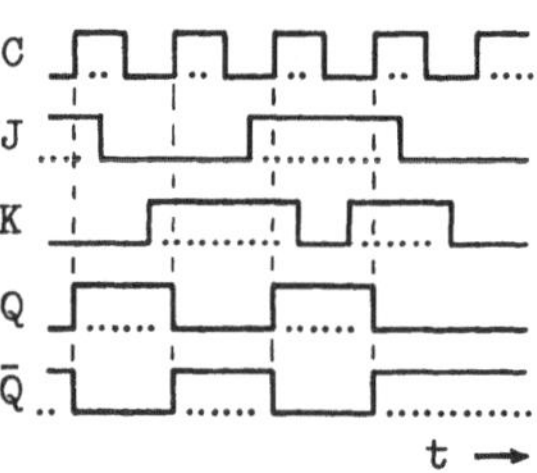

__Bedingung__: Bei $J=1$ und gleichzeitig $K=1$ nimmt das bistabile JK-Kippglied seinen komplementären Zustand an.

Bild 122: JK-Kippglied mit Einflankensteuerung; a) Schaltzeichen mit Erklärungen, b) Impulsdiagramm

Die JK-Kippschaltung (Bild 122) ist eine Folgeschaltung, bei der die elektrischen Größen an den Eingängen J und K nur aktiv sein können, wenn sie vom L- zum H-Pegel übergehen.

Die Eingangskonfiguration $(J,K) = (H,L)$ ruft die Ausgangskonfiguration $(Q,\bar{Q})=(H,L)$ hervor. Die Änderung der elektrischen Größe am J-Eingang vom H- zum L-Pegel hat keine Wirkung.

Die Eingangskonfiguration $(J,K) = (L,H)$ ruft die Ausgangskonfiguration $(Q,\bar{Q}) = (L,H)$ hervor. Die Änderung der elektrischen Größe am K-Eingang vom H- zum L-Pegel hat keine Wirkung.

Der gleichzeitige Übergang der beiden elektrischen Eingangsgrößen vom L-Pegel zum H-Pegel ergibt eine Änderung der Ausgangskonfiguration $(Q,\bar{Q})$: entweder $(H,L):=(L,H)$ oder $(L,H):=(H,L)$. Die Rückkehr einer der beiden oder beider Eingangsgrößen zum L-Pegel hat keine Wirkung.

Statt mit den Pegeln arbeitet man oft mit den Werten für positive Logik: $L \mathrel{\hat{=}} 0$ und $H \mathrel{\hat{=}} 1$.

Das JK-Kippglied vereinigt somit die Eigenschaften des RS- und des T-Kippgliedes in sich. Es ergeben sich die in der Tafel 35 dargestellte Arbeitstabelle und Funktionstabelle, aus der sich Übertragungsfunktion und logische Schaltung ableiten lassen.

Tafel 35: JK-Kippglied: a) Arbeitstabelle, b) Funktionstabelle für positive Logik

a)

J^n	K^n	Q^{n+1}	$\bar{Q}^{n+1}$
L	L	Q^n	$\bar{Q}^n$
L	H	L	H
H	L	H	L
H	H	$\bar{Q}^n$	Q^n

b)

J^n	K^n	Q^{n+1}	X^{n+1}	Y^{n+1}
0	0	Q^n	X^n	Y^n
0	1	0	0	1
1	0	1	1	0
1	1	$\bar{Q}^n$	$\bar{X}^n$	$\bar{Y}^n$

<u>Übertragungsfunktion:</u>

$$Q^{n+1} = (\bar{J}\bar{K}Q \vee J\bar{K} \vee JK\bar{Q})^n = (\bar{J}\bar{K}Q \vee J\bar{K}(Q\vee\bar{Q}) \vee JK\bar{Q})^n$$

$$\underline{Q^{n+1} = (\bar{K}Q \vee J\bar{Q})^n \ (51)} \tag{51}$$

<u>Schaltfunktionen:</u> (Beachte: $\bar{X} = Y$; $\bar{Y} = X$)

nach (51): $X = \bar{K}X \vee J\bar{X} = \bar{Y}$ analog: $Y = \bar{J}Y \vee K\bar{Y} = \bar{X}$

$\qquad\qquad\quad = \bar{K}X \vee J\bar{X} \vee J\bar{X} \qquad\qquad\qquad = \bar{J}Y \vee K\bar{Y} \vee K\bar{Y}$ (52)

$\qquad\quad \underline{X = JY \vee \bar{Y}} \ (52) \qquad\qquad\qquad \underline{Y = KX \vee \bar{X}} \ (53)$ (53)

Mit den Gl. (52) und (53) ergibt sich die im Bild 123 dargestellte logische Schaltung, in die analog zum T-Kippglied (siehe S.140/141) ein dynamischer Vorsatz einzubauen ist.

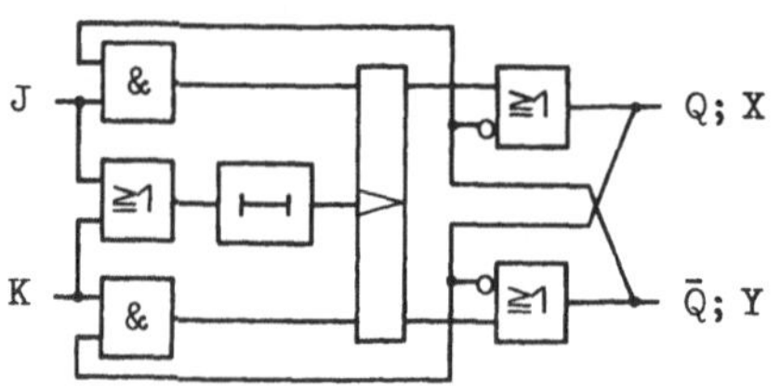

Bild 123:

Logische Schaltung eines
0/1-flankengesteuerten
JK-Kippgliedes

Die Steuerung des dynamischen Vorsatzes erfolgt durch den J-
oder den K-Eingang, wobei die steuernde 0/1-Flanke erst
wirksam werden darf, wenn die gesteuerten Eingangsgrößen $J \wedge Y$
und $K \wedge X$ bereits am dynamischen Vorsatz anliegen. Das erreicht man z.B. durch Einbau eines Verzögerungsgliedes.

Aus der Funktionstabelle der Tafel 36 ergeben sich Übertragungsfunktion und Schaltfunktionen unter Berücksichtigung
des Taktes C.

Tafel 36: Funktionstabelle des getakteten JK-Kippgliedes

J^n	K^n	C^n	Q^{n+1}	X^{n+1}	Y^{n+1}
0	0	0	Q^n	X^n	Y^n
0	0	1	Q^n	X^n	Y^n
0	1	0	Q^n	X^n	Y^n
0	1	1	0	0	1
1	0	0	Q^n	X^n	Y^n
1	0	1	1	1	0
1	1	0	Q^n	X^n	Y^n
1	1	1	$\bar{Q}^n$	$\bar{X}^n$	$\bar{Y}^n$

<u>Übertragungsfunktion:</u>

$$Q^{n+1} = (Q(\bar{J}\bar{K}\bar{C} \vee \bar{J}\bar{K}C \vee \bar{J}K\bar{C} \vee J\bar{K}\bar{C} \vee JK\bar{C}) \vee J\bar{K}C(Q \vee \bar{Q}) \vee JKC\bar{Q})^n$$

$$= (Q(\bar{K}\bar{C} \vee K\bar{C} \vee \bar{K}C) \vee \bar{Q}(J\bar{K}C \vee JKC))^n = (Q(\bar{K} \vee \bar{C}) \vee JC\bar{Q})^n$$

$$\underline{Q^{n+1} = (\overline{KC}Q \vee JC\bar{Q})^n} \quad (54) \tag{54}$$

<u>Schaltfunktionen:</u> (Rechnung analog (52) und (53))

nach (54): $\underline{X = (JY \wedge C) \vee \bar{Y}}$ (55) analog: $\underline{Y = (KX \wedge C) \vee \bar{X}}$ (56) (55) (56)

Aus Bild 123 oder auch mit den Gl. (55) und (56) ergibt sich
leicht die logische Schaltung eines 0/1-taktflankengesteuer-
ten JK-Kippgliedes. Sie ist im Bild 124, a) auf S.144 angege-

ben. Durch graphische Umformung nach Regel 8 auf S.56 erhält
man die logische Schaltung aus nur NAND- oder nur NOR-Gliedern, die in dem Bild 124, b) und c) dargestellt sind. Die

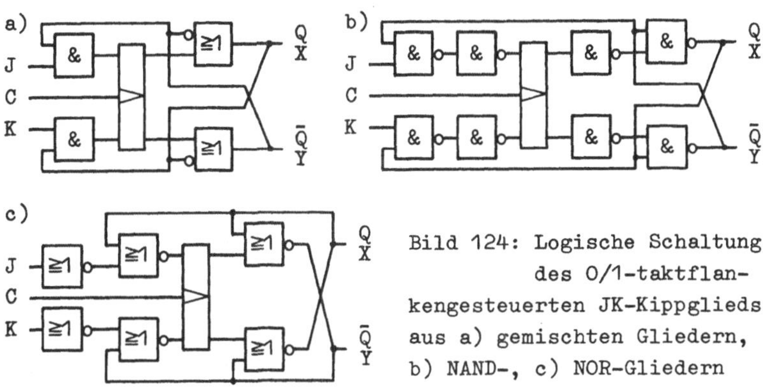

Bild 124: Logische Schaltung
des 0/1-taktflan-
kengesteuerten JK-Kippglieds
aus a) gemischten Gliedern,
b) NAND-, c) NOR-Gliedern

im Bild 124, b) als Negation arbeitenden NAND-Glieder unmittelbar am Ein- und Ausgang des dynamischen Vorsatzes sowohl
im Setz- als auch im Rücksetzfeld heben sich nicht auf, weil
sie durch den als Pseudo-UND wirkenden dynamischen Vorsatz
voneinander getrennt sind. Das zeigen auch die durch Umformung der Gl. (55) und (56) entstandenen Gl. (57) und (58).

$$(55): \underline{X} = JYC \vee \bar{Y} = \overline{\overline{JYC \vee \bar{Y}}} = \overline{\overline{JYC} \wedge Y} = \overline{\overline{JY} \wedge C \wedge Y} \; (57) \tag{57}$$

$$(56): \underline{Y} = \cdots \qquad = \overline{\overline{KX} \wedge C \wedge X} \; (58) \tag{58}$$

Ein taktzustandsgesteuertes, jedoch wie ein 1/0-taktflanken-
gesteuert wirkendes JK-Kippglied ergibt sich, wie Bild 125
zeigt, aus einer Master-Slave-Anordnung, der man nach (55)
und (56) UND-Glieder vorschaltet. Die logische Schaltung
hierfür ergibt sich aus den Schaltungen der Bilder 111 und
112 auf S.134. Die Master-Slave-Schaltung für das JK-Kippglied im Bild 125 ist die gleiche wie die für das T-Kippglied im Bild 121 auf S.140, nur daß beim T-Kippglied der J-
und der K-Eingang mit dem C-Eingang zu einem einzigen Eingang T verbunden sind.

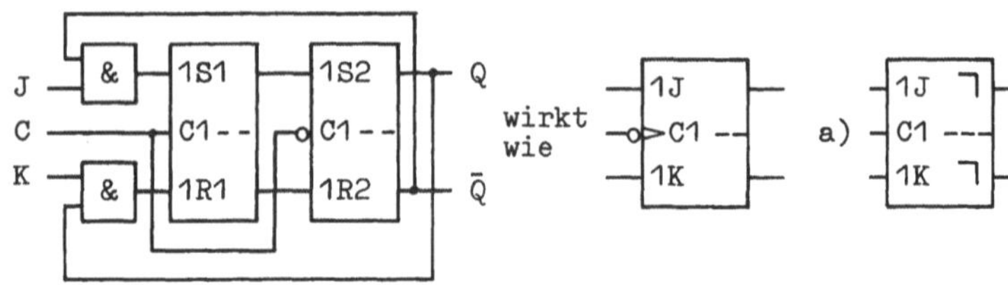

Bild 125: JK-Kippglied mit Zweizustandssteuerung (Master-
Slave-Anordnung); a) Schaltzeichen

7.7 RS-Kippglied mit dominierendem R-Eingang

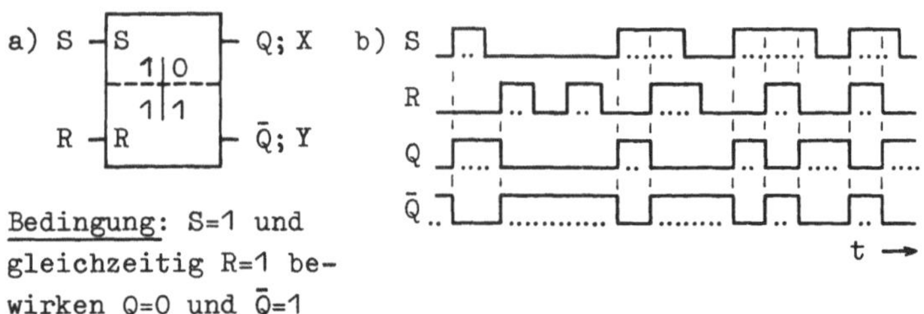

Bedingung: S=1 und
gleichzeitig R=1 be-
wirken Q=0 und $\bar{Q}$=1

Bild 126: RS-Kippglied mit dominierendem Rücksetzeingang;
a) Schaltzeichen, b) Impulsdiagramm

Bei dem RS-Kippglied mit dominierendem Rücksetzeingang, dessen Schaltzeichen und Impulsdiagramm im Bild 126 dargestellt
sind, ruft die Eingangskonfiguration $(S,R) = (1,1)$ die Ausgangskonfiguration $(Q,\bar{Q}) = (0,1)$ hervor.

Aus der Funktionstabelle der Tafel 37 ergeben sich Übertragungsfunktion und Schaltfunktionen zur Ermittlung der logischen Schaltung, die im Bild 127 auf S.146 dargestellt ist.

Tafel 37: Funktionstabelle des RS-
Kippgliedes mit dominie-
rendem R-Eingang

S^n	R^n	Q^{n+1}	X^{n+1}	Y^{n+1}
0	0	Q^n	X^n	Y^n
0	1	0	0	1
1	0	1	1	0
1	1	0	0	1

<u>Übertragungsfunktion:</u>

$$Q^{n+1} = (Q\bar{S}\bar{R} \vee S\bar{R})^n = (\bar{R}(Q\bar{S} \vee S))^n = (\bar{R}(Q \vee S)(\bar{S} \vee S))^n$$

$$\underline{Q^{n+1} = (\bar{R}Q \vee \bar{R}S)^n} \quad (59) \tag{59}$$

<u>Schaltfunktionen:</u>

nach (59): $\quad X = \bar{R}X \vee \bar{R}S = \bar{Y} \qquad$ analog: $\quad Y = \bar{S}Y \vee R = \bar{X}$

$$ = \bar{R}X \vee \bar{R}S \vee \bar{R}S \qquad\qquad\qquad = \bar{S}Y \vee R \vee R \tag{60}$$

$$\underline{X = \bar{R}S \vee \bar{Y}} \ (60) \qquad\qquad\qquad \underline{Y = R \vee \bar{X}} \ (61) \tag{61}$$

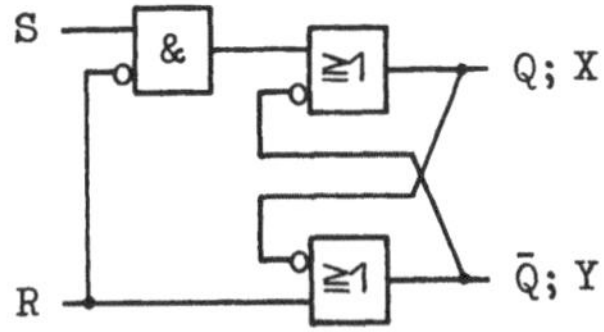

Bild 127: Logische Schaltung eines RS-Kippgliedes mit dominierendem R-Eingang

Die logische Schaltung aus NAND-Gliedern (Bild 128, a)) oder aus NOR-Gliedern (Bild 128, b)) erhält man graphisch nach Regel 8 auf S.56 oder rechnerisch aus den Gl. (60) und (61), deren Umwandlung in NAND-Form zu den Gl. (62) und (63) und in NOR-Form zu den Gl. (64) und (65) führt.

$$(60)\colon\ X = \bar{R}S \vee \bar{Y} \qquad\qquad (61)\colon\ Y = R \vee \bar{X}$$

$$\text{für \underline{NAND}:}\ X = \overline{\overline{\bar{R}S \vee \bar{Y}}} \qquad\qquad Y = \overline{\overline{R \vee \bar{X}}} \tag{62}$$

$$\underline{X = \overline{\bar{R} \wedge S \wedge Y}}\ (62) \qquad\qquad \underline{Y = \overline{\bar{R} \wedge X}}\ (63) \tag{63}$$

$$\text{für \underline{NOR}:}\ \bar{X} = \overline{\overline{\bar{R}S \vee \bar{Y}}} \qquad\qquad \bar{Y} = \overline{R \vee \bar{X}} \tag{64}$$

$$\underline{Y = \overline{R \vee \bar{S} \vee X}}\ (64) \qquad\qquad \underline{X = \overline{R \vee Y}}\ (65) \tag{65}$$

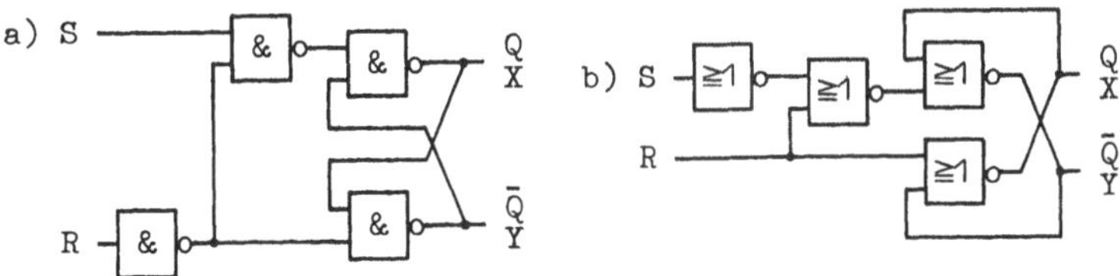

Bild 128: Logische Schaltung eines RS-Kippgliedes mit dominierendem R-Eingang aus a) NAND- b) NOR-Gliedern

7.8 RS-Kippglied mit dominierendem S-Eingang

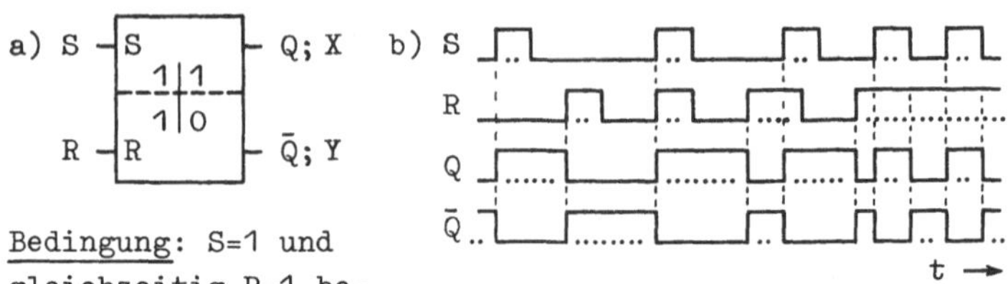

Bedingung: S=1 und
gleichzeitig R=1 be-
wirken Q=1 und Q̄=0

Bild 129: RS-Kippglied mit dominierendem Setzeingang;
a) Schaltzeichen, b) Impulsdiagramm

Bei dem RS-Kippglied mit dominierendem Setzeingang, dessen
Schaltzeichen und Impulsdiagramm im Bild 129 dargestellt
sind, ruft die Eingangskonfiguration $(S,R) = (1,1)$ die Ausgangskonfiguration $(Q,\bar{Q}) = (1,0)$ hervor.

Aus der Funktionstabelle der Tafel 38 ergeben sich Übertragungsfunktion und Schaltfunktionen zur
Ermittlung der logischen Schaltung, die im Bild 130 auf S.148
dargestellt ist.

Tafel 38: Funktions-
tabelle des
RS-Kippgliedes mit do-
minierendem S-Eingang

S^n	R^n	Q^{n+1}	X^{n+1}	Y^{n+1}
0	0	Q^n	X^n	Y^n
0	1	0	0	1
1	0	1	1	0
1	1	1	1	0

Übertragungsfunktion:

$$Q^{n+1} = (\bar{\bar{S}}\bar{R}Q \vee S\bar{R} \vee SR)^n$$
$$= (\bar{\bar{S}}\bar{R}Q \vee S)^n$$
$$= ((\bar{S} \vee S)(\bar{R}Q \vee S))^n$$
$$Q^{n+1} = (\bar{R}Q \vee S)^n \quad (66)$$

(66)

Schaltfunktionen:

nach (66): $X = \bar{R}X \vee S = \bar{Y}$ analog: $Y = \bar{S}Y \vee \bar{S}R = \bar{X}$

$\quad\quad\quad\quad\quad X = \bar{R}X \vee S \vee S$ $\quad\quad\quad\quad Y = \bar{S}Y \vee \bar{S}R \vee \bar{S}R \quad (67)$

$\quad\quad\quad\quad\quad X = S \vee \bar{Y} \quad (67)$ $\quad\quad\quad\quad Y = \bar{S}R \vee \bar{X} \quad (68)$ (68)

Durch Vergleich der Gl. (61) mit (67) oder (60) mit (68)
oder durch Vergleich der Schaltungen im Bild 127 auf S.146
und im Bild 130 auf S.148 erkennt man, daß die logischen

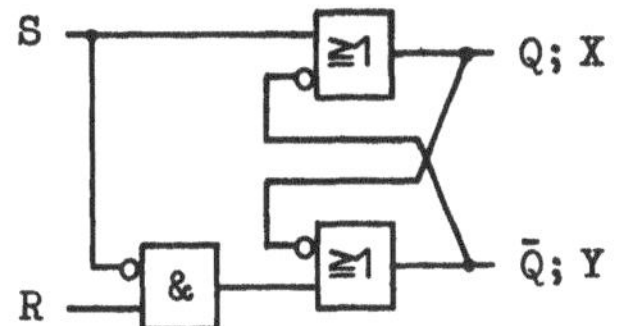

Bild 130: Logische Schaltung eines RS-Kippgliedes mit
dominierendem S-Eingang

Schaltungen für das RS-Kippglied mit dominierendem R-Eingang
oder dominierendem S-Eingang prinzipiell gleich sind: entweder läßt man sämtliche Variablen unverändert am Platz und
dreht nur die Schaltung um eine horizontale Mittelachse, so
daß der Setzfeld-Schaltungsteil in das Rücksetzfeld gelangt
und umgekehrt, oder aber man läßt die Schaltung unverändert
liegen und vertauscht die Ein- und Ausgangsvariablen des
Setzfeldes mit denen des Rücksetzfeldes, wobei nun allerdings das Setzfeld unten und das Rücksetzfeld oben liegt.

Die logische Schaltung aus NAND- oder aus NOR-Gliedern kann
daher leicht aus den Schaltungen des Bildes 128 auf S.146
ermittelt werden.

7.9 Monostabile Kippglieder

Der innere technische Aufbau eines monostabilen Kippgliedes
kann sehr unterschiedlich sein. Er wird hier nicht behandelt. Hier wird in den Bildern 131 bis 135 lediglich das
Schaltzeichen einiger Typen mit zugehörigem Impulsdiagramm
beschrieben.

Sofern kein spezielles zusätzliches Verhalten innerhalb oder
außerhalb des Schaltzeichens angegeben wird, gilt für das
monostabile Kippglied: die Variable am Ausgang nimmt den
Wert 1 an, wenn die Variable am Eingang den Wert 1 annimmt.
Die Ausgangsvariable behält den Wert 1 für eine bestimmte

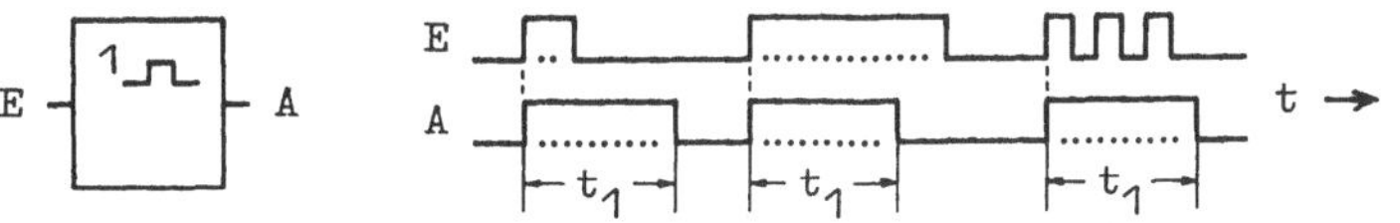

Bild 131: Monostabiles Kippglied mit der Laufzeit t_1

Zeit (Laufzeit t_1), unabhängig von der Dauer des Wertes 1
der Variablen am Eingang. Das zeigt Bild 131.

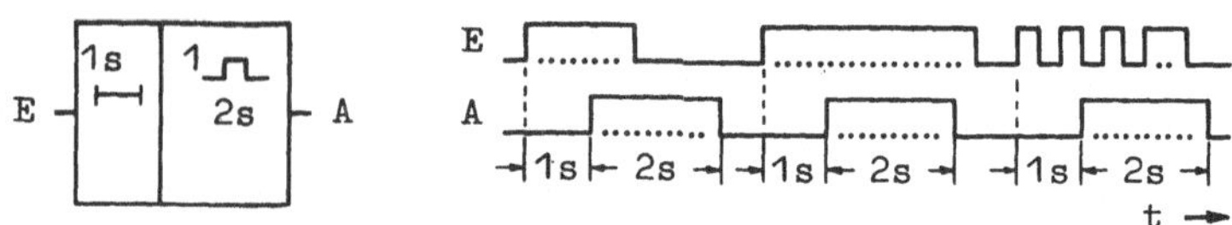

Anmerkung: Im allgemeinen Schaltzeichen des monostabilen Kippgliedes mit Verzögerung entfallen die Angaben
der Verzögerungs- und Laufzeit.

Bild 132: Monostabiles Kippglied mit Verzögerung und Angabe
der charakteristischen Werte

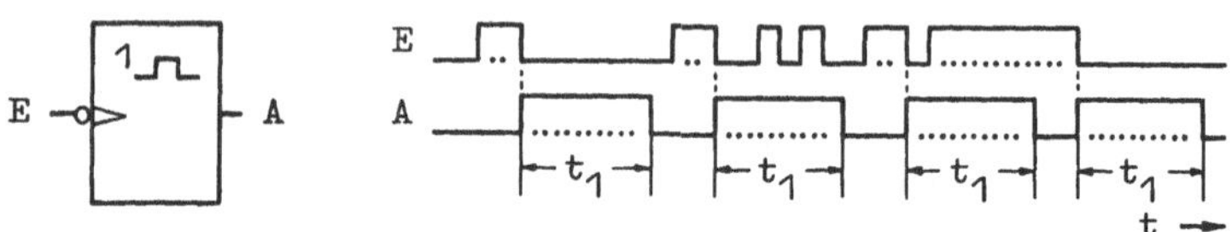

Anmerkung: Die Laufzeit des monostabilen Kippgliedes
beginnt, wenn die Variable am Eingang vom Wert 1 zum
Wert 0 übergeht (1/0-Flanke).

Bild 133: Monostabiles Kippglied mit invertiertem, dynamischem Eingang

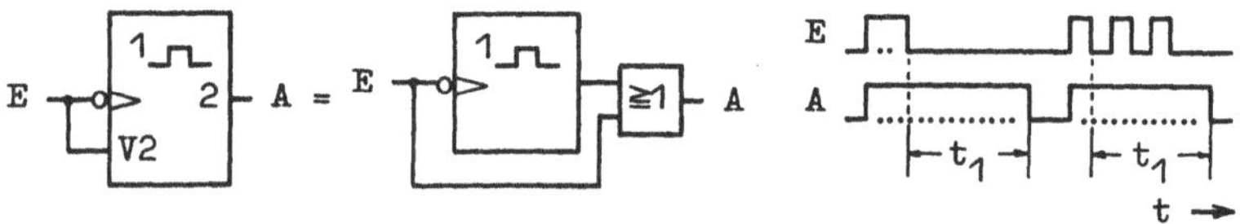

Anmerkung: Besteht zwischen einem steuernden und gesteuerten Eingang oder Ausgang eine ODER-Abhängigkeit,
erhält jeder die gleiche Kennziffer und der steuernde
Ein- oder Ausgang zusätzlich den vor der Kennziffer
stehenden Kennbuchstaben V. Der Eingang wirkt hier also durch eine ODER-Verknüpfung direkt auf den Ausgang.

Bild 134: Monostabiles Kippglied mit invertiertem, dynamischem Eingang und mit ODER-Verknüpfung

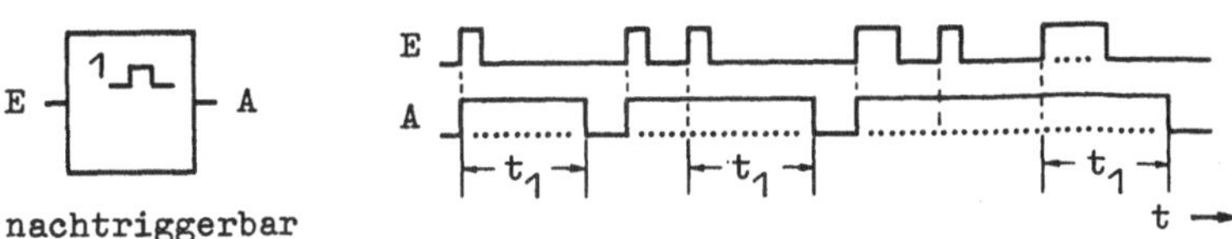

nachtriggerbar

> <u>Anmerkung</u>: Nimmt während des Ablaufens der Laufzeit die
> Variable am Eingang erneut den Wert 1 an und bewirkt
> dieser 0/1-Übergang, daß ab da die Laufzeit t_1 neu be-
> ginnt, nennt man dieses Verhalten "<u>nachtriggerbar</u>". Die
> gesamte Laufzeit kann somit beliebig verlängert werden.

Bild 135: Nachtriggerbares monostabiles Kippglied

Monostabile Kippglieder können auch wie die bistabilen Kippglieder 2 Felder (Setzfeld/Rücksetzfeld oder Arbeitsfeld/Ru-
hefeld) mit komplementären Ausgängen besitzen.

8 Taktgeber

Die Ausführung von z.B. Befehls- oder Rechenoperationen in
elektronischen Rechenmaschinen muß in einer zeitlich richtigen Reihenfolge ablaufen und zentral gesteuert werden. Diese
Steuerung übernimmt der Takt. Die hierfür notwendigen Taktimpulse (siehe Abschn. 7.1 auf S.124) werden in einem <u>Takt-
geber</u>, <u>Taktgenerator</u> oder <u>Oszillator</u> erzeugt.

Zwei logische Schaltungen für einen Taktgeber werden in den

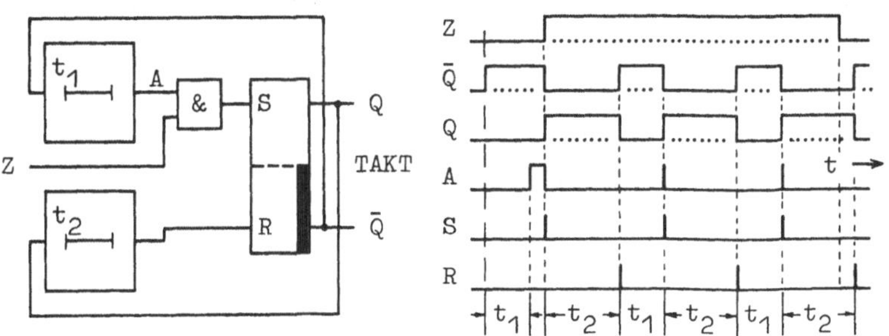

Bild 136: Taktgeber aus einem RS-Kippglied und Verzögerungs-
          gliedern; logische Schaltung und Impulsdiagramm

Bildern 136 und 137 angegeben.

Im Bild 136 besteht die Schaltung aus einem RS-Kippglied, dessen Eingänge über Verzögerungsglieder am komplementären Ausgang analog zum T-Kippglied angeschlossen sind. Die Variable Z schaltet über ein UND-Glied den Taktgeber ein und aus. Die Verzögerungszeiten t_1 und t_2 bestimmen das Tastverhältnis und die Taktfrequenz. Beim Einschalten der Stromversorgung wird das RS-Kippglied rückgesetzt: $Q=0$ und $\bar{Q}=1$.

$Q=0$ und $\bar{Q}=1$: Nach Ablauf von t_1 wird A=1. Beim Einschalten des Taktgebers (Z=1) wird S=1: das RS-Kippglied wird gesetzt: $Q=1$ und $\bar{Q}=0$.

$Q=1$ und $\bar{Q}=0$: Wegen $\bar{Q}=0$ wird A=0 und damit S=0. Nach Ablauf von t_2 wird R=1: das RS-Kippglied wird rückgesetzt: $Q=0$ und $\bar{Q}=1$.

$Q=0$ und $\bar{Q}=1$: Wegen Q=0 wird R=0. Nach Ablauf von t_1 wird A=1 und damit S=1: das RS-Kippglied wird gesetzt:

$Q=1$ und $\bar{Q}=0$: das Spiel wiederholt sich, bis der Taktgeber ausgeschaltet wird (Z=0), wobei die Taktperiode voll ausläuft. Diese Arbeitsweise ist im Impulsdiagramm des Bildes 136 anschaulich dargestellt. Die kurzzeitigen Signalzustände A=1, S=1 und R=1 sind durch einen Strich angegeben.

Im Bild 137 besteht die Schaltung aus 2 monostabilen Kippgliedern mit je 2 komplementären Ausgängen. Der Ablauf vollzieht sich ähnlich wie der oben geschilderte.

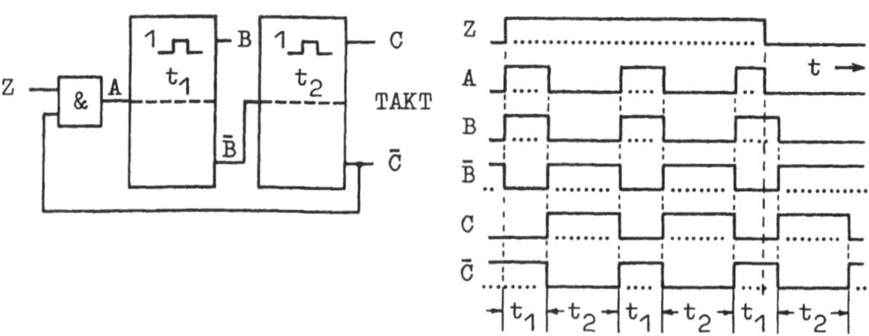

Bild 137: Taktgeber aus monostabilen Kippgliedern; logische Schaltung und Impulsdiagramm

Die Erzeugung rechteckförmiger Impulse aus z.B. sinusförmigen Spannungen erfolgt durch einen <u>Schmitt-Trigger</u> oder ein <u>Grenzsignalglied</u> (Bild 138). Die Variable am Ausgang A nimmt den Wert 1 an, wenn das Eingangssignal E einen bestimmten Schwellwert (u_1) in der angegebenen Richtung überschreitet. Die Variable am Ausgang behält den Wert 1 so lange bei, bis das Eingangssignal einen bestimmten Schwellwert (u_2) unterschreitet.

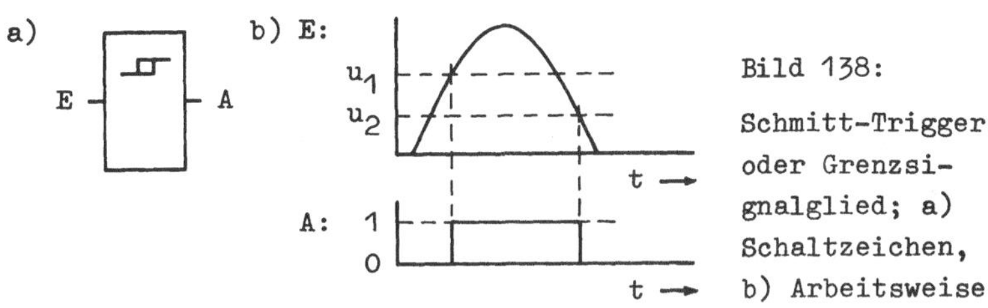

Bild 138:

Schmitt-Trigger oder Grenzsignalglied; a) Schaltzeichen, b) Arbeitsweise

9 Register und Schieberegister

9.1 Allgemeines

In der Digitaltechnik versteht man unter einem <u>Register</u> eine Anordnung von bistabilen Schaltgliedern, mit deren Hilfe eine Information aufgenommen, kurzzeitig gespeichert und wieder abgegeben werden kann. Das Register ist stets bestimmten Aufgaben zugeordnet und hat entsprechend begrenzte Funktionen zu erfüllen.

Ein <u>Schieberegister</u> ist ein Register, das mit Hilfe eines geeigneten Steuersignals Informationen zwischen aufeinanderfolgenden bistabilen Schaltgliedern übertragen kann, wobei die Folge der Daten erhalten bleibt. Die Informationen können von links nach rechts bzw. von oben nach unten ($\hat{=}$ <u>vorwärts</u>) oder von rechts nach links bzw. von unten nach oben ($\hat{=}$ <u>rückwärts</u>) um m Stellen verschoben werden. In Schaltzeichen wird der Schiebeeingang, an dem die den Schiebevorgang steuernde Variable angeschlossen ist, wie im Bild 139 dargestellt.

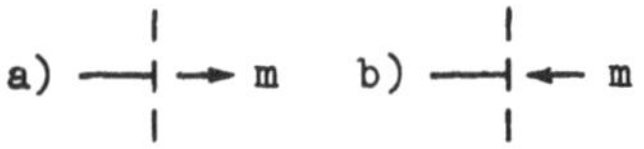

Bild 139: Darstellung von Schiebeeingängen:
a) vorwärts, b) rückwärts um m Stellen verschiebend

a) $\longrightarrow\!\!|\longrightarrow m$ b) $\longrightarrow\!\!|\longleftarrow m$

Wenn m=1 ist, kann die "1" entfallen

Wie bereits im Abschn. 7.1 auf S.126 und 127 gezeigt wurde, muß ein Schieberegister aus dynamischen Kippgliedern oder aus Master-Slave-Anordnungen bestehen.

Gebräuchliche Register bzw. Schieberegister sind z.B.:

Akkumulator-Register: Zwischen- und Ergebnisspeicher der Rechenoperationen;

Befehls-   " : zur Speicherung des gerade auszuführenden Befehls;

Index-   " : zum Modifizieren von Adressen, zum Durchführen von Zähloperationen an Adressen;

Puffer-   " : Zwischenspeicher für die Bereitstellung von Daten, z.B. der Rechenoperanden;

Übertrags- " : zur Speicherung des Übertrages beim Addieren.

9.2 Schieberegister

Bei den Schieberegistern können sowohl parallel dargestellte digitale Daten (Paralleldarstellung) im Takt gleichzeitig als auch sequentiell (aufeinanderfolgend, seriell) dargestellte digitale Daten (Seriendarstellung) im Takt nacheinander eingespeichert oder abgerufen werden. Ein Schieberegister, das eine Parallel- in eine Seriendarstellung überführt, heißt Parallel-Serien-Umsetzer. Ein Schieberegister, das eine Serien- in eine Paralleldarstellung überführt, heißt Serien-Parallel-Umsetzer.

Ein 3stufiges Vorwärts-Schieberegister aus D-Kippgliedern ist im Bild 140, a) auf S.154 dargestellt. Die Variable W

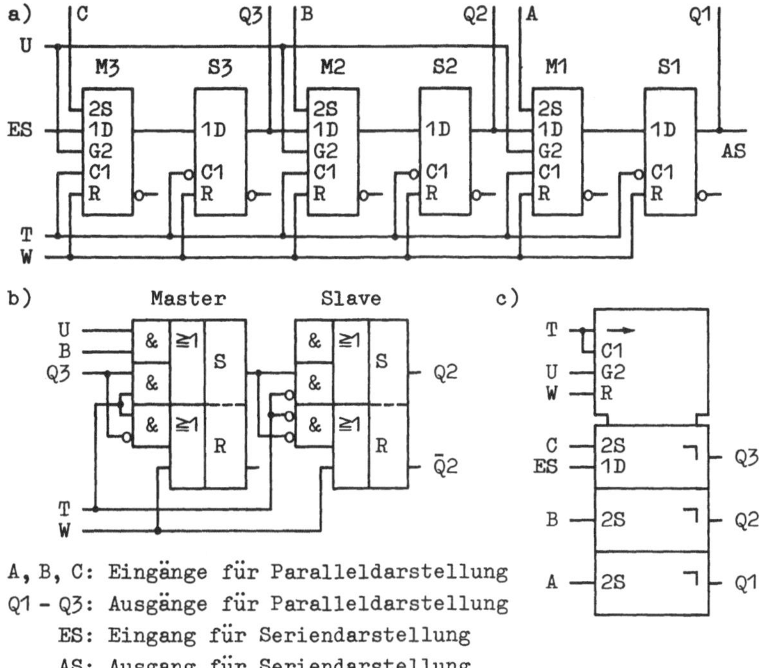

A, B, C: Eingänge für Paralleldarstellung
Q1 - Q3: Ausgänge für Paralleldarstellung
    ES: Eingang für Seriendarstellung
    AS: Ausgang für Seriendarstellung

Bild 140: **3stufiges Vorwärts-Schieberegister aus D-Kippgliedern mit Zweizustandssteuerung (Master-Slave-Anordnungen); a) Schaltung, b) ausführliche Schaltung der mittleren Stufe, c) Schaltzeichen**

bewirkt über den R-Eingang bei W=1 das Rücksetzen aller 6
Kippglieder. Die parallel einzugebenden Variablen A, B und C
sind durch eine UND-Abhängigkeit von der Variablen U auf die
zugehörigen S-Eingänge wirksam. Bei U=1 erfolgt also die
gleichzeitige Eingabe, das Laden, der Informationen in die
zugehörigen Ausgänge Q1 bis Q3. Die Variable T, der Schiebetakt, bewirkt den Schiebevorgang von links nach rechts. Die
neue Information erscheint erst dann an den Ausgängen Q1 bis
Q3, wenn die Variable T wieder den Wert O annimmt. Die Par-
allelausgabe erfolgt an den Ausgängen Q1 bis Q3. Die Serien-

Tafel 39: Informationstrans-
port im Vorwärts-
Schieberegister des Bildes
140. Der Eingang ES hat hier
den festen Wert 0. Die Angaben gelten für die entsprechenden Setzausgänge.

Man sieht deutlich:

bei $T = 0$: $M_i \,\hat{=}\, S_i$

bei $T = 1$: $M_i \,\hat{=}\, S_{i+1}$

$W = R$											
$U = G2$											
$T = C1$											
M3	?	0	0	C	C	0	0	0	0	0	0
S3	?	0	0	C	C	C	0	0	0	0	
M2	?	0	0	B	B	C	C	0	0	0	0
S2	?	0	0	B	B	B	C	C	0	0	
M1	?	0	0	A	A	B	B	C	C	0	0
S1	?	0	0	A	A	A	B	B	C	C	0

eingabe erfolgt am Eingang ES und die Serienausgabe am Ausgang Q1 als AS. Beides geschieht im Takt der Variablen T,
was hier nicht angegeben ist.

In der Tafel 39 ist der Schiebevorgang der Schaltung des
Bildes 140 graphisch dargestellt. Zum besseren Erkennen des
Schiebevorganges hat hier der Eingang ES den festen Wert 0,
so daß nach dem Verschieben der Information C das betreffende Kippglied rückgesetzt wird.

Bild 140, b) zeigt die ausführliche Schaltung der mittleren
Stufe des Schieberegisters, die sich ohne Anwendung der Abhängigkeitsnotation ergibt. Zum Verständnis der Abhängigkeitsnotation, die ein Mittel ist, die Funktion komplexer
Binärschaltungen mit vereinfachten Schaltzeichen darzustellen, wird auf Abschn. 7.1 auf S.124 und auf die Anmerkungen
in den Bildern 116 auf S.137 und 134 auf S.149 verwiesen.

Bild 140, c) zeigt das Schaltzeichen des 3stufigen Schieberegisters. Der oberste Teil mit der Einengung ist das Schaltzeichen für einen Steuerblock. Der Eingang T bewirkt eine
Verschiebung der Information von oben nach unten, wobei die
neue Information erst dann an den Ausgängen Q3 bis Q1 erscheint, wenn T wieder den Wert 0 angenommen hat (siehe C1).

Verbindet man im Bild 140, a) auf S.154 den Ausgang Q1 mit
dem Serieneingang ES, so entsteht ein Ringspeicher oder auch

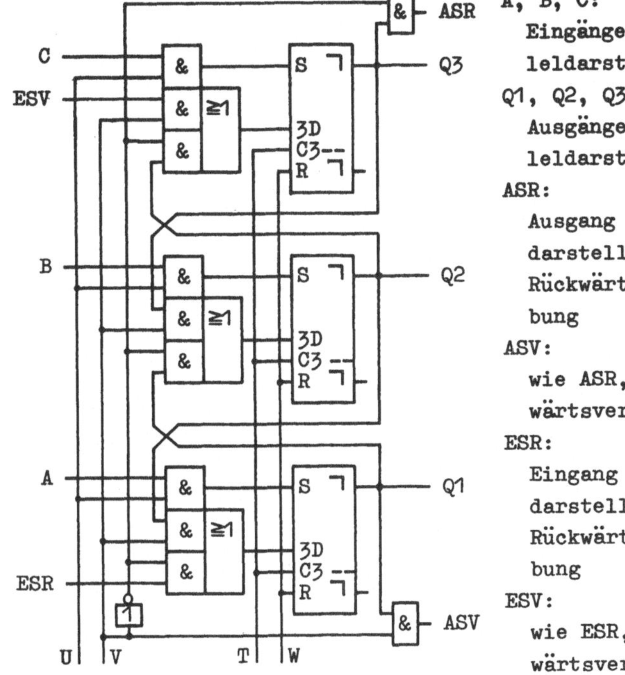

Bild 141: 3stufiges Vorwärts-Rückwärts-Schieberegister aus
D-Kippgliedern mit Zweizustandssteuerung (Master-
Slave-Anordnungen)

<u>Ring- oder Umlaufregister</u>. Es wird vorwiegend benutzt für
die zyklische Wiederholung der gespeicherten Information und
als <u>Ringzähler</u>, bei dem z.B. alle Stufen bis auf die erste
rückgesetzt sind. Mit dem Takt läuft dieser einzige Setzzu-
stand Q=1 von Stufe zu Stufe und springt von der letzten in
die 1. Stufe zurück usw..

Bild 141 zeigt ein 3stufiges Vorwärts-Rückwärts-Schieberegister aus D-Kippgliedern mit Zweizustandssteuerung, bei dem
die Variable V die Vorwärts- und deren Komplement $\bar{V}$ die
Rückwärtsverschiebung bewirkt, die allerdings in beiden Fäl-

len durch den Schiebetakt T ausgelöst wird. Im Beispiel 67 soll die mittlere Schiebestufe vereinfacht angegeben werden.

<u>Beispiel 67</u>: Für die mittlere Stufe des Schieberegisters des Bildes 141 ist unter Verwendung der <u>Abhängigkeitsnotation</u> das vereinfachte Schaltzeichen anzugeben.

Der Schaltung des Bildes 141 entnimmt man:

1. Die Variable B ist durch eine UND-Abhängigkeit von der Variablen U auf den S-Eingang wirksam.

2. Die Variable V bewirkt die Informationsverschiebung:
bei V=1 durch die Variable T nach unten bzw. vorwärts,
bei V=0 durch die Variable T nach oben bzw. rückwärts.

3. Die Variable Q3 ist durch eine UND-Abhängigkeit von der Variablen V auf den D-Eingang wirksam.

4. Die Variable Q1 ist durch eine UND-Abhängigkeit von der Variablen $\bar{V}$ auf den D-Eingang wirksam.

5. Beide (3. und 4.) wirken als ODER-Verknüpfung auf den D-Eingang.

6. Bei einem Schiebevorgang, der durch die Variable T am Eingang C3 ausgelöst wird, erscheint die neue Information infolge der Zweizustandssteuerung erst dann an den Ausgängen, wenn die Variable T vom Wert 1 zum Wert 0 übergeht.

7. Die Variable W bewirkt über den R-Eingang das Rücksetzen aller 3 Stufen des Schieberegisters.

Damit ergibt sich für die mittlere Stufe das im Bild 142 angegebene vereinfachte Schaltzeichen.

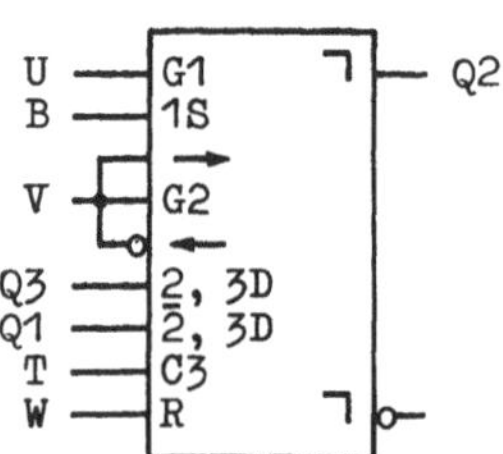

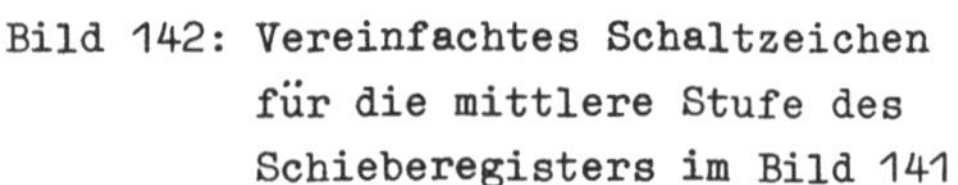
Bild 142: Vereinfachtes Schaltzeichen
für die mittlere Stufe des
Schieberegisters im Bild 141

Für den Fall, daß die Variablen an den Schiebeeingängen auch
die Verschiebung selbst durchführen sollen, ist im Bild 143
die 2. Stufe eines solchen Schieberegisters a) in ausführlicher, b) in vereinfachter Schaltung angegeben. Für ein 4stu-
figes Schieberegister ergibt sich das im Bild 143, c) angegebene Schaltzeichen. Der Eingang U steuert die Parallelein-
gabe der Variablen A, B, C und D, die bei U=1 sofort an den
Ausgängen Q1 bis Q4 erscheinen. Der Eingang V bewirkt eine
Verschiebung der Information vorwärts, Eingang T rückwärts.
Bei einem Schiebevorgang erscheint die neue Information erst
dann an den Ausgängen Q1 bis Q4, wenn die Variable V oder T
wieder den Wert 0 annimmt.

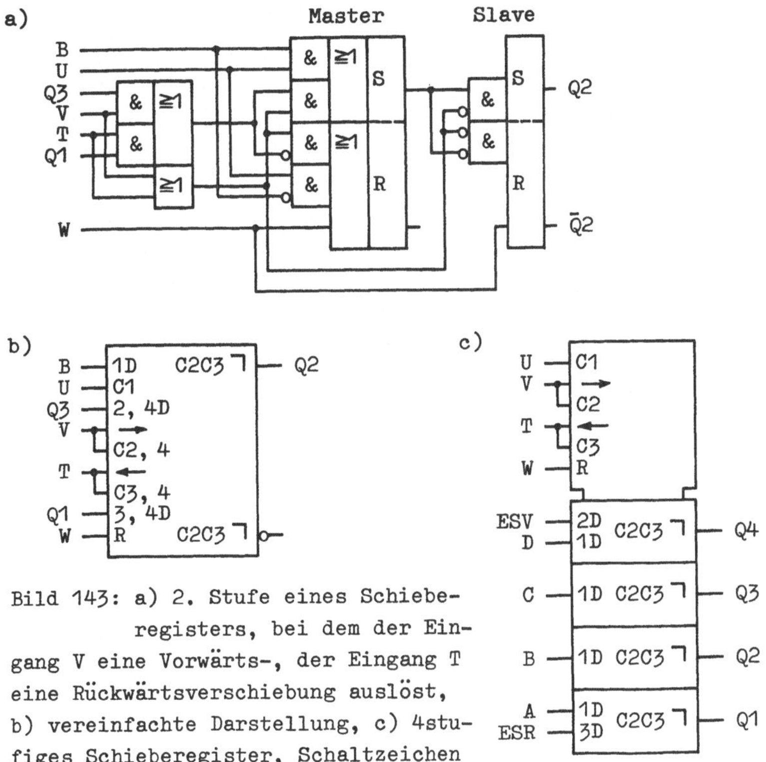

Bild 143: a) 2. Stufe eines Schiebe-
           registers, bei dem der Ein-
gang V eine Vorwärts-, der Eingang T
eine Rückwärtsverschiebung auslöst,
b) vereinfachte Darstellung, c) 4stu-
figes Schieberegister, Schaltzeichen

10 Duale Rechenglieder und Rechenschaltungen

10.1 Allgemeines

Arbeitet man bei negativen Zahlen an Stelle ihres Minus-Zeichens mit ihrer Komplementdarstellung, so kann man, wie bereits im Abschn. 1.5 auf S.19 erwähnt wurde, alle 4 Grundrechnungsarten auf eine Addition zurückführen:

Subtraktion   := Addition· der Komplementdarstellungen,
Multiplikation := fortgesetzte Addition gleicher Summanden,
Division   := fortgesetzte Addition gleicher Komplement-
                   darstellungen.

Es werden stets nur 2 Summanden gleichzeitig addiert. Bei mehr als 2 Summanden wird die jeweils zuvor errechnete Summe mit dem nächsten Summanden addiert.

Die Summanden werden nacheinander im Pufferregister bereitgestellt. Es wird jedesmal der Inhalt des Pufferregisters mit dem Inhalt des Akkumulatorregisters addiert und die Summe ins Akkumulatorregister gebracht. Vor Beginn der 1. Addition muß also das Akkumulatorregister rückgesetzt sein, d.h. sein Inhalt muß "Null" sein. Für die Summation von n Summanden sind folglich n Additionen durchzuführen. Für die Addition von z.B. 4 Summanden $A+B+C+D = S$ sind also 4 Additionen erforderlich, die im Bild 144 schematisch dargestellt sind.

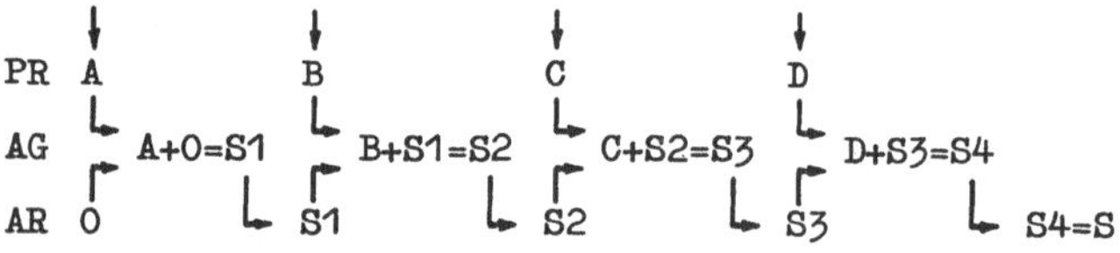

```
     ↓           ↓            ↓            ↓
PR   A           B            C            D
     L           L            L            L
AG     ↳ A+0=S1    ↳ B+S1=S2    ↳ C+S2=S3    ↳ D+S3=S4
     ┌           ┌            ┌            ┌
AR   0         L  S1        L  S2        L  S3        L  S4=S
```

AG: Addierglied, AR: Akkumulator-, PR: Pufferregister

Bild 144: Schematischer Ablauf der Summation von $A+B+C+D=S$
im Rechenwerk

Die Addition kann für alle Stellen der Summanden gleichzeitig (Paralleladdition) oder Stelle für Stelle wie beim schriftlichen Addieren (Serienaddition) erfolgen.

Die Addition erfolgt in einem **Addierglied**. Es besitzt 3 Eingänge, zwei für die beiden Ziffern der Stelle n und einen für den Übertrag der Stelle (n-1), und 2 Ausgänge, einen für die Summe der Stelle n und einen für den Übertrag der Stelle n. Ein Addierglied wird auch **Volladdierer** genannt im Gegensatz zum **Halbaddierglied** oder **Halbaddierer**, der nur 2 Eingänge und 2 Ausgänge besitzt und sich nur für die Addition von Einer-Stellen eignet. Obwohl die DIN 40300 nur das Addierglied enthält, soll auf den nicht genormten Halbaddierer nicht verzichtet werden, weil seine Nützlichkeit darin besteht, daß einerseits er eine einfache logische Schaltung ergibt, andererseits der Volladdierer auf Halbaddierer zurückgeführt werden kann, wodurch man leicht zu seiner logischen Schaltung in eleganter Form kommt.

Während bei einer n-stelligen Paralleladdition 1 Halbaddierglied und (n-1) Addierglieder erforderlich sind, benötigt man bei der Serienaddition nur **ein** Addierglied.

Die Paralleladdition ist natürlich bedeutend schneller als die Serienaddition, dafür aber wesentlich aufwendiger.

10.2 Halbaddierglied oder Halbaddierer

Das Halbaddierglied oder der Halbaddierer, dessen Schaltzeichen im Bild 145 und dessen Funktionstabelle in der Tafel 40 angegeben sind, hat

    2 Eingänge: A und B für die Summanden und
    2 Ausgänge: S für die Summe und Ü für den Übertrag.

Tafel 40: Funktionstabelle für einen Halbaddierer

A	B	S	Ü
0	0	0	0
0	1	1	0
1	0	1	0
1	1	0	1

$S \triangleq$ Antivalenz

$Ü \triangleq$ Konjunktion

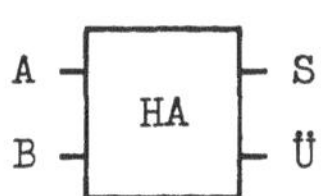

Bild 145: Schaltzeichen für einen Halbaddierer

Wegen der Gültigkeit des Kommutativgesetzes können die für A und B getroffenen Zuordnungen miteinander vertauscht werden.

Aus der Funktionstabelle der Tafel 40 ergibt sich:

$$S = \bar{A}B \vee A\bar{B} \quad (69) \qquad \ddot{U} = AB \quad (70)$$

$$S = (A \vee B) \wedge \overline{AB} \quad (71) \quad \text{(siehe Bild 84, b) S.113)}$$

(69)

(70)

(71)

Die <u>schaltalgebraische Schaltung</u> eines Halbaddierers ergibt sich aus Gl. (69) und (70) und ist im Bild 146 dargestellt. Der Arbeitskontakt a kann sowohl für S als auch für Ü benutzt werden, weil hintenherum über den Wechsler $b_1 - \bar{b}_1$ kein Fehlsignal kommen kann. Es werden also 2 Wechsler und <u>ein</u> Schließer benötigt.

Die einfachste <u>logische Schaltung</u> ergibt sich aus Gl. (71) und (70) und ist im Bild 147 dargestellt. Das Negationszeichen des NAND-Gliedes wird zum Eingang des UND-Gliedes verschoben, so daß das entstandene UND-Glied auch für den Ü-Ausgang benutzt werden kann.

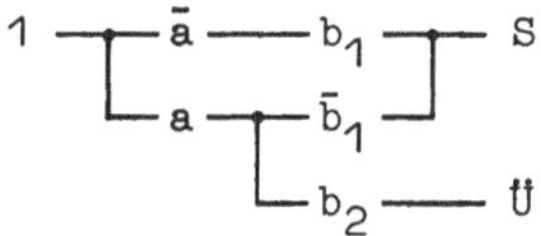

Bild 146: Schaltalgebraische
Schaltung eines
Halbaddierers

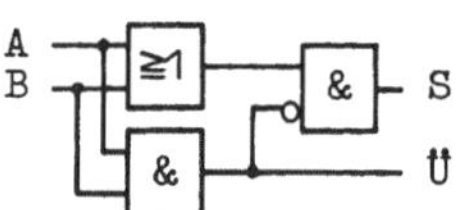

Bild 147: Logische Schal-
tung eines
Halbaddierers

Ein Halbaddierer aus NAND-Gliedern (Bild 148, a)) ergibt sich am einfachsten aus der Schaltung a) des Bildes 85 auf S.113 und aus NOR-Gliedern (Bild 148, b)) durch Anwendung der Regel 8 auf die Schaltung des Bildes 147.

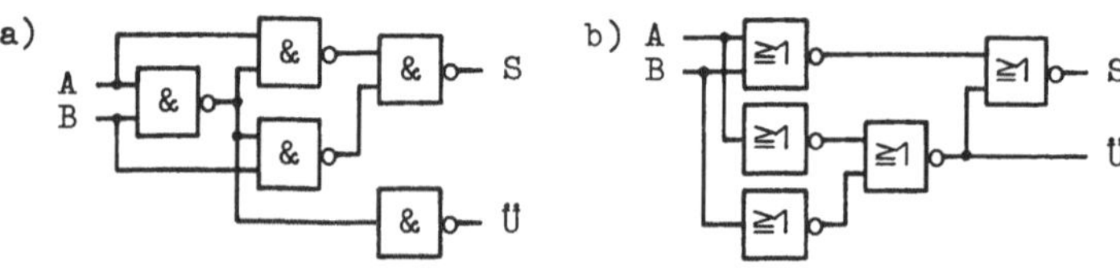

Bild 148: Logische Schaltung eines Halbaddierers aus
a) NAND- , b) NOR-Gliedern

10.3 Addierglied oder Volladdierer

Ein Addierglied, das auch <u>Volladdierer</u> oder <u>Adder</u> genannt
wird und dessen Schaltzeichen im Bild 149 und dessen Funktionstabelle in der Tafel 41 dargestellt sind, hat

    3 Eingänge: A, B für die Summanden der Stelle n,
                C für den Übertrag aus der Stelle (n-1)

und 2 Ausgänge: S für die Summe der Stelle n,
                   Ü für den Übertrag der Stelle n.

Bild 149: Schaltzeichen für einen Volladdierer

Tafel 41: Funktionstabelle für einen Volladdierer

A	B	C	S	Ü
0	0	0	0	0
0	0	1	1	0
0	1	0	1	0
0	1	1	0	1
1	0	0	1	0
1	0	1	0	1
1	1	0	0	1
1	1	1	1	1

Da Summanden vertauschbar sind
(Kommutativgesetz), können die
für A, B und C getroffenen Zuordnungen beliebig vertauscht werden.

Aus der Funktionstabelle der Tafel 41 ergibt sich:

$$S = \bar{A}\bar{B}C \vee \bar{A}B\bar{C} \vee A\bar{B}\bar{C} \vee ABC \qquad Ü = \bar{A}BC \vee A\bar{B}C \vee AB\bar{C} \vee ABC$$

umgeformt:

$$\underline{S = C(\bar{A}\bar{B} \vee AB) \vee \bar{C}(\bar{A}B \vee A\bar{B})} \quad (72) \tag{72}$$
$$\text{(Äquivalenz)} \quad \text{(Antivalenz)}$$

$$\tag{73}$$

$$\underline{Ü = C(\bar{A}B \vee A\bar{B}) \vee AB} \ (73) \quad \text{oder:} \quad \underline{Ü = C(A \vee B) \vee AB} \ (74) \tag{74}$$
$$\text{(Antivalenz)}$$

Die gewählten Umformungen führen, wie die folgenden Hinweise
zeigen, zu einer einfachen schaltalgebraischen Schaltung:

1. Die A-Schalter liegen auf der Eingangsseite, die B-Schalter in der Mitte, die C-Schalter auf der Ausgangsseite.

2. Die Antivalenz in den Gl. (72) und (73) kann sowohl für S
   als auch für Ü benutzt werden, weil die jeweiligen Reihenschalter c und c̄ einen Wechsler bilden, und so hintenherum kein Fehlsignal kommen kann.

3. Der Wechsler A kann sowohl für die Äquivalenz als auch für die Antivalenz benutzt werden.

4. Die Konjunktion AB für Ü darf wegen der parallelen Zweige von S und Ü nicht durch AB der Äquivalenz ersetzt werden. Das gilt auch für A allein.

Damit entsteht aus den Gl. (72) und (73) unter Verwendung von Indizes:

$$S = c_1(\bar{a}_1\bar{b}_1 \vee a_1 b_1) \vee \bar{c}_2(\bar{a}_1 b_2 \vee a_1 \bar{b}_2) \quad (75) \tag{75}$$

$$Ü = c_2(\bar{a}_1 b_2 \vee a_1 \bar{b}_2) \vee a_2 b_3 \quad (76) \tag{76}$$

Aus den Gl. (75) und (76) erhält man die im Bild 150 dargestellte <u>schaltalgebraische Schaltung</u> eines Volladdierers, die aus 4 Wechslern und 3 Schließern besteht.

Die <u>logische Schaltung</u> eines Volladdierers läßt sich recht anschaulich aus der Funktionstabelle in der Tafel 41 auf S.162 ableiten, indem man sie in 2 Teil-Funktionstabellen für jeweils 2 Summanden, also in <u>2 Halbaddierer-Funktionstabellen</u>, zerlegt, wie es zum Beispiel in der Tafel 42 angegeben ist.

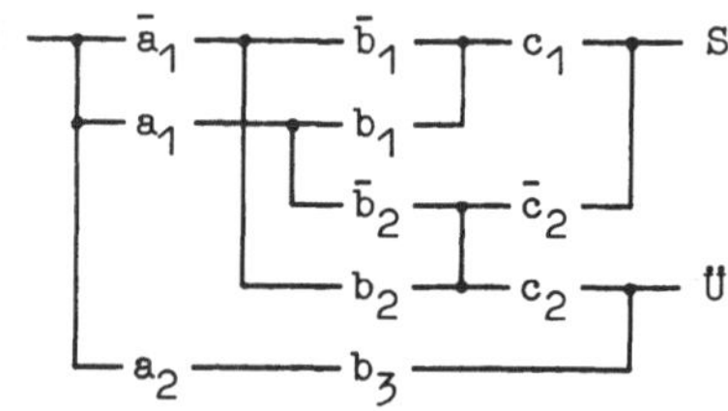

Bild 150: Schaltalgebraische Schaltung eines Voll-addierers

angegeben ist. Der Vergleich von $Ü_1$ und $Ü_2$ mit Ü in der Tafel 41 auf S.162 zeigt, daß Ü eine <u>ODER-Verknüpfung</u> von $Ü_1$ und $Ü_2$ darstellt. Damit erhält man die im Bild 151 auf S.164

Tafel 42: Zerlegung der Volladdierer-Funktionstabelle in der Tafel 41 auf S.162 in Teilfunktionstabellen

B	C	S_1	$Ü_1$
0	0	0	0
0	1	1	0
1	0	1	0
1	1	0	1
0	0	0	0
0	1	1	0
1	0	1	0
1	1	0	1

A	S_1	S	$Ü_2$
0	0	0	0
0	1	1	0
0	1	1	0
0	0	0	0
1	0	1	0
1	1	0	1
1	1	0	1
1	0	1	0

$Ü_1$	$Ü_2$	Ü
0	0	0
0	0	0
0	0	0
1	0	1
0	0	0
0	1	1
0	1	1
1	0	1

Halbaddierer   Halbaddierer   Disjunktion

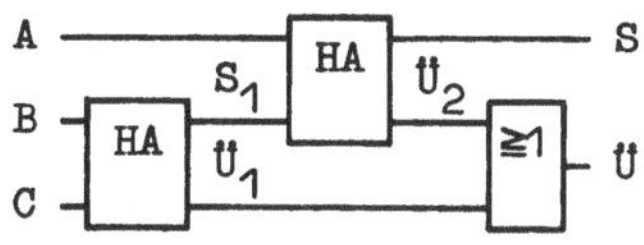

Bild 151: Volladdiererschaltung
aus Halbaddierern

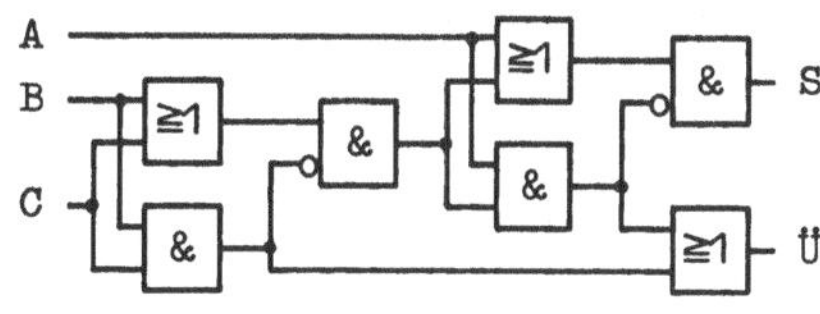

Bild 152: Logische Schaltung eines Volladdierers

angegebene Schaltung eines Volladdierers, die aus **2** Halbaddierern und 1 ODER-Glied besteht.

Ersetzt man die Halbaddierer durch ihre logische Schaltung im Bild 147 auf S.161, so erhält man die im Bild 152 dargestellte <u>logische Schaltung</u> eines Volladdierers.

Ein Volladdierer aus NAND- oder NOR-Gliedern ergibt sich aus den Schaltungen der Bilder 151 und 148 auf S.161. Für den Übertrag Ü erhält man aus der Tafel 42:

$$\text{für NAND: } Ü = BC \vee AS_1 = \overline{\overline{BC \vee AS_1}} = \overline{\overline{BC} \wedge \overline{AS_1}} \quad (77) \tag{77}$$

$$\text{für NOR : } Ü = BC \vee AS_1 = \overline{\overline{\overline{BC}} \vee \overline{\overline{AS_1}}} = \overline{\overline{B \vee \overline{C}} \vee \overline{A \vee S_1}} \quad (78) \tag{78}$$

Während die Schaltung aus NAND-Gliedern, die im Bild 153 angegeben ist, wegen Gl. (77) aus nur 9 NAND-Gliedern besteht,

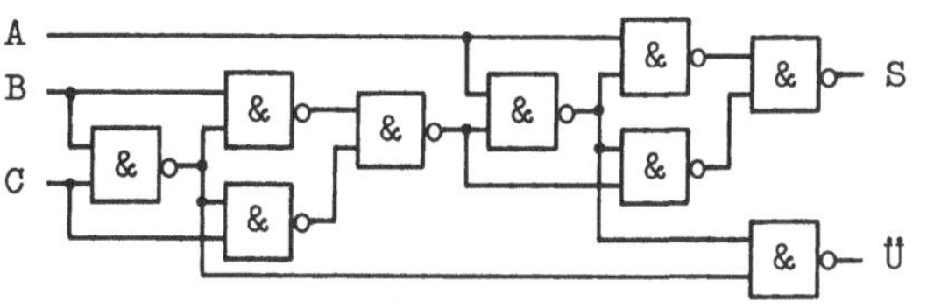

Bild 153: Logische Schaltung eines Volladdierers aus NAND-Gliedern

sind bei der Schaltung aus NOR-Gliedern wegen Gl.(78) insgesamt 12 NOR-Glieder (2·5+2) erforderlich.

10.4 <u>Paralleladdition</u>

Für eine Paralleladdition für n Stellen sind erforderlich:

<u>1 Halbaddierer</u> für die 1. Stelle (ohne Übertrag),

<u>(n-1) Volladdierer</u> für die 2. bis n-te Stelle (mit Übertrag aus der Stelle zuvor).

Die Schaltung kann sowohl aus Volladdierern als auch aus Halbaddierern aufgebaut werden. Hierzu Beispiel 68.

<u>Beispiel 68</u>: Die Schaltung für eine Paralleladdition für 2 vierstellige Dualzahlen A und B (z.B. A = 1100 und B = 1101) ist zu zeichnen a) aus Volladdierern, b) aus Halbaddierern.

Es ist A+B = S mit S als fünfstelliger Summe:

$$
\begin{array}{llllll}
A = & 1100 & \hat{=} & a_4 & a_3 & a_2 & a_1 \\
B = & 1101 & \hat{=} & b_4 & b_3 & b_2 & b_1 \\
Ü = & 1100 & \hat{=} & ü_4 & ü_3 & ü_2 & ü_1 \\
\hline
S = & 11001 & \hat{=} & s_5 & s_4 & s_3 & s_2 & s_1
\end{array}
$$

a) Hierfür ergibt sich die im Bild 154 angegebene Schaltung, die ganz zyklisch aufgebaut ist und deshalb für beliebig

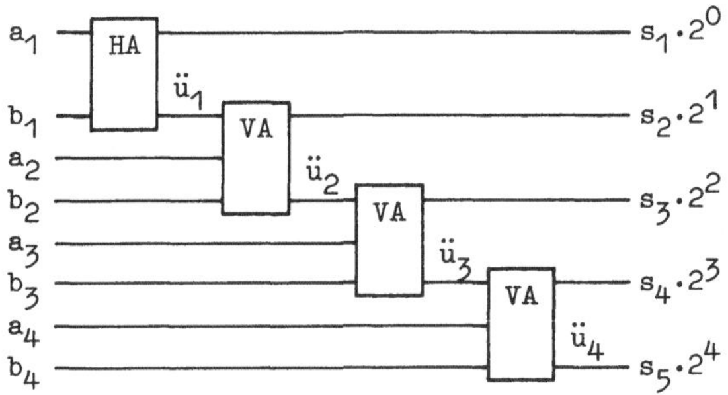

Bild 154: Volladdiererschaltung für die Paralleladdition von 2 vierstelligen Dualzahlen

viele Stellen erweitert werden kann. Der Übertrag des letzten Volladdierers ist gleichzeitig die höchste Stelle der Summe. Es wird empfohlen, übungshalber die obigen Zahlenwerte der Summanden A und B in die Schaltung einzutragen, den Rechenablauf schrittweise durchzuführen und das erhaltene Ergebnis mit der obigen Summe S zu kontrollieren.

b) Ersetzt man die Volladdierer nach Bild 151 auf S.164 durch Halbaddierer und ODER-Glieder, so erhält man die Schaltung des Bildes 155 auf S.166.

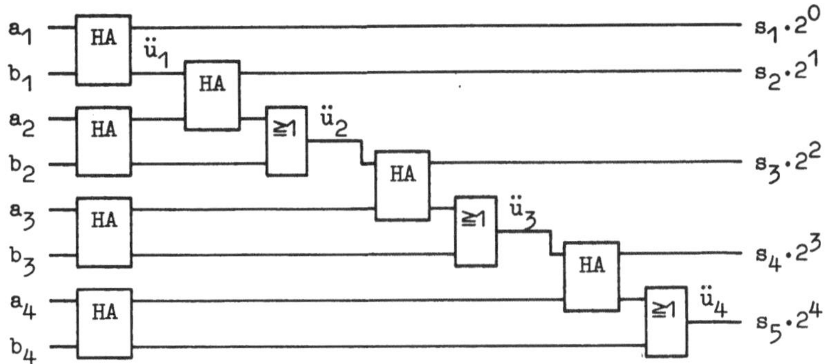

Bild 155: Halbaddiererschaltung für die Paralleladdition von
2 vierstelligen Dualzahlen

10.5 Serienaddierwerk

Für ein Serienaddierwerk sind erforderlich:

für die Bereitstellung der Dualzahlen Z:
1 Pufferregister (PR)

für das Vorzeichen der Dualzahlen Z:
1 Vorzeichenregister (VRZ)

für die Speicherung des Ergebnisses E:
1 Akkumulatorregister (AR)

für das Vorzeichen des Ergebnisses E:
1 Vorzeichenregister (VRE)

für die B-Komplementbildung von Z und ggf. von E:
1 Komplementregister (KR) mit Schaltlogik

für die Addition:
1 Volladdierer

für die Zwischenspeicherung des Übertrages um 1 Stelle:
1 Verzögerungsglied mit UND-Glied

Bei Rechnermodellen, wo für Vorführzwecke der Takt
von Hand einzeln betätigt werden soll, muß der
Übertrag gespeichert werden. Anstelle des Verzögerungsgliedes mit UND-Glied tritt deshalb:

<u>1 Übertragsregister</u> (ÜR), 1/0-taktflankengesteuert

für die Steuerung des Ablaufs:

   1 Zählregister, z.B. als <u>Umlaufregister</u> (UR)

für den synchronen Ablauf:

   1 <u>Taktgeber</u> (TG)

Bevor die Schaltung eines Serienaddierwerkes behandelt wird, soll im Beispiel 69 eine Schaltlogik für die B-Komplement-bildung von Dualzahlen entwickelt werden.

<u>Beispiel 69</u>: Zu entwerfen ist eine logische, vom Takt C gesteuerte Schaltung, die aus seriell eingegebenen Dualzahlen z mit den Ziffern Z das B-Komplement $\bar{z}_B$ mit den Ziffern K bildet. Die Ziffern K sollen genauso wie Z nur während des Taktimpulses, also nur bei C=1, ihren Wert anzeigen.

<u>Lösungsbeispiel</u>: $\quad z\ = 10110110$ (Ziffern Z)
$$\bar{z}_B = 01001010 \text{ (Ziffern K)}$$

Für die Betrachtung der Ziffern K vom niedrigsten zum höchstem Stellenwert gilt: der 1. Wert 1 und ggf. vorangehende Werte 0 bleiben unverändert erhalten, alle folgenden Werte werden komplementiert.

Stellt man diesen Zusammenhang zwischen den Ziffern Z und K in einer stellenwertigen oder zeitlichen Reihenfolge dar, so braucht man, wie die Tabelle a) der Tafel 43 zeigt, wenigstens 4 Zuordnungen für Z und K. Bei 4 Zuordnungen sind aber

Tafel 43: a): Zuordnungsminimum der Ziffern Z und K in stellenwertiger oder zeitlicher Reihenfolge;

        b): wie a), jedoch als Funktionstabelle mit einer 2. Eingangsvariablen Q

Stellenwert	Taktimpuls	C	a) Z	K	b) Q	Z	K
2^m	n-ter	1	0	0	0	0	0
2^{m+1}	(n+1)-ter	1	1	1	0	1	1
2^{m+2}	(n+2)-ter	1	0	1	1	0	1
2^{m+3}	(n+3)-ter	1	1	0	1	1	0

2 Eingangsvariablen erforderlich. Diese 2. Eingangsvariable
sei Q. Ordnet man ihre Werte z.B. so an wie in der Funktionstabelle b) der Tafel 43 auf S.167, so ergibt sich, daß
K mit Q und Z antivalent verknüpft ist: $K = \bar{Q}Z \vee Q\bar{Z}$.

Q ist, wie man leicht erkennt, der Setzausgang eines bistabilen Kippgliedes, das anfangs rückgesetzt sein muß. Der erste Wechsel von Z=1 auf Z=0, der einem Wechsel von Taktimpuls zu Taktpause entspricht, muß das Kippglied setzen. Das
erreicht man z.B. durch ein 1/0-taktflankengesteuertes RS-
Kippglied, an dessen Setzeingang Z angeschlossen ist. Vor
Beginn einer neuen B-Komplementbildung muß das Kippglied
rückgesetzt werden. Aus der Funktionstabelle b) der Tafel 43
auf S.167 ergibt sich unter Berücksichtigung des Taktes C:

$$K = C\bar{Q}Z \vee CQ\bar{Z} = C(\bar{Q}Z \vee Q\bar{Z}), \text{ mit } \underline{X = \bar{Q}Z \vee Q\bar{Z}} \text{ gilt:}$$

$$\underline{K = C \wedge X}$$

Damit erhält man die Schaltung des Bildes 156 mit dem zugehörigem Impulsdiagramm im Bild 157.

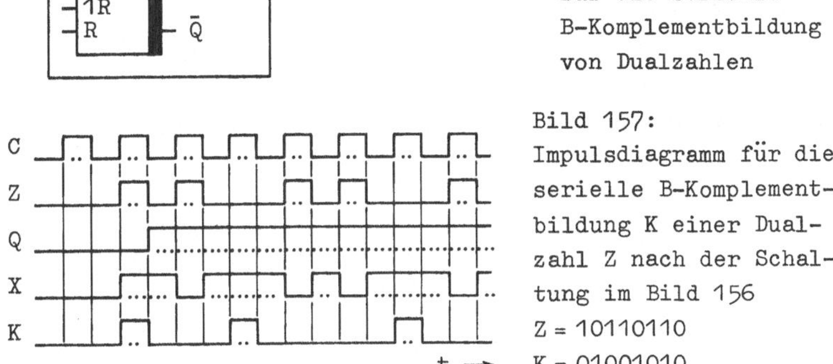

Bild 156: Logische Schaltung
für die serielle
B-Komplementbildung
von Dualzahlen

Bild 157:
Impulsdiagramm für die
serielle B-Komplement-
bildung K einer Dual-
zahl Z nach der Schal-
tung im Bild 156
Z = 10110110
K = 01001010

Eine Rechenschaltung für die Addition und Subtraktion vierstelliger Dualzahlen ist im Bild 158 auf S.170 dargestellt.
Erklärungen dazu sind auf den S.169, 171 und 172 angegeben.

<u>Erklärungen zum Bild 158</u>:

Vor Beginn einer Rechnung werden durch das Signal W=1 alle
Kippglieder rückgesetzt bis auf eine einzige Ausnahme: das
oberste Kippglied im Umlaufregister UR wird gesetzt.

Die einzelnen Summanden z mit

$$z = \pm(D\cdot2^3 + C\cdot2^2 + B\cdot2^1 + A\cdot2^0) = \pm(DCBA)$$

werden nacheinander im Pufferregister PR bereitgestellt. Das
Vorzeichen jedes Summanden ist über die Eingänge N oder P im
Vorzeichenregister VRZ zu speichern. Es wird jeweils der In-
halt des Pufferregisters PR, wenn

    z positiv ist (P=1 := Q=0), <u>unmittelbar</u>, oder wenn

    z negativ ist (N=1 := Q=1), <u>als B-Komplement</u> mit dem
Inhalt des Akkumulatorregisters AR addiert und die Summe ins
Akkumulatorregister AR gebracht. Da das stellenwerthöchste
Kippglied nur als Vorzeichenstelle fungiert, darf ein Zwi-
schen- oder Endergebnis nicht größer als +15 und nicht klei-
ner als -15 sein.

Steht der Umschalter A/H auf Stellung AU, wird durch kurz-
zeitiges Drücken der Starttaste S/H der 1. Taktimpuls des
Taktgebers TG ausgelöst, der vom Umlaufregister UR für weitere 4 Taktimpulse erregt wird. In diesen 5 Taktimpulsen ist
die serielle Addition erfolgt. Hierbei wird das Pufferregister PR vollständig rückgesetzt.

Durch Drücken der Taste VE wird das Vorzeichen des Ergebnisses E durch die Ausgänge M oder U des Vorzeichenregisters VRE
so lange angezeigt, bis durch Drücken der Starttaste S/H eine neue Rechnung beginnt. Ist das oberste Kippglied, das
Vorzeichen-Kippglied, im Akkumulatorregister rückgesetzt, so
ist das Ergebnis E positiv und damit U=1. Ist es gesetzt, so
ist das Ergebnis E negativ und damit M=1. M=1 bewirkt die
B-Komplementbildung des Akkumulator-Inhaltes, der über das
Komplementregister KR und den Volladdierer VA als decodierte
und damit als positive Dualzahl ins Akkumulatorregister AR
zurückläuft. Die beiden anderen Eingänge des Volladdierers
haben hierbei stets den Wert O: das <u>(Fortsetzung auf S.172!)</u>

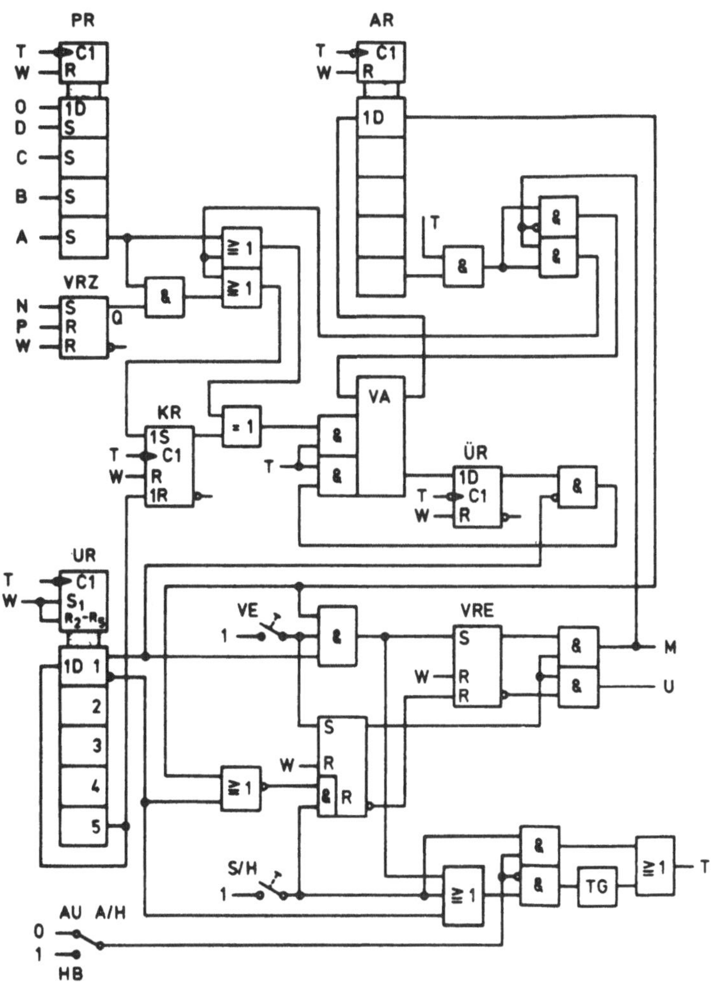

Bild 158: Rechenschaltung für die Addition und Subtraktion
vierstelliger Dualzahlen, umschaltbar für automatischen Betrieb und für Handbetrieb für Vorführzwecke

<u>Kurzfassung des Textes auf S.169 und 172 über die Bedeutung</u>
<u>der einzelnen Schaltglieder in der Rechenschaltung auf S.170</u>

A/H: Umschalter für automatischen Betrieb (Stellung AU) oder
Handbetrieb (Stellung HB).

AR : Akkumulatorregister, enthält das Zwischen- und Endergebnis E mit der Bedingung $E \leqq +15$ und $E \geqq -15$. Ist E negativ, erscheint dessen B-Komplementdarstellung.

KR : Komplementregister. Ist E oder z negativ, bildet KR mit
der Antivalenz das B-Komplement: alle Werte O und der
1. Wert 1 bleiben erhalten, alle folgenden Werte werden
komplementiert.

PR : Pufferregister, dient zur Bereitstellung der parallel
einzugebenden 4stelligen Summanden $z = DCBA$.

S/H: Starttaste für automatischen Betrieb (A/U: Stellung AU)
oder Taste für den Handbetrieb (A/H: Stellung HB).

TG : Taktgeber, erzeugt den Takt T.

UR : Umlaufregister, dient zum Ablauf des automatischen Betriebes und zur Steuerung der Schaltglieder, deren
Funktionsweise vom 1. Taktimpuls, dem Start, abhängt.

ÜR:: Übertragsregister, speichert den Übertrag, dessen Wei-
tergabe durch das UND-Glied um 1 Taktperiode verzögert
wird.

VA : Volladdierer oder Addierglied.

VE : Taste für die Anzeige des Vorzeichens des Ergebnisses.

VRE: Vorzeichenregister für das Ergebnis E.
$\qquad$ E ist positiv: $U=1$ und $M=0$,
$\qquad$ E ist negativ: $U=0$ und $M=1$.

VRZ: Vorzeichenregister für den Summanden z.
$\qquad$ z ist positiv: $P=1 := Q=0$,
$\qquad$ z ist negativ: $N=1 := Q=1$.

W : Steuersignal. Vor Beginn einer Rechnung werden mit $W=1$
alle Kippglieder in die **Anfangsposition** gebracht.

Pufferregister PR ist rückgesetzt und der ggf. im Übertragsregister gespeicherte Übertrag der letzten Stelle, der Vorzeichenstelle, wird vom Umlaufregister UR unterdrückt.

Soll der automatische Betrieb durch Handbetrieb ersetzt werden, muß der Umschalter A/H auf Stellung HB stehen. Die einzelnen, beliebig langen Taktimpulse werden durch jeweiliges
Drücken der Taste S/H erzeugt. Das gilt auch, wenn die Taste
VE gedrückt worden ist und ggf. die Komplementbildung eines
negativen Ergebnisses durchgeführt wird. Die Schaltlogik
zwischen den Tasten VE und S/H sorgt dafür, daß während dieser Komplementbildung die Taste S/H nicht als Starttaste
wirkt und das Vorzeichenregister VRE beeinflußt.

11 Berechnung logischer Schaltungen mit Speichergliedern

11.1 Allgemeines

Für den rechnerischen Entwurf der Schaltlogik für Schaltungen, die aus bistabilen Kippgliedern bestehen, benötigt man
die Übertragungsfunktionen der Kippglieder und die Problemfunktionen, die das gewünschte Verhalten der Schaltung beschreiben. Grundbeispiele hierfür sind codierte Zählerschal-
tungen und Schaltungen für die Umsetzung eines Codes in einen anderen Code. Codierte Zählschaltungen sind in Computern
nötig z.B. für die Organisation beim Lesen, Löschen oder
Speichern von Informationen oder für die Festlegung von An-
fang und Ende eines "Wortes". Bei der Wahl geeigneter Codes
läßt sich Schaltaufwand einsparen. Da derartige Schaltungen
am Takt anzuschließen sind, müssen taktflankengesteuerte
Kippglieder verwendet werden. Für die Berechnung der Schaltung spielt das meistens keine Rolle, man rechnet also mit
den Übertragungsfunktionen der ungetakteten Kippglieder. Die
Wahl der Taktflankensteuerung macht sich im Impulsdiagramm
bemerkbar.

Eine Zählerschaltung, bei der jedes Kippglied unmittelbar am
Takt angeschlossen ist, heißt "synchrone Zählerschaltung".
Ist dagegen nur das erste Kippglied am Takt angeschlossen

und erhält jedes weitere Kippglied seinen Taktimpuls vom vorhergehenden Kippglied, so spricht man von einer "asynchronen Zählerschaltung". Statt "Zählerschaltung" sagt man auch "Zählschaltung" oder nur kurz "Zähler".

Für jedes Kippglied in der Schaltung gibt es also eine Übertragungsfunktion und eine Problemfunktion.

Übertragungsfunktion:

Sie beschreibt das Verhalten des Ausganges eines Kippgliedes in Abhängigkeit von seinen Eingängen.

Problemfunktion:

Sie beschreibt das Verhalten des Ausganges eines Kippgliedes im Rahmen der dem Ausgang zugewiesenen Rolle innerhalb der Schaltung z.B. durch entsprechende Beeinflussung der Eingänge dieses Kippgliedes.

Da beide Funktionen das Verhalten des Kippgliedausganges beschreiben, können sie gleichgesetzt werden. Das Gleichsetzen der Übertragungsfunktion mit der Problemfunktion ergibt die Boolesche Bestimmungsgleichung des Kippgliedes.

Die Auflösung der Booleschen Bestimmungsgleichung nach den Eingangsgrößen ergibt die Eingangsfunktionen. Sie ergeben die Schaltlogik vor den Eingängen des Kippgliedes.

11.2 Allgemeine Problemfunktion

Die Problemfunktion läßt sich in allgemeiner Form folgendermaßen darstellen:

$$\underline{Q^{n+1} = (g_1 Q \vee g_2 \bar{Q})^n} \; (79) \tag{79}$$

Links steht die Ausgangsgröße Q des betrachteten Kippgliedes zum Zeitpunkt $(n+1)$.

Rechts stehen verschiedene boolesche Größen zum Zeitpunkt n, die von anderen Teilen der Schaltung dem betrachteten Kippglied zugeführt werden, etwa Ausgangsgrößen anderer Kippglieder, sowie die Ausgangsgrößen Q und $\bar{Q}$ des betrachteten Kippgliedes selbst. Durch die disjunktive Schreibweise lassen sich stets Q^n und $\bar{Q}^n$ ausklammern.

Die Ausdrücke g_1 und g_2 sind <u>Teilfunktionen</u>, die beliebige Variablen zum Zeitpunkt n enthalten, nur nicht die Ausgangsgrößen des betrachteten Kippgliedes Q^n und $\bar{Q}^n$.

Aus der allgemeinen Problemfunktion $Q^{n+1} = (g_1 Q \vee g_2 \bar{Q})^n$ ergibt sich für $g_1 = g_2 = g$: $Q^{n+1} = g^n$.

Wenn also in der Problemfunktion des betrachteten Kippgliedes keine Aussage weder über den eigenen Setz- noch über den eigenen Rücksetzausgang enthalten ist, wird die Teilfunktion g zur Problemfunktion. Hierfür gilt also die spezielle Problemfunktion

$$Q^{n+1} = g^n = (gQ \vee g\bar{Q})^n \text{ mit } g_1 = g_2 = g \text{ (80)} \qquad\qquad (80)$$

11.3 Eingangsfunktionen

Es sollen die Eingangsfunktionen in allgemeiner Form für die wichtigsten Kippglieder aufgestellt werden.

11.3.1 Eingangsfunktionen des RS-Kippgliedes

Aus der Booleschen Bestimmungsgleichung (Gl.(79) = Gl.(28))

$$Q^{n+1} = (g_1 Q \vee g_2 \bar{Q})^n = (S \vee \bar{R}Q)^n \text{ mit } RS = 0$$

ergeben sich die Eingangsfunktionen

$$S^n = f_1(g_1, g_2, Q, \bar{Q})^n \text{ und } R^n = f_2(g_1, g_2, Q, \bar{Q})^n.$$

Deren Auflösung erfolgt rechnerisch oder, wie hier, mittels der in der Tafel 44 auf S.175 angegebenen Funktionstabelle.

<u>Erläuterungen zur Tafel 44 auf S.175:</u>

$g_1{}^n$, $g_2{}^n$ und Q^n sind die Eingangsvariablen. Mit ihnen ergibt sich $(g_1 \wedge Q)^n$ und $(g_2 \wedge \bar{Q})^n$. Daraus folgt Q^{n+1}.

Kann ein Eingang des Kippgliedes, hier also S oder R, beliebig den Wert 0 oder 1 haben, heißt dieser beliebige Signalzustand "a"; a ist ein <u>freier Parameter</u>.

Aus Q^{n+1} und Q^n ergeben sich $\bar{R}^n Q^n$ und S^n und damit auch R^n.

Z.B. zu Zeile 0 und 4: für $Q^{n+1} = 0$ muß $S^n = 0$ und $(\bar{R}Q)^n = 0$ sein; mit $Q^n = 0$ folgt $\bar{R}^n = 0$ oder $\bar{R}^n = 1$, also $\bar{R}^n = a$ und $R^n = a$.

Tafel 44: Funktionstabelle für die Bestimmungsgleichung des RS-Kippgliedes

Zeile	g_1^n	g_2^n	Q^n	$g_1^n \wedge Q^n$	$g_2^n \wedge \bar{Q}^n$	Q^{n+1}	$\bar{R}^n \wedge Q^n$	S^n	R^n
0	0	0	0	0	0	0	0	0	a_0
1	0	0	1	0	0	0	0	0	1
2	0	1	0	0	1	1	0	1	0
3	0	1	1	0	0	0	0	0	1
4	1	0	0	0	0	0	0	0	a_4
5	1	0	1	1	0	1	1	a_5	0
6	1	1	0	0	1	1	0	1	0
7	1	1	1	1	0	1	1	a_7	0

Hier soll eine andere Überlegung zur Lösung führen:

Zeile 0 und 4: für $Q^n=0$ und $Q^{n+1}=0$ muß $S^n=0$ und $R^n=a$ sein;

Zeile 1 und 3: für $Q^n=1$ und $Q^{n+1}=0$ muß $S^n=0$ und $R^n=1$ sein;

Zeile 2 und 6: für $Q^n=0$ und $Q^{n+1}=1$ muß $S^n=1$ und $R^n=0$ sein;

Zeile 5 und 7: für $Q^n=1$ und $Q^{n+1}=1$ muß $S^n=a$ und $R^n=0$ sein.

Damit ergeben sich aus der Tafel 44 die <u>Eingangsfunktionen</u> des RS-Kippgliedes in <u>allgemeiner Form</u>:

$$S^n = (\bar{g}_1 g_2 \bar{Q} \vee a_5 g_1 \bar{g}_2 Q \vee g_1 g_2 \bar{Q} \vee a_7 g_1 g_2 Q)^n \quad (81) \qquad (81)$$

$$R^n = (a_0 \bar{g}_1 \bar{g}_2 \bar{Q} \vee \bar{g}_1 \bar{g}_2 Q \vee \bar{g}_1 g_2 Q \vee a_4 g_1 \bar{g}_2 \bar{Q})^n \quad (82) \qquad (82)$$

Die freien Parameter müssen einen festen Wert haben. Es gibt eine hier nicht behandelte systematische Methode zur Ermittlung dieser Werte, um ein Minimum an Schaltaufwand zu bekommen. Weist man allen freien Parametern den Wert 0 zu, so erhält man aus (81) und (82) die speziellen Eingangsfunktionen:

$$S^n = (\bar{g}_1 g_2 \bar{Q} \vee g_1 g_2 \bar{Q})^n \qquad\qquad R^n = (\bar{g}_1 \bar{g}_2 Q \vee \bar{g}_1 g_2 Q)^n \qquad\qquad (83)$$

$$\underline{S^n = (g_2 \wedge \bar{Q})^n} \quad (83) \qquad\qquad \underline{R^n = (\bar{g}_1 \wedge Q)^n} \quad (84) \qquad (84)$$

"Speziell" bezieht sich lediglich auf die getroffene Zuordnung der Werte 0 und 1 für die freien Parameter und hat nichts mit dem Gültigkeitsbereich zu tun. Gl. (83) und (84) sind also allgemein gültig und anwendbar.

11.3.2 Eingangsfunktion des D-Kippgliedes

Aus der Booleschen Bestimmungsgleichung (Gl.(79) = Gl.(42))

$$Q^{n+1} = (g_1 Q \vee g_2 \bar{Q})^n = D^n$$

ergibt sich die Eingangsfunktion $\underline{D^n = (g_1 Q \vee g_2 \bar{Q})^n}$ (85)   (85)

11.3.3 Eingangsfunktion des T-Kippgliedes

Aus der Booleschen Bestimmungsgleichung (Gl.(79) = Gl.(48))

$$Q^{n+1} = (g_1 Q \vee g_2 \bar{Q})^n = (\bar{T}Q \vee T\bar{Q})^n$$

ergibt sich die Eingangsfunktion $T^n = f(g_1, g_2, Q, \bar{Q})^n$, die analog Abschn. 11.3.1 aus der in der Tafel 45 angegebenen Funktionstabelle ermittelt wird.

Tafel 45: Funktionstabelle für die Bestimmungsgleichung des T-Kippgliedes

Zeile	$g_1{}^n$	$g_2{}^n$	Q^n	$(g_1 Q)^n$	$(g_2\bar{Q})^n$	Q^{n+1}	$(\bar{T}Q)^n$	$(T\bar{Q})^n$	T^n
0	0	0	0	0	0	0	0	0	0
1	0	0	1	0	0	0	0	0	1
2	0	1	0	0	1	1	0	1	1
3	0	1	1	0	0	0	0	0	1
4	1	0	0	0	0	0	0	0	0
5	1	0	1	1	0	1	1	0	0
6	1	1	0	0	1	1	0	1	1
7	1	1	1	1	0	1	1	0	0

<u>Erläuterungen zur Tafel 45</u>:

$g_1{}^n$, $g_2{}^n$ und Q^n sind die Eingangsvariablen. Mit ihnen ergibt sich $(g_1 \wedge Q)^n$ und $(g_2 \wedge \bar{Q})^n$, und daraus folgt Q^{n+1}. Aus Q^{n+1} und Q^n ergeben sich $(\bar{T}Q)^n$ und $(T\bar{Q})^n$ und führen zu T^n. Freie Parameter treten hier nicht auf.

Aus der Tafel 45 erhält man damit die <u>Eingangsfunktion</u> des T-Kippgliedes:

$$T^n = (\bar{g}_1 \bar{g}_2 Q \vee \bar{g}_1 g_2 \bar{Q} \vee \bar{g}_1 g_2 Q \vee g_1 g_2 \bar{Q})^n$$

$$\underline{T^n = (\bar{g}_1 Q \vee g_2 \bar{Q})^n}\ (86) \tag{86}$$

11.3.4 Eingangsfunktionen des JK-Kippgliedes

Aus der Booleschen Bestimmungsgleichung (Gl.(79) = Gl.(51))

$$Q^{n+1} = (g_1 Q \vee g_2 \bar{Q})^n = (\bar{K}Q \vee J\bar{Q})^n$$

ergeben sich die Eingangsfunktionen für J und K in Abhängigkeit von g_1, g_2, Q und $\bar{Q}$, die aus der Funktionstabelle der Tafel 46 gefunden werden.

Tafel 46: Funktionstabelle für die Bestimmungsgleichung des JK-Kippgliedes

Zeile	$g_1{}^n$	$g_2{}^n$	Q^n	$(g_1 Q)^n$	$(g_2 \bar{Q})^n$	Q^{n+1}	$(\bar{K}Q)^n$	$(J\bar{Q})^n$	J^n	K^n
0	0	0	0	0	0	0	0	0	0	a_0
1	0	0	1	0	0	0	0	0	a_1	1
2	0	1	0	0	1	1	0	1	1	a_2
3	0	1	1	0	0	0	0	0	a_3	1
4	1	0	0	0	0	0	0	0	0	a_4
5	1	0	1	1	0	1	1	0	a_5	0
6	1	1	0	0	1	1	0	1	1	a_6
7	1	1	1	1	0	1	1	0	a_7	0

Die Ermittlung der Werte für J und für K erfolgt analog nach Abschn. 11.3.1 und bedarf daher keiner weiteren Erläuterung.

Damit ergeben sich aus der Tafel 46 die __Eingangsfunktionen__ für das JK-Kippglied in __allgemeiner Form__:

$$J^n = (a_1\bar{g}_1\bar{g}_2 Q \vee \bar{g}_1 g_2 \bar{Q} \vee a_3\bar{g}_1 g_2 Q \vee a_5 g_1\bar{g}_2 Q \vee g_1 g_2 \bar{Q} \vee a_7 g_1 g_2 Q)^n \quad (87)$$

$$K^n = (a_0\bar{g}_1\bar{g}_2\bar{Q} \vee \bar{g}_1\bar{g}_2 Q \vee a_2\bar{g}_1 g_2\bar{Q} \vee \bar{g}_1 g_2 Q \vee a_4 g_1\bar{g}_2\bar{Q} \vee a_6 g_1 g_2\bar{Q})^n \quad (88)$$

Wählt man die freien Parameter

$$a_1 = 0, \qquad a_3 = 1, \qquad a_5 = 0, \qquad a_7 = 1,$$
$$a_0 = 1, \qquad a_2 = 1, \qquad a_4 = 0, \qquad a_6 = 0,$$

so erhält man aus Gl. (87) und (88) die __speziellen Eingangsfunktionen__:

$$J^n = (\bar{g}_1 g_2 \vee g_1 g_2)^n \qquad K^n = (\bar{g}_1\bar{g}_2 \vee \bar{g}_1 g_2)^n \qquad (89)$$

$$J^n = g_2{}^n \quad (89) \qquad\qquad K^n = \bar{g}_1{}^n \quad (90) \qquad (90)$$

11.4 Entwurf einer synchronen, codierten Zählerschaltung

Ein Zähler ist ein Schaltwerk, in dem eine Zahl gespeichert ist, zu der abhängig von einer Schaltvariablen eine konstante Zahl, die Zähleinheit, addiert wird. Die Zähleinheit ist eine positive oder negative Zahl, meistens die Zahl 1. Bei den meisten Zählern besteht die Möglichkeit, einen Zustand direkt einzustellen.

Ein Zähler, bei dem man die Zähleinheit sowohl addieren als auch subtrahieren kann, heißt Zweirichtungszähler.

Ein Zähler, der nach N Schritten mit der Zähleinheit 1 in seinen ursprünglichen Zustand zurückkehrt, heißt Modulo-N-Zähler.

Es ist ein synchroner, codierter Vorwärts-Zähler von 0 bis 7 als Modulo-8-Zähler zu entwerfen. Für jede Dezimalziffer sind 3 Bits erforderlich, die durch die Setzausgänge dreier bistabiler Kippglieder A, B und C dargestellt werden. Zur Vermeidung der lästigen Schreibweise mit Indizes werden hier und in allen späteren Beispielen ersetzt

$$Q_A \text{ durch } A, \qquad Q_B \text{ durch } B, \qquad Q_C \text{ durch } C,$$
$$\bar{Q}_A \quad " \quad \bar{A}, \qquad \bar{Q}_B \quad " \quad \bar{B}, \qquad \bar{Q}_C \quad " \quad \bar{C}.$$

Die Kippgliedsetzausgänge A, B und C sollen entsprechend der

Tafel 47: Funktionszeitplan für eine codierte Zählerschaltung von 0 bis 7 (Modulo-8-Zähler)

Zeitpunkt n				Zeitpunkt (n+1)			
Nach dem Impuls	C^n	B^n	A^n	Nach dem Impuls	C^{n+1}	B^{n+1}	A^{n+1}
0	1	0	1	1	1	1	0
1	1	1	0	2	0	0	1
2	0	0	1	3	0	0	0
3	0	0	0	4	0	1	1
4	0	1	1	5	1	1	1
5	1	1	1	6	1	0	0
6	1	0	0	7	0	1	0
7	0	1	0	8	1	0	1

der Schaltung zugeführten Anzahl von Taktimpulsen (1 Taktimpuls = 1 positive Zähleinheit) eine bestimmte Bitkombination aufweisen. Die hier gewählte Codierung ist im Funktionszeitplan der Tafel 47, links zum Zeitpunkt n angegeben. Im rechten Teil sind die Bitkombinationen eine Taktperiode später als n, d.h. zum Zeitpunkt (n+1) angegeben. Nach dem 8. Taktimpuls ist die Anfangs-Bitkombination wieder erreicht, und bei weiteren Taktimpulsen wiederholt sich der Vorgang. Die Anordnung der Kippglieder A, B und C von rechts nach links erfolgt analog Abschn. 4.2 auf S.43/44.

Der Funktionszeitplan der Tafel 47 ist eine Wahrheitstabelle, aus der sich folgende Funktionen aufstellen lassen:

$$A^{n+1} = (\bar{A}BC \vee \bar{A}\bar{B}\bar{C} \vee AB\bar{C} \vee \bar{A}B\tilde{C})^n = (B\bar{C}A \vee (\bar{C} \vee BC)\bar{A})^n$$
$$\underline{A^{n+1} = (B\bar{C}A \vee (B \vee \bar{C})A)^n}$$

$$B^{n+1} = (A\bar{B}C \vee \bar{A}\bar{B}\bar{C} \vee AB\bar{C} \vee \bar{A}\bar{B}C)^n = (A\bar{C}B \vee (AC \vee \bar{A})\bar{B})^n$$
$$\underline{B^{n+1} = (A\bar{C}B \vee (\bar{A} \vee C)\bar{B})^n}$$

$$C^{n+1} = (A\bar{B}C \vee AB\bar{C} \vee ABC \vee \bar{A}B\tilde{C})^n$$
$$\underline{C^{n+1} = (AC \vee B\bar{C})^n}$$

Diese 3 Funktionen sind die Problemfunktionen, da sie durch die Aufgabenstellung bzw. durch das gestellte Problem bestimmt werden. Für jedes Kippglied der Schaltung gibt es also eine Problemfunktion.

Aus den 3 Problemfunktionen ergeben sich analog Gl. (79)

$$Q^{n+1} = (g_1 Q \vee g_2 \bar{Q})^n$$

folgende Teilfunktionen g_1 und g_2 (alles zum Zeitpunkt n):

$$g_{1,A} = B \wedge \bar{C} \qquad g_{1,B} = A \wedge \bar{C} \qquad g_{1,C} = A$$
$$g_{2,A} = B \vee \bar{C} \qquad g_{2,B} = \bar{A} \vee C \qquad g_{2,C} = B$$

Aus den Teilfunktionen ergeben sich die Eingangsfunktionen. Benutzt man die Eingangsfunktionen als Schaltfunktionen, so kann die Zeitangabe (Zeitpunkt n) entfallen.

Der Zähler soll übungshalber a) aus RS- und b) aus JK-Kippgliedern aufgebaut werden.

a) <u>Aufbau des Zählers aus RS-Kippgliedern</u>

Mit den Eingangsfunktionen Gl. (83) und (84)

$$S^n = (g_2 \wedge \bar{Q})^n \qquad\qquad R^n = (\bar{g}_1 \wedge Q)^n$$

und den Teilfunktionen g_1 und g_2 auf S.179 erhält man folgende Schaltfunktionen:

$$S_A = g_{2,A} \wedge \bar{A} = (B \vee \bar{C})\bar{A} \qquad\qquad R_A = \bar{g}_{1,A} \wedge A = (\bar{B} \vee C)A$$

$$S_B = g_{2,B} \wedge \bar{B} = (\bar{A} \vee C)\bar{B} \qquad\qquad R_B = \bar{g}_{1,B} \wedge B = (\bar{A} \vee C)B$$

$$S_C = g_{2,C} \wedge \bar{C} = B\bar{C} \qquad\qquad R_C = \bar{g}_{1,C} \wedge C = \bar{A}C$$

Damit ergibt sich die im Bild 159 angegebene logische Schaltung, für die 1/0-taktflankengesteuerte RS-Kippglieder gewählt werden.

Für die hier getroffene Codierung müssen beim Einschalten der Stromversorgung die Kippglieder A und C gesetzt und das Kippglied B rückgesetzt werden.

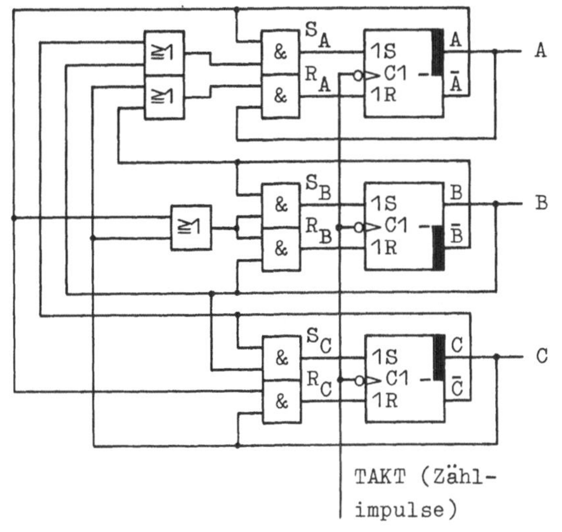

Lt. DIN 40 700, Teil 14, Schaltzeichen 118 auf S.30, gehört bei Zählern der oberste Ausgang der niedrigstwertigen, der unterste Ausgang der höchstwertigen Stufe an.

Bild 159: Modulo-8-Zähler aus RS-Kippgliedern für die in der Tafel 47 auf S.178 angegebene Codierung

b) <u>Aufbau des Zählers aus JK-Kippgliedern</u>

Mit den Eingangsfunktionen Gl. (89) und (90)

$$J^n = g_2{}^n \qquad\qquad K^n = \bar{g}_1{}^n$$

und den Teilfunktionen g_1 und g_2 auf S.179 erhält man folgende Schaltfunktionen:

$$\underline{J_A = g_{2,A} = B \vee \bar{C}} \qquad\qquad \underline{K_A = \bar{g}_{1,A} = \bar{B} \vee C}$$

$$\underline{J_B = g_{2,B} = \bar{A} \vee C} \qquad\qquad \underline{K_B = \bar{g}_{1,B} = \bar{A} \vee C}$$

$$\underline{J_C = g_{2,C} = B} \qquad\qquad \underline{K_C = \bar{g}_{1,C} = \bar{A}}$$

Die Eingangs- bzw. Schaltfunktionen werden sehr einfach, weil die bei den RS-Kippgliedern erforderliche Gegenkopplung mit den eigenen Ausgängen entfällt.

Damit ergibt sich die im Bild 160 angegebene logische Schaltung, für die 1/0-taktflankengesteuerte Kippglieder gewählt werden. Ansonsten gilt das unter a) Gesagte auch hier.

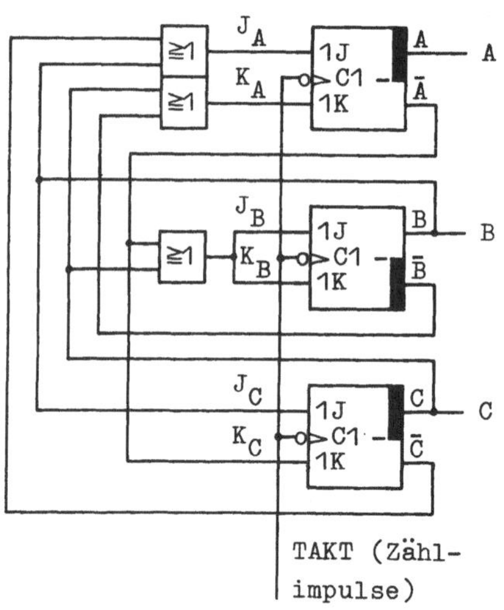

Bild 160: Modulo-8-Zähler aus JK-Kippgliedern für die in der Tafel 47 auf S.178 angegebene Codierung

12. Binäre Codes

12.1 Allgemeines

Die Wahl eines Code richtet sich nach Art und Zielsetzung
der zu lösenden Aufgabe. Es gibt keinen Code, der für sämtliche Aufgaben gleich gut geeignet wäre. Im Abschn. 1.4 auf
S.19 wurde bereits erwähnt, daß binäre Codes für die Darstellung von alphanumerischen Zeichen verwendet werden. Sollen
nur Dezimalzahlen verschlüsselt werden, wird meistens nicht
die Dezimalzahl insgesamt in eine binäre Darstellung verwan-
delt, sondern jede Dezimalziffer wird für sich binär verschlüsselt. Einen Code für diese Darstellungsform, die den
Vorteil hat, daß die dezimale Darstellung der Zahl erhalten
bleibt, nennt man Binärcode für Dezimalziffern. Die einzelnen
Ziffern werden hierbei mit 4 oder mehr Bits verschlüsselt.
Erforderlich sind ja mindestens 4 Bits, weil die Dezimalziffern 8 und 9 in binärer Darstellung vierstellig sind. Bei der
4-Bit-Verschlüsselung heißt eine Vierergruppe auch Tetrade.
Die bei Binärcodes für Dezimalziffern vorhandenen Bit-Kombinationen, denen keine Dezimalziffern zugeordnet sind, heißen
Pseudodezimalen. Bei den Tetraden gibt es $2^4 = 16$ Bit-Kombinationen und damit 6 Pseudodezimalen, die man als Pseudotetraden bezeichnet. Die zur Darstellung einer Information zur
Verfügung stehenden, aber nicht benötigten bzw. ausgenützten
Zeichen-Kombinationen bezeichnet man als Redundanz (Weit-
schweifigkeit) dieser Information.

Definition der absoluten Redundanz R und der relativen Redundanz r eines Code:

$$R = \log_2 \frac{\text{Anzahl aller möglichen Bit-Kombinationen}}{\text{Anzahl der ausgenützten Bit-Kombinationen}} \qquad (91)$$

$$r = \frac{R}{n} \cdot 100\ \% \quad \text{mit n = Anzahl der Binär-Stellen} \qquad (92)$$

Z.B. ergibt sich beim Dualsystem: $R = \log_2 \frac{1}{1} = 0$; $r = 0\ \%$

und bei tetradischen Codes: $R = \log_2 \frac{16}{10} = 0{,}68$;

$$r = \frac{0{,}68}{4} \cdot 100\ \% = 17\ \%$$

Die Anzahl der Pseudodezimalen ist also ein Maß für die Größe der Redundanz des verwendeten Code. Außerdem hängt die
Redundanz von der Anzahl der Binärstellen ab, die zur Verschlüsselung der Dezimalziffern zur Verfügung stehen. Je größer die Redundanz ist, desto mehr Sicherheit besitzt der Code
gegen verfälschende Fehler. Es soll mindestens $R = 1$ sein. Bei
einem Code ohne Redundanz (z.B. beim Dualsystem) führt ein
Codierungsfehler immer wieder zu einer Codierung, die für
einen anderen Begriff gültig ist. Zum Beispiel bildet jeder
Codierungsfehler im Dualsystem aus der ursprünglich richtigen stets eine andere, zwar falsche, aber dennoch gültige
Dualzahl. Besonders groß ist die Redundanz der Sprache, die
aus durch Buchstaben zusammengesetzten Wörtern besteht. Da
ein Wort nur einen einzigen Fall aller möglichen Buchstaben-
kombinationen darstellt, ist es ganz selten, daß die Änderung eines einzelnen Buchstabens in einem Wort ein anderes
gültiges Wort ergibt, das zu Mißdeutungen des Satzinhaltes
führen könnte.

Ein weiteres Maß für die Sicherheit eines Code gegen Übertragungsfehler ist die Hammingdistanz. Sie gibt die gering-
ste Anzahl unterschiedlicher Binärstellen an, die beim Vergleich sämtlicher Codewörter eines Code auftreten. Das Dualsystem hat demnach die Hammingdistanz $d = 1$. Ein Code mit $d = 1$
besitzt also keine ausreichende Möglichkeit der Fehlererkennung. Bei $d = 2$ können einfache Fehler erkannt werden. Sollen
Fehler nicht nur erkannt, sondern auch automatisch korrigiert werden können, sind Codes mit größerer Hammingdistanz
erforderlich.

Eine weitere Möglichkeit der Sicherung eines Code gegen Fehler ist das Parity-check-Verfahren. Hierbei bekommt jedes
Codewort eine zusätzliche Binärstelle als Prüfbit, dessen
Wert "O" oder "1" so gewählt wird, daß alle Einserbits des
gesamten Wortes entweder eine ungerade Zahl (Ergänzung auf
ungerade) oder eine gerade Zahl (Ergänzung auf gerade) ergeben. Die "Ergänzung auf ungerade" hat den Vorteil, daß ein
aus nur binären "O"-Werten bestehendes Codewort durch das

Prüfbit "1" eindeutig markiert wird. Das parity-check-Verfahren läßt einfache Fehler erkennen und ist bei beliebiger Wortlänge anwendbar. Von den 16 möglichen Bit-Kombinationen einer Tetrade bekommen 8 Prüfbits den Wert "1". Das gleiche Verhältnis ergibt sich auch für andere Wortlängen. Beim parity-check-Verfahren ist demnach die absolute Redundanz unabhängig von der Wortlänge und beträgt $R = 1$.

Man unterscheidet mehr- und einschrittige Codes. Bei mehrschrittigen Codes, zu denen das Dualsystem gehört, wechseln beim Übergang von einer Zahl zur nächsten oft mehrere Bits gleichzeitig ihre Wertigkeit. Das kann zu Fehlentscheidungen bzw. zu Fehlanzeigen führen. Es soll z.B. die Wegestrecke eines Werkstückes angezeigt werden. Zur Anzeige der jeweiligen Stellung auf dieser Wegestrecke dienen Kontaktbahnen, auf denen die Kontakte analog des Lochstreifens im Bild 1 auf S.19 nach dem Dualsystem angeordnet seien. Mit dem Werkstück gleiten abtastende Fühler über die Kontakte. Beim Übergang von z.B. "0001" auf "0010" wird infolge der endlichen Breite der Fühler kurzzeitig "0011" oder von "0011" auf "0100" kurzzeitig "0111" angezeigt. Der Dual-Code ist also hierfür nicht brauchbar. Diese Fehler treten bei einschrittigen Codes nicht auf, weil bei ihnen beim Übergang von einer Zahl zur nächsten immer nur ein einziges Bit seine Wertigkeit ändert.

12.2 Mehrschrittige Codes

12.2.1 Eins-aus-zehn-Code

Beim Eins-aus-zehn-Code, der in der Tafel 48 auf S.185 angegeben ist, sind jeder der zehn Dezimalziffern zehn Binärstellen zugeordnet. Es tritt in jedem Zeichen jeweils nur ein Signalzustand "1" auf, der der darzustellenden Zahl entspricht. Der Code ist sehr aufwendig und besitzt deshalb nur eine begrenzte Anwendung in der Steuerungstechnik, z.B. für Ziffernanzeige und numerische Tastaturen. Bezüglich der Fehlererkennung ist der Eins-aus-zehn-Code recht gut. Er besitzt die Hammingdistanz $d = 2$ und die absolute Redundanz $R = 6{,}68$; entstanden aus Gl.(91): $R = \log_2 (2^{10}/10) = \log_2 102{,}4 = 6{,}68$.

Tafel 48: Eins-aus-zehn-Code

Stellenwerte:	9	8	7	6	5	4	3	2	1	0
Stellen:	K	J	H	G	F	E	D	C	B	A
Dezimalziffern 0	0	0	0	0	0	0	0	0	0	1
1	0	0	0	0	0	0	0	0	1	0
2	0	0	0	0	0	0	0	1	0	0
3	0	0	0	0	0	0	1	0	0	0
4	0	0	0	0	0	1	0	0	0	0
5	0	0	0	0	1	0	0	0	0	0
6	0	0	0	1	0	0	0	0	0	0
7	0	0	1	0	0	0	0	0	0	0
8	0	1	0	0	0	0	0	0	0	0
9	1	0	0	0	0	0	0	0	0	0

Tafel 49: Biquinär-Code

Stellenwerte:	0	5	4	3	2	1	0
Stellen:	G	F	E	D	C	B	A
Dezimalziffern 0	1	0	0	0	0	0	1
1	1	0	0	0	0	1	0
2	1	0	0	0	1	0	0
3	1	0	0	1	0	0	0
4	1	0	1	0	0	0	0
5	0	1	0	0	0	0	1
6	0	1	0	0	0	1	0
7	0	1	0	0	1	0	0
8	0	1	0	1	0	0	0
9	0	1	1	0	0	0	0

12.2.2 Biquinär-Code

Beim Biquinär-Code, der auch Zwei-aus-sieben-Code genannt
wird und in der Tafel 49 angegeben ist, setzt sich die Verschlüsselung jedes Codewortes aus einer 2-Bit-Gruppe (Stellen F und G) und einer 5-Bit-Gruppe (Stellen A bis E) zusammen. Die Stellen A bis E arbeiten nach dem Eins-aus-fünf-Code. Die Stellen F und G sind so verschlüsselt, daß sie infolge der Stellenbewertung entweder eine dezimale 0 oder 5
ausdrücken. Jedes Zeichen besteht folglich aus zwei binären
"1"-Werten und 5 binären "0"-Werten. Der Code läßt sich gut
prüfen. Er besitzt die Hammingdistanz $d = 2$ und die absolute
Redundanz $R = \log_2 (128 : 10) = 3,68$. Einerseits ist dieser Code für Zählaufgaben gut geeignet, andererseits ist er wegen
seiner Länge unwirtschaftlich.

12.2.3 Zwei-aus-fünf-Code

Tafel 50: Zwei-aus-fünf-Code

Stellenwerte:	Keine Zuordnung				
Stellen:	E	D	C	B	A
Dezimalziffern 0	1	1	0	0	0
1	0	0	0	1	1
2	0	0	1	0	1
3	0	0	1	1	0
4	0	1	0	0	1
5	0	1	0	1	0
6	0	1	1	0	0
7	1	0	0	0	1
8	1	0	0	1	0
9	1	0	1	0	0

Der Zwei-aus-fünf-Code, der auch
oft wie der Zwei-aus-sieben-Code
als Biquinär-Code bezeichnet wird
und in der Tafel 50 angegeben ist,
ist ein 5-stelliger Binärcode für
Dezimalziffern. Von den 32 möglichen Kombinationen werden alle die

verwendet, in denen die binären "1"-Werte zweimal und folglich die binären "0"-Werte dreimal auftreten. Die willkürliche Anordnung der Bit-Kombinationen läßt keine Stellenbewertung zu und erschwert das Rechnen. Der Zwei-aus-fünf-Code hat die Hammingdistanz $d = 2$ und die absolute Redundanz $R = \log_2 (32 : 10) = 1{,}68$.

12.2.4 BCD-Code

Beim BCD-Code (Binary Coded Decimals), der in der Tafel 51 angegeben ist, wird jede Dezimalziffer durch die ihr entsprechende Dualzahl verschlüsselt und als Tetrade dargestellt. Die Stellenbewertung kann in der Reihenfolge 8-4-2-1 oder auch 1-2-4-8 erfolgen. Wenn beim BCD-Code keine Stellenbewertung angegeben wird, versteht man darunter nur den Acht-vier-zwei-eins-Code. Zur Ermittlung der Dezimalziffer einer Tetrade müssen also lediglich die Stellenwerte der in ihr enthaltenen binären "1"-Werte addiert werden. Ein Dekadensprung von der dezimalen 9 auf die dezimale 0 erfordert ein Überspringen der Pseudotetraden und folglich die Beachtung spezieller Regeln. Das bezeichnet man als BCD-Korrektur. Anwendungsbeispiele für die Addition und Subtraktion von Dezimalzahlen im BCD-Code findet man im Abschn. 2.7 auf S.31 ff. Der BCD-Code hat die Hammingdistanz $d = 1$ und die absolute Redundanz $R = 0{,}68$ ($R = \log_2 (16 : 10) = 0{,}68$) und bietet somit keine ausreichende Möglichkeit der Fehlererkennung.

Tafel 51: BCD-Code

Stellenwerte:	8	4	2	1
Stellen:	D	C	B	A
0	0	0	0	0
1	0	0	0	1
2	0	0	1	0
3	0	0	1	1
4	0	1	0	0
5	0	1	0	1
6	0	1	1	0
7	0	1	1	1
8	1	0	0	0
9	1	0	0	1

(Dezimalziffern 0–9)

12.2.5 Aiken-Code

Beim Aiken-Code, einem Binärcode für Dezimalziffern, der in der Tafel 52 auf S.187 angegeben ist, werden die fünf ersten und 5 letzten der 16 möglichen Kombinationen einer Tetrade verwendet. Dadurch ergibt sich ein Zwei-vier-zwei-eins-Code. Durch diese Codierungsart wird die Bildung des Neuner-Kom-

plementes für die Subtraktion (vergl. Abschn. 2.7 auf S.31)
sehr einfach, weil die binären Darstellungen der Dezimalziffern 5 bis 9 die Komplemente dar-
stellen zu den Dezimalziffern 4
bis 0. Außerdem springt jede Deka-
de nach Erreichen der 9 mit dem
nächsten Zählimpuls automatisch
auf 0 weiter. Die Dezimalüberträge
stimmen also an dieser Stelle mit
den binär-dezimalen Überträgen
überein. Das Überspringen der Pseudotetraden unter Beachtung spezieller Regeln nennt man <u>Aiken-Korrek-
tur</u>. Der Aiken-Code hat die Hamming-
distanz d = 1 und die absolute Redundanz R = 0,68 und bietet
somit keine ausreichende Möglichkeit der Fehlererkennung.

Tafel 52: Aiken-Code

| Stellen-
werte: | 2 | 4 | 2 | 1 |
Stellen:	D	C	B	A
0	0	0	0	0
1	0	0	0	1
2	0	0	1	0
3	0	0	1	1
Dezimal- 4	0	1	0	0
ziffern 5	1	0	1	1
6	1	1	0	0
7	1	1	0	1
8	1	1	1	0
9	1	1	1	1

12.2.6 <u>Exzeß-drei-Code</u>

Der Exzeß-drei-Code, der in der Tafel 53 angegeben ist, wird
auch <u>Drei-Exzeß-Code</u> oder <u>Stiebitz-Code</u> genannt und ist ein
Binärcode für Dezimalziffern.
Beim Exzeß-drei-Code werden die
3 ersten und die 3 letzten der
16 möglichen Bit-Kombinationen
einer Tetrade nicht verwendet,
so daß die Tetraden nicht der
dualen Darstellung der ihnen
zugeordneten Dezimalziffer entsprechen, sondern einen jeweils
um 3 höheren Wert haben. Eine
Bewertung der Binärstellen ist
deshalb nicht möglich. Durch

Tafel 53: Exzeß-drei-Code

| Stellen-
werte: | Keine Zu-
ordnung | | |
Stellen:	D	C	B	A
0	0	0	1	1
1	0	1	0	0
2	0	1	0	1
3	0	1	1	0
Dezimal- 4	0	1	1	1
ziffern 5	1	0	0	0
6	1	0	0	1
7	1	0	1	0
8	1	0	1	1
9	1	1	0	0

diese Codierungsart wird wie beim Aiken-Code die Bildung des
Neuner-Komplementes sehr einfach, was für die auf Addition
zurückgeführte Subtraktion von Vorteil ist (vergl. Abschnitt
2.7, S.31). Die Addition erfolgt in 2 Schritten: zuerst die
normale binäre Addition, dann die <u>Exzeß-drei-Korrektur</u>, die

einfacher ist als die BCD-Korrektur. Der Exzeß-drei-Code hat die Hammingdistanz $d = 1$ und die absolute Redundanz $R = 0,68$ ($R = \log_2 (16 : 10) = 0,68$) und bietet somit keine ausreichende Möglichkeit der Fehlererkennung.

12.3 Einschrittige Codes

12.3.1 Gray-Code

Der Gray-Code, der in der Tafel 54 angegeben wird, ist ein zyklisch-permutierter Code, weil auch beim Übergang von der letzten zur ersten Bit-Kombination die Bedingung erfüllt ist, daß nur ein Bit seine Wertigkeit ändert. Der Code kann beliebig erweitert werden. Eine Stellenbewertung ist nicht möglich. Zur Verdeutlichung des zyklisch-reflektierten Aufbaues sind in der Tafel 54 waagerechte Linien als "örtlich begrenzte Symmetrieachsen" eingezeichnet, an denen sich die Bit-Kombinationen spiegeln. In der Tafel 55 ist schematisch die Reihenfolge und Anzahl der binären "0"- und "1"-Werte für die einzelnen Binärstellen angegeben. Das Wachstumsgesetz ist deutlich erkennbar. Der Gray-Code hat die Hammingdistanz $d=1$ und die absolute Redundanz $R = 0$ und bietet somit keine Möglichkeit der Fehlererkennung.

Tafel 54: Gray-Code für vier Stellen

Stellenwerte: Stellen:	D	C	B	A
0	0	0	0	0
1	0	0	0	1
2	0	0	1	1
3	0	0	1	0
4	0	1	1	0
5	0	1	1	1
6	0	1	0	1
7	0	1	0	0
8	1	1	0	0
9	1	1	0	1
10	1	1	1	1
11	1	1	1	0
12	1	0	1	0
13	1	0	1	1
14	1	0	0	1
15	1	0	0	0

(Spalte "Stellen": Keine Zuordnung; Zeilenbeschriftung links: Dezimalziffern bzw. -zahlen)

Tafel 55: Schematischer Aufbau des Gray-Code

Binärstelle	Reihenfolge und Anzahl der Binärwerte für stetig wachsende Dezimalzahlen ab "Null"				
A	1 x "0"	2 x "1"	2 x "0"	2 x "1"	usw.
B	2 x "0"	4 x "1"	4 x "0"	4 x "1"	"
C	4 x "0"	8 x "1"	8 x "0"	8 x "1"	"
D	8 x "0"	16 x "1"	16 x "0"	16 x "1"	"

12.3.2 Glixon-Code

Der in der Tafel 56 angegebene Glixon-Code hat eine Ähnlichkeit mit dem Gray-Code und ist wie
dieser ein zyklisch-permutierter
Code. Der Glixon-Code ist ein einschrittiger tetradischer Code, der
eine binär-dezimale Darstellung
von Dezimalzahlen ermöglicht. Die
Binärstellen haben keinen festen
Wert. Der Glixon-Code hat die Hammingdistanz d = 1 und die absolute
Redundanz R = 0,68 und besitzt somit keine ausreichende Möglichkeit
der Fehlererkennung.

Tafel 56: Glixon-Code

Stellen- werte: Stellen:	D	C	B	A
0	0	0	0	0
1	0	0	0	1
2	0	0	1	1
3	0	0	1	0
4	0	1	1	0
5	0	1	1	1
6	0	1	0	1
7	0	1	0	0
8	1	1	0	0
9	1	0	0	0

Spaltenkopf: Keine Zuordnung; Zeilengruppe: Dezimalziffern

12.3.3 O'Brien-Code

Der in der Tafel 57 angegebene O'Brien-Code ist wie der Gray-
Code ein zyklisch-permutierter
Code und wie der Glixon-Code ein
einschrittiger tetradischer Code,
der eine binär-dezimale Darstellung von Dezimalzahlen ermöglicht.
Im Gegensatz zum Glixon-Code ist
sein Aufbau symmetrischer, wie die
in der Tafel 57 eingezeichnete waagerechte Linie zeigt, an der sich
die Bit-Kombinationen spiegeln. Der
O'Brien-Code hat die Hammingdistanz
d = 1 und die absolute Redundanz R=1
und somit keine ausreichende Möglichkeit der Fehlererkennung.

Tafel 57: O'Brien-Code

Stellen- werte: Stellen:	D	C	B	A
0	0	0	0	1
1	0	0	1	1
2	0	0	1	0
3	0	1	1	0
4	0	1	0	0
5	1	1	0	0
6	1	1	1	0
7	1	0	1	0
8	1	0	1	1
9	1	0	0	1

Spaltenkopf: Keine Zuordnung; Zeilengruppe: Dezimalziffern

12.4 Sonstige Codes

12.4.1 Walking-Code

Der Walking-Code ist ein n-stelliger Code und arbeitet als
Zwei-aus-n-Code. Jede Bitkombination besteht also aus 2 Einserbits und (n-2) binären "0"-Werten. Beim Übergang von einer

Tafel 58: 5-stelliger Walking-Code

Stellen- werte: Stellen:	Keine Zu- ordnung E	D	C	B	A
0	0	0	0	1	1
1	0	0	1	0	1
2	0	0	1	1	0
3	0	1	0	1	0
Dezimal- 4	0	1	1	0	0
ziffern 5	1	0	1	0	0
6	1	1	0	0	0
7	0	1	0	0	1
8	1	0	0	0	1
9	1	0	0	1	0

Tafel 59: 7-stelliger Walking-Code

Stellen- werte: Stellen:	Keine Zu- ordnung G	F	E	D	C	B	A
0	0	0	0	0	0	1	1
1	0	0	0	0	1	0	1
2	0	0	0	0	1	1	0
3	0	0	0	1	0	1	0
4	0	0	0	1	1	0	0
5	0	0	1	0	1	0	0
Dezimal- 6	0	0	1	1	0	0	0
werte 7	0	1	0	1	0	0	0
8	0	1	1	0	0	0	0
9	1	0	1	0	0	0	0
10	1	1	0	0	0	0	0
11	0	1	0	0	0	0	1
12	1	0	0	0	0	0	1
13	1	0	0	0	0	1	0

Bit-Kombination zur nächsten wechseln grundsätzlich 2 benachbarte Bits, von denen das eine binär "0", das andere binär "1" sein muß, ihren jeweiligen Wert. Dadurch wird ein eindeutiger Übergang gewährleistet. Obwohl der Walking-Code mehrschrittig ist, zeigt er also beim Übergang von einem Wert zum nächsten keine falsche Bit-Kombination an. Er wirkt wie der einschrittige Gray-Code und ist auch wie dieser ein zyklisch-permutierter Code. Der Walking-Code eignet sich deshalb gut für digitale Längen- und Winkelmessungen. Unabhängig von der Stellenzahl hat der Walking-Code die Hammingdistanz $d = 2$ und große, von der Stellenzahl abhängige Redundanzen, so daß er gut prüfbar ist.

In der Tafel 58 ist der 5-stellige Walking-Code angegeben. Es ist ein Zwei-aus-fünf-Code (vergl. Abschn. 12.2.3 auf S.185) mit der absoluten Redundanz $R = \log_2 (32 : 10) = 1{,}68$.

Tafel 59 zeigt den 7-stelligen Walking-Code. Es ist ein Zwei-aus-sieben-Code (vergl. Abschn. 12.2.2 auf S.185) mit der absoluten Redundanz $R = \log_2 (128 : 14) = 3{,}19$.

12.4.2 Fernschreib-Code CCITT Nr. 2

Der Fernschreib-Code CCITT Nr. 2 (Comité Consultatif International Télégraphique et Téléphonique) ist in der Tafel 60 auf S.191 angegeben. Er ist der gesetzlich vorgeschriebene

Tafel 60: Fernschreib-Code CCITT Nr. 2

Nr.	5	4	3	T	2	1	Buch-staben	Ziffern und Zeichen
1				•	○	○	A	–
2	○	○		•		○	B	?
3		○	○	•	○		C	:
4		○		•		○	D	Wer da?
5				•		○	E	3
6		○	○	•		○	F	(frei)
7	○	○		•	○		G	(frei)
8	○		○	•			H	(frei)
9			○	•	○		I	8
10		○		•	○	○	J	Klingel
11		○	○	•	○	○	K	(
12	○			•	○		L	)
13	○	○	○	•			M	.
14		○	○	•			N	,
15	○	○		•			O	9
16	○		○	•	○		P	0
17	○		○	•	○	○	Q	1
18		○		•	○		R	4
19			○	•		○	S	'
20	○			•			T	5
21			○	•	○	○	U	7
22	○	○	○	•	○		V	=
23	○			•	○	○	W	2
24	○	○	○	•		○	X	/
25	○		○	•		○	Y	6
26	○			•		○	Z	+
27		○		•			Wagenrücklauf	
28				•	○		Zeilenschaltung	
29	○	○	○	•	○	○	Umschaltung auf Buchstaben	
30	○	○		•	○	○	Umschaltung auf Ziffern/Zeichen	
31			○	•			Zwischenraum oder Leertaste	
32				•			(Nicht benützt)	

T: Transportlochung für Lochstreifen

Code für die Übertragung alphanumerischer Zeichen auf öffentlichen Fernschreibleitungen. Der Code besitzt 5 Binärstellen mit doppelter Belegung. Die eine Belegung umfaßt Buchstaben, die andere Ziffern und Zeichen. Die Umschaltung erfolgt durch zwei besondere Codewörter (Nr. 29 und 30 in der Tafel 60).

Während Fehler in der Übertragung von Texten kaum stören, weil die Redundanzen dieser Texte genügend groß sind, ist die Fehlererkennung bei der Übertragung von Ziffern kaum möglich, weil bei ihnen oft keine Redundanzen vorhanden sind. Deshalb sind spezielle Codes entwickelt worden, z.B. der Ziffern-Sicherungs-Code ZSC 3. Das ist ein Drei-aus-fünf-Code. Jede 5-Bit-Kombination enthält also jeweils drei binäre "1"-Werte. Die Hammingdistanz beträgt $d = 2$, und bei einem Übertragungsfehler entsteht mit großer Wahrscheinlichkeit keine andere Ziffer, sondern ein Sonderzeichen.

12.4.3 EBCDI-Code

In Digitalrechnern werden häufig der EBCDI-Code (Extended Binary Codes Decimal Interchange Code), ein erweiteter BCD-Code, der in der Tafel 61 auf S.194 angegeben ist, und der ASCII-Code (American Standard Code for Information Interchange) verwendet. Ihre Grundlage ist das Byte.

Ein Byte umfaßt 9 Bits: 8 Datenbits und 1 Prüfbit. Das Prüfbit wird stets so bewertet, daß die Gesamtzahl der binären "1"-Werte in allen 9 Stellen ungerade ist. Mit den 256 möglichen Bit-Kombinationen der 8 Datenbits können also 256 verschiedene alphanumerische Zeichen verschlüsselt werden. Die 8 Datenbits können folgendermaßen belegt werden:

1. Rein duale Belegung gemäß Bild 161: die größte darstellbare Dualzahl entspricht der Dezimalzahl 255.

$$
\begin{array}{lccccccccc}
\text{Stellenwerte:} & - & 2^7 & 2^6 & 2^5 & 2^4 & 2^3 & 2^2 & 2^1 & 2^0 \\
\text{Stellen:} & \underbrace{I}_{\text{Prüfbit}} & \underbrace{H & G & F & E & D & C & B & A}_{\text{Datenbits}}
\end{array}
$$

Bild 161: Byte mit 8 Datenbits (Stellen A bis H) und 1 Prüfbit (Stelle I) für rein duale Belegung

2. <u>Rein numerische Darstellung</u> in 2 Tetraden gemäß Bild 162:
in einem Byte werden 2 Dezimalstellen in einem Binärcode für
Dezimalziffern verschlüsselt. Diese Darstellungsweise nennt
man "<u>gepacktes Format</u>".

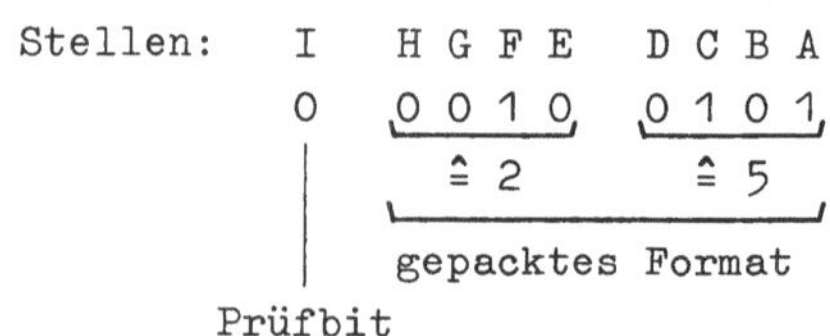

Bild 162: Gepackte Darstellung der Dezimalziffern
2 und 5 im BCD-Code in einem Byte

3. <u>Alphanumerische Darstellung</u> in 2 Tetraden gemäß Bild 163:
die rechte Tetrade, <u>Ziffernteil</u> genannt, dient zur Darstellung der Dezimalziffern im BCD-Code, wobei die linke Tetrade, <u>Zonenteil</u> genannt, vier binäre "1"-Werte enthält. Buch-

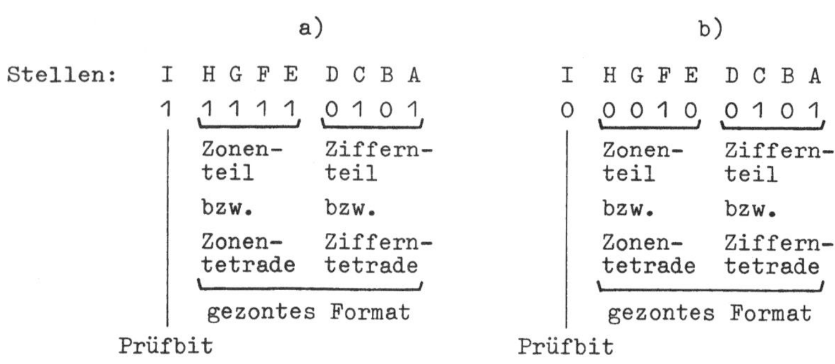

Bild 163: Gezonte Darstellung a) der Dezimalziffer 5 und
b) des Steuerzeichens LF (Zeilenvorschub) im
EBCDI-Code

staben und Zeichen werden durch Kombination einer Ziffern-
tetrade mit einer verschlüsselten Zonentetrade gebildet. So
ist der EBCDI-Code in der Tafel 61 auf S.194 aufgebaut. Diese Darstellungsart im Byte nennt man "<u>gezontes Format</u>".

Tafel 61: EBCDI-Code

HGFE		0 0 0 0	0 0 0 1	0 0 1 0	0 0 1 1	0 1 0 0	0 1 0 1	0 1 1 0	0 1 1 1	1 0 0 0	1 0 0 1	1 0 1 0	1 0 1 1	1 1 0 0	1 1 0 1	1 1 1 0	1 1 1 1
DCBA	DEZ	0	1	2	3	4	5	6	7	8	9	10	11	12	13	14	15
0000	0	NUL				SPA	&	-									0
0001	1							/		a	j			A	J		1
0010	2									b	k	s		B	K	S	2
0011	3									c	l	t		C	L	T	3
0100	4	PF	RES	BYP	PN					d	m	u		D	M	U	4
0101	5	HT	NL	LF	RS					e	n	v		E	N	V	5
0110	6	LC	BS	EOB	UC					f	o	w		F	O	W	6
0111	7	DEL	IL	PRE	EOT					g	p	x		G	P	X	7
1000	8									h	q	y		H	Q	Y	8
1001	9									i	r	z		I	R	Z	9
1010	10			SM		¢	!	∧	:								
1011	11					.	$	,	#								
1100	12					<	*	%	@								
1101	13					(	)	—	'								
1110	14					+	;	>	=								
1111	15							¬	?	"								⌷

Bedeutung der Bezeichnungen im Kopf:

HGFE	Zonentetrade
DCBA	Zifferntetrade
DEZ	Dezimalwert

Bedeutung der Steuerzeichen:

NUL	Nil (Füllzeichen)	BYP	Sonderfolgenanfang
PF	Stanzer Aus	LF	Zeilenvorschub
HT	Horizontal-Tabulator	EOB	Blockende
LC	Kleinbuchstaben	PRE	Bedeutungsänderung der beiden Folgezeichen
DEL	Löschen		
RES	Sonderfolgenende	SM	Betriebsartenänderung
NL	Zeilenvorschub mit Wagenrücklauf	PN	Stanzer Ein
		RS	Leser Stop
BS	Rückwärtsschritt	UC	Großbuchstaben
IL	Leerlauf	EOT	Ende der Übertragung
		SPA	Zwischenraum

13 Anwendungsbeispiele

13.1 Beispiel 70: Stellenversetzung im Schieberegister

Gesucht ist eine logische Schaltung für ein Schieberegister
als Ringregister, das eine gespeicherte Information taktweise nach rechts ($\hat{=}$ vorwärts) und nach links ($\hat{=}$ rückwärts)
verschieben kann und aus 4 D-Kippgliedern mit Zweizustandssteuerung (Master-Slave-Anordnung) besteht. Für deren Setzausgänge wird gesetzt: $Q_1{=}A$, $Q_2{=}B$, $Q_3{=}C$ und $Q_4{=}D$. Die Schieberichtung legt das Steuersignal V fest: $V{=}1$ soll nach
rechts, $V{=}0$ soll nach links schieben.

<u>Lösung</u>: Es ergibt sich der in der Tafel 62 angegebene Funktionszeitplan, dem man die Problemfunktionen entnimmt.

Tafel 62: Funktionszeitplan eines vierstufigen rechts- und
linksschiebenden Ringregisters

rs V^n	ls V^n	D^n	C^n	B^n	A^n	rs = rechtsschiebend D^{n+1}	C^{n+1}	B^{n+1}	A^{n+1}	ls = linksschiebend D^{n+1}	C^{n+1}	B^{n+1}	A^{n+1}
1	0	0	0	0	0	0	0	0	0	0	0	0	0
1	0	0	0	0	1	1	0	0	0	0	0	1	0
1	0	0	0	1	0	0	0	0	1	0	1	0	0
1	0	0	0	1	1	1	0	0	1	0	1	1	0
1	0	0	1	0	0	0	0	1	0	1	0	0	0
1	0	0	1	0	1	1	0	1	0	1	0	1	0
1	0	0	1	1	0	0	0	1	1	1	1	0	0
1	0	0	1	1	1	1	0	1	1	1	1	1	0
1	0	1	0	0	0	0	1	0	0	0	0	0	1
1	0	1	0	0	1	1	1	0	0	0	0	1	1
1	0	1	0	1	0	0	1	0	1	0	1	0	1
1	0	1	0	1	1	1	1	0	1	0	1	1	1
1	0	1	1	0	0	0	1	1	0	1	0	0	1
1	0	1	1	0	1	1	1	1	0	1	0	1	1
1	0	1	1	1	0	0	1	1	1	1	1	0	1
1	0	1	1	1	1	1	1	1	1	1	1	1	1

Die Problemfunktionen ergeben sich hier recht schnell nach
der "Methode des scharfen Ansehens", also ohne Rechnung:

<u>Problemfunktionen des rechtsschiebenden Registers</u>:

    <u>für D^{n+1}</u>: $D^{n+1} = 1$ stets bei $V^n{=}1$ <u>und</u> $A^n{=}1$. B^n, C^n und
        D^n sind ohne Einfluß und daher vernachlässig-

$$\text{bar: } D^{n+1} = (V \wedge A)^n$$

Analog erhält man die anderen Problemfunktionen:

$$D^{n+1} = (V \wedge A)^n \quad C^{n+1} = (V \wedge D)^n \quad B^{n+1} = (V \wedge C)^n \quad A^{n+1} = (V \wedge B)^n$$

Die Problemfunktionen enthalten keine Aussagen weder über den eigenen Setz- noch über den eigenen Rücksetzausgang. Nach Abschn. 11.2 auf S.174 sind folglich die Teilfunktionen gleich: $g_1 = g_2 = g$. Damit ergibt sich

$$g_D{}^n = (V \wedge A)^n \quad g_C{}^n = (V \wedge D)^n \quad g_B{}^n = (V \wedge C)^n \quad g_A{}^n = (V \wedge B)^n$$

Mit Gl.(85) auf S.176: $D^n = g^n$ für $g_1 = g_2 = g$ ergeben sich folgende Eingangsfunktionen als <u>Schaltfunktionen</u>:

$$D_D = V \wedge A \qquad D_C = V \wedge D \qquad D_B = V \wedge C \qquad D_A = V \wedge B$$

Analog erhält man die <u>Problemfunktionen des linksschiebenden Registers</u>:

$$D^{n+1} = (\bar{V} \wedge C)^n \quad C^{n+1} = (\bar{V} \wedge B)^n \quad B^{n+1} = (\bar{V} \wedge A)^n \quad A^{n+1} = (\bar{V} \wedge D)^n$$

Daraus die Eingangsfunktionen als Schaltfunktionen:

$$D_D = \bar{V} \wedge C \qquad D_C = \bar{V} \wedge B \qquad D_B = \bar{V} \wedge A \qquad D_A = \bar{V} \wedge D$$

Damit ergibt sich:

$$D_D = VA \vee \bar{V}C \qquad D_C = VD \vee \bar{V}B \qquad D_B = VC \vee \bar{V}A \qquad D_A = VB \vee \bar{V}D$$

$$D_4 = VQ_1 \vee \bar{V}Q_3 \quad D_3 = VQ_4 \vee \bar{V}Q_2 \quad D_2 = VQ_3 \vee \bar{V}Q_1 \quad D_1 = VQ_2 \vee \bar{V}Q_4$$

Die Schaltung hierfür, allerdings nur für 3 D-Kippglieder, entspricht der Schaltung im Bild 141 auf S.156, wenn man dort Q_1 mit ESV und Q_3 mit ESR verbindet.

13.2 Beispiel 71: <u>Modulo-16-Vorwärts-Dual-Zähler</u>

Gesucht ist eine Modulo-16-Zählerschaltung von 0 bis 15, die aus a) 1/0-taktflankengesteuerten T-, b) zweizustandsgesteuerten JK-Kippgliedern bestehen und rein dual zählen soll.

<u>Lösung</u>: Nötig sind 4 Kippglieder A, B, C, D mit den gleichnamigen Setzausgängen. Man stellt den Funktionszeitplan auf (Tafel 63), dem man die Problemfunktionen entnimmt.

Tafel 63: Funktionszeitplan eines Modulo-16-Vorwärts-Dual-Zählers

Zeitpunkt n					Zeitpunkt (n+1)				
Nach dem Impuls	D^n	C^n	B^n	A^n	Nach dem Impuls	D^{n+1}	C^{n+1}	B^{n+1}	A^{n+1}
0	0	0	0	0	1	0	0	0	1
1	0	0	0	1	2	0	0	1	0
2	0	0	1	0	3	0	0	1	1
3	0	0	1	1	4	0	1	0	0
4	0	1	0	0	5	0	1	0	1
5	0	1	0	1	6	0	1	1	0
6	0	1	1	0	7	0	1	1	1
7	0	1	1	1	8	1	0	0	0
8	1	0	0	0	9	1	0	0	1
9	1	0	0	1	10	1	0	1	0
10	1	0	1	0	11	1	0	1	1
11	1	0	1	1	12	1	1	0	0
12	1	1	0	0	13	1	1	0	1
13	1	1	0	1	14	1	1	1	0
14	1	1	1	0	15	1	1	1	1
15	1	1	1	1	16	0	0	0	0

<u>Problemfunktionen:</u>

$$\underline{A^{n+1} = \bar{A}^n}$$

Man erkennt leicht: $A^{n+1}=1$ stets bei $\bar{A}^n=1$. B^n, C^n und D^n sind also ohne Einfluß und daher vernachlässigbar.

$$\underline{B^{n+1} = (\bar{A}B \vee A\bar{B})^n}$$

Man erkennt leicht: $B^{n+1}=1$ stets bei $(A\bar{B})^n=1$ oder bei $(\bar{A}B)^n=1$. C^n, D^n sind ohne Einfluß, also vernachlässigbar.

$$C^{n+1} = (\bar{D}\bar{C}BA \vee \bar{D}C\bar{B}\bar{A} \vee \bar{D}CB\bar{A} \vee \bar{D}CB\bar{A} \vee D\bar{C}BA \vee DC\bar{B}\bar{A} \vee DC\bar{B}A \vee DCB\bar{A})^n$$
$$= (\bar{C}BA \vee C(\bar{B}\bar{A} \vee \bar{B}A \vee B\bar{A}))^n = (\bar{C}BA \vee C(\bar{B}\vee\bar{A}))^n$$
$$\underline{C^{n+1} = (\overline{AB}C \vee AB\bar{C})^n}$$

$$D^{n+1} = (\bar{D}CBA \vee D\bar{C}\bar{B}\bar{A} \vee D\bar{C}\bar{B}A \vee D\bar{C}B\bar{A} \vee D\bar{C}BA \vee DC\bar{B}\bar{A} \vee DC\bar{B}A \vee DCB\bar{A})^n$$
$$= (\bar{D}CBA \vee D(\bar{C}\bar{B}\bar{A} \vee \bar{C}\bar{B}A \vee \bar{C}B\bar{A} \vee \bar{C}BA \vee C\bar{B}\bar{A} \vee C\bar{B}A \vee CB\bar{A}))^n$$
$$\underline{D^{n+1} = (\overline{ABC}D \vee ABC\bar{D})^n}$$

<u>Teilfunktionen</u> g_1 und g_2:

$$g_{1,A} = 0 \qquad g_{1,B} = \bar{A} \qquad g_{1,C} = \overline{AB} \qquad g_{1,D} = \overline{ABC}$$

$$g_{2,A} = 1 \qquad g_{2,B} = A \qquad g_{2,C} = AB \qquad g_{2,D} = ABC$$

a) <u>Aufbau aus T-Kippgliedern</u>:

Mit Gl.(86) auf S.176: $T^n = (\bar{g}_1 Q \vee g_2 \bar{Q})^n$ erhält man folgende Eingangsfunktionen als <u>Schaltfunktionen</u>:

$$\underline{T_A = (1 \wedge A) \vee (1 \wedge \bar{A}) = 1} \qquad \underline{T_B = (A \wedge B) \vee (A \wedge \bar{B}) = A = T_A \wedge A}$$

$$\underline{T_C = ABC \vee AB\bar{C} = AB = T_B \wedge B} \qquad \underline{T_D = ABCD \vee ABC\bar{D} = ABC = T_C \wedge C}$$

Man erkennt einen zyklischen Aufbau der Schaltfunktionen und damit auch der Schaltung. Eine Zählerschaltung, die zyklisch aufgebaut ist und folglich beliebig erweitert werden kann, nennt man auch <u>Zählkette</u>. Voraussetzung ist, daß bei n Stellen alle 2^n Bitkombinationen verwendet werden und daß die Reihenfolge der Bitkombinationen einen regelmäßigen, zyklischen Aufbau besitzt, der in diesem Zyklus beliebig erweitert werden kann, wie z.B. im Dualsystem.

Den Wert 1 bei der Schaltfunktion T_A liefert der an T_A angeschlossene Takt T bzw. C. Die anderen Schaltfunktionen lassen sich noch vereinfachen. Betrachten wir z.B. $T_C = T_B \wedge B$. Nach Gl.(47) auf S.139 gilt:

<u>Eingangsfrequenz f_T $(\hat{=} T_B)$: Setzfrequenz f_Q $(\hat{=} B) = 2 : 1$</u>

Sind 2 Variablen mit derartigen Signalfrequenzen durch UND verknüpft, so spricht das UND-Glied, wie das Impulsdiagramm des Bildes 164 zeigt, nur im Rhythmus der niedrigeren Frequenz, der Setzfrequenz f_Q $(\hat{=} B)$, an. T_C und B haben also gleiche Frequenz, nur hat T_C ein Tastverhältnis von 1:3 und B von 1:1. Ein 1/0-takt-flankengesteuertes T-Kippglied arbeitet aber mit B als Eingangssignal genauso wie mit T_C als Eingangssignal. Das UND-Glied kann infolgedessen entfallen: aus $T_C = T_B \wedge B$ wird $T_C = B$.

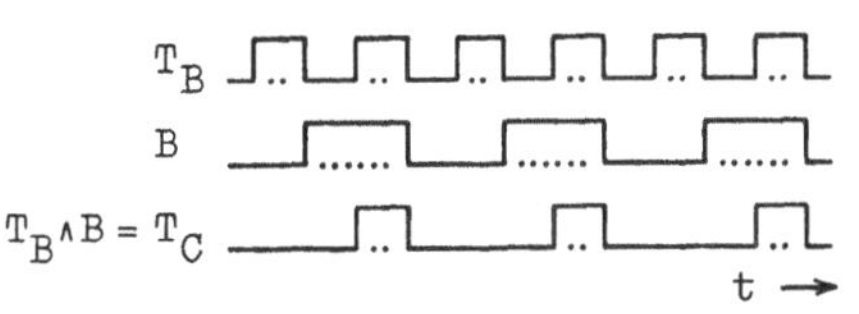

Bild 164: Impulsdiagramm des T-Kippgliedes B, dessen Eingang T_B und Setzausgang B durch UND zu T_C verknüpft sind

Für die anderen Schaltfunktionen bzw. Ein-

gangsfunktionen gilt analog das gleiche, so daß diese nun
lauten: (93)

$$T_A = T \text{ (93)} \qquad T_B = A \text{ (94)} \qquad T_C = B \text{ (95)} \qquad T_D = C \text{ (96)} \begin{matrix} \text{bis} \\ \text{(96)} \end{matrix}$$

Mit Gl.(93) bis (96) erhält man die im Bild 165 dargestellte
asynchrone Schaltung einer vorwärtszählenden Zählkette aus
1/0-taktflankengesteuerten T-Kippgliedern, deren Impulsdiagramm im Bild 166 angegeben ist. Das Impulsdiagramm zeigt
anschaulich die duale Zählweise der Taktimpulse. Nach 15 Impulsen sind alle 4 Kippglieder gesetzt. Nach dem 16. Taktimpuls ($\hat{=}$ 10000) werden alle 4 Kippglieder rückgesetzt und die
Ziffer 1 geht verloren. Nach dem 17. Taktimpuls erscheint
wieder die Dualzahl 0001. Man erkennt leicht, daß durch Vor-
schalten weiterer Kippglieder die Zählkapazität sich erhöhen
läßt: bei n Kippgliedern kann man 2^n Taktimpulse zählen.

Mit der Zählkette aus n Kippgliedern läßt sich jeder belie-

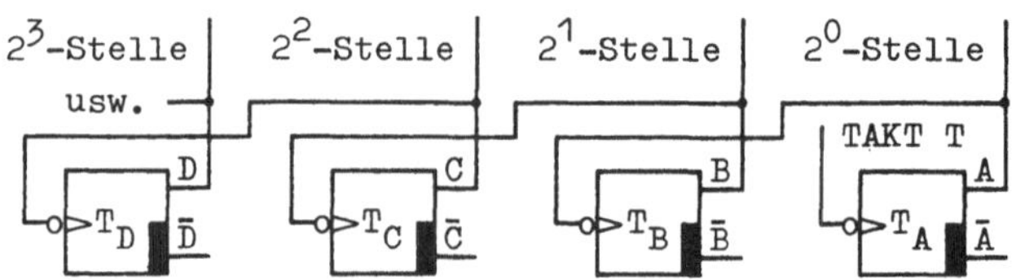

Bild 165: Asynchrone, vorwärtszählende Zählkette aus T-Kippgliedern (Asynchroner Modulo-16-Vorwärts-Dualzähler)

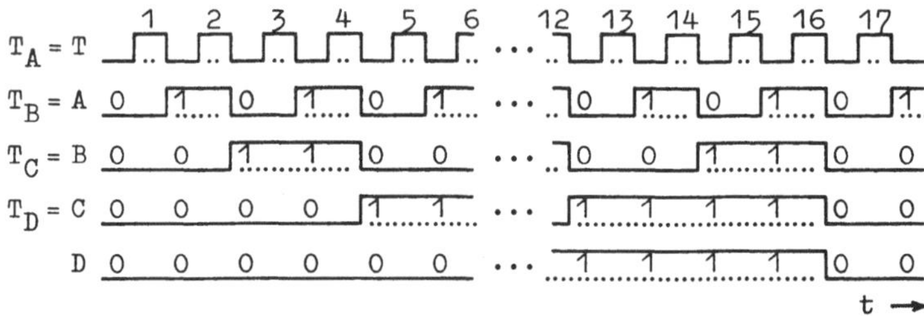

Bild 166: Impulsdiagramm der Zählkette des Bildes 165 aus
1/0-taktflankengesteuerten T-Kippgliedern (Asynchroner Modulo-16-Vorwärts-Dual-Zähler)

bige Modulo-N-Zähler mit $N \leq 2^n$ herstellen, indem z.B. an der Stelle N durch eine entsprechende UND-Verknüpfung über einen zusätzlichen R-Eingang alle Kippglieder rückgesetzt werden.

Bei einem <u>asynchronen</u> Zähler liegt nur das 1. Kippglied am Zähltakt, alle anderen Kippglieder sind am unmittelbar vorhergehenden Kippglied angeschlossen. Infolge der Totzeiten in jedem Kippglied kann dadurch eine gewisse, von Kippglied zu Kippglied größer werdende Verzögerung in der Anzeige der Dualziffer erfolgen, so daß ggf. die Anzahl der Kippglieder nicht allzu groß sein darf.

b) Aufbau aus JK-Kippgliedern:

Mit den Teilfunktionen g_1 und g_2 auf S.197 unten und den Gl. (89) und (90) auf S.177: $\underline{J = g_2}$ und $\underline{K = \bar{g}_1}$ erhält man folgende Eingangsfunktionen als <u>Schaltfunktionen</u>:

$$J_A = 1 \qquad J_B = A \qquad J_C = AB \qquad J_D = ABC$$
$$K_A = 1 \qquad K_B = A \qquad K_C = AB \qquad K_D = ABC \qquad (97)$$

oder auch:

$$\text{bis} \qquad (102)$$

$$\underline{J_A = 1} \;(97) \qquad \underline{J_B = J_A \wedge A} \;(99) \qquad \underline{J_C = J_B \wedge B} \;(101) \qquad \underline{J_D = J_C \wedge C} \;(103)$$
$$\underline{K_A = J_A} \;(98) \qquad \underline{K_B = J_B} \;(100) \qquad \underline{K_C = J_C} \;(102) \qquad \underline{K_D = J_D} \;(104)$$

Man erkennt auch hier einen zyklischen Aufbau, der beliebig erweitert werden kann.

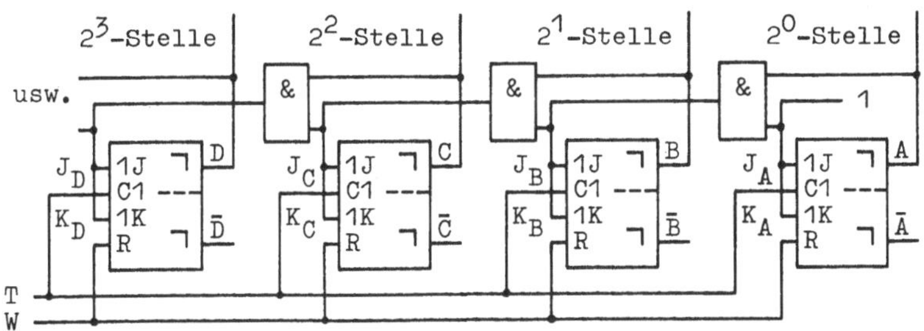

Bild 167: Synchrone, vorwärtszählende Zählkette aus JK-Kippgliedern mit Zweizustandssteuerung (Synchroner Modulo-16-Vorwärts-Dual-Zähler)

Jedes Kippglied ist unmittelbar am steuernden Takt T bzw. C
angeschlossen, es liegt also eine synchrone Schaltung vor.
Infolge der Steuerung sämtlicher J- und K-Eingänge durch den
Takt lassen sich die Schaltfunktionen im Gegensatz zur asynchronen Schaltung im Fall a) nicht weiter vereinfachen. Mit
dem Steuersignal W=1 werden alle Kippglieder gleichzeitig
rückgesetzt.

Damit erhält man die im Bild 167 angegebene synchrone Schaltung einer vorwärtszählenden Zählkette aus zweizustandsgesteuerten JK-Kippgliedern, deren Impulsdiagramm im Bild 168
dargestellt ist. Das auf S.199 Gesagte zum Impulsdiagramm
gilt auch hier.

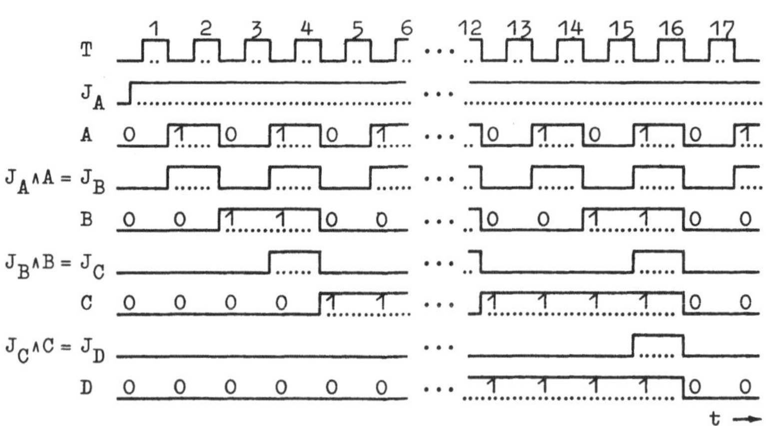

Bild 168: Impulsdiagramm der Zählkette des Bildes 167 aus
            zweizustandsgesteuerten JK-Kippgliedern
            (Synchroner Modulo-16-Vorwärts-Dual-Zähler)

13.3 Beispiel 72: Modulo-16-Rückwärts-Dual-Zähler

Analog zu den im Haushalt gebräuchlichen Kurzzeitweckern,
die rückwärts zählen und stets bei der festen Grundstellung
NULL ein Alarmsignal auslösen, verwendet man auch in der Digitaltechnik häufig rückwärts zählende Zähler.

Aus dem entsprechend aufgestellten Funktionszeitplan erfolgt

Tafel 64: Dualzahlen von 0 bis 15

DEZ	0	1	2	3	4	5	6	7	8	9	10	11	12	13	14	15
A	0	1	0	1	0	1	0	1	0	1	0	1	0	1	0	1
B	0	0	1	1	0	0	1	1	0	0	1	1	0	0	1	1
C	0	0	0	0	1	1	1	1	0	0	0	0	1	1	1	1
D	0	0	0	0	0	0	0	0	1	1	1	1	1	1	1	1

die Berechnung der Schaltung eines Rückwärtszählers in gleicher Weise wie üblich.

Einfach wird die Lösung bei einer n-stelligen Zählkette, die 2^n Bitkombinationen zum Zählen verwendet. Betrachtet man in der Tafel 64 die Dualzahlen rückwärts von 15 bis 0, so entspricht diese Reihenfolge genau der von 0 bis 15, wenn man die Ziffern 0 und 1 miteinander vertauscht. Das entspricht jedoch einem Invertieren der Variablen A bis D.

Gesucht ist eine Modulo-16-Zählerschaltung von 15 bis 0, die aus a) 1/0-flankengesteuerten T-, b) zweizustandsgesteuerten JK-Kippgliedern bestehen und rein dual zählen soll.

Lösung: Die Kenntnis des Beispiels 71 auf S.196 wird vorausgesetzt.

a) Aufbau aus T-Kippgliedern:

Auf Grund des oben Gesagten entstehen aus den Gl.(93) bis (96) auf S.199 folgende Schaltfunktionen: (105) bis (108)

$$T_A = T \text{ (105)} \qquad T_B = \bar{A} \text{ (106)} \qquad T_C = \bar{B} \text{ (107)} \qquad T_D = \bar{C} \text{ (108)}$$

Es wird empfohlen, übungshalber den Funktionszeitplan aufzustellen und daraus die Problem-, Teil- und Eingangsfunktio-

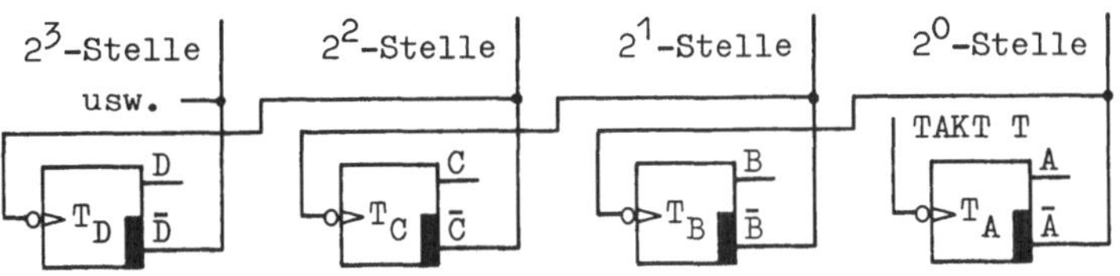

Bild 169: Asynchroner Modulo-16-Rückwärts-Dual-Zähler aus 1/0-flankengesteuerten T-Kippgliedern

nen zu ermitteln, die zu den Ergebnissen der Gl.(105) bis (108) führen müssen.

Mit den Gl.(105) bis (108) ergibt sich die im Bild 169 dargestellte asynchrone Schaltung einer rückwärts zählenden Zählkette aus 1/0-flankengesteuerten T-Kippgliedern, eines asynchronen Modulo-16-Rückwärts-Dual-Zählers.

Die Schaltung des Bildes 165 auf S.199 arbeitet auch als Rückwärtszähler, wenn man nicht 1/0-, sondern 0/1-flankengesteuerte T-Kippglieder verwendet. Dadurch ändert sich das Ansprechverhalten der Kippglieder. So werden z.B. bei der ersten 0/1-Flanke des Taktes T alle Kippglieder gesetzt. Es erscheint also die Dualzahl 1111. Die nunmehr ablaufende, rückwärts zählende Zählweise zeigt das Impulsdiagramm im Bild 170. Anschaulich ist der Vergleich dieses Impulsdiagramms mit dem Impulsdiagramm im Bild 166 auf S.199.

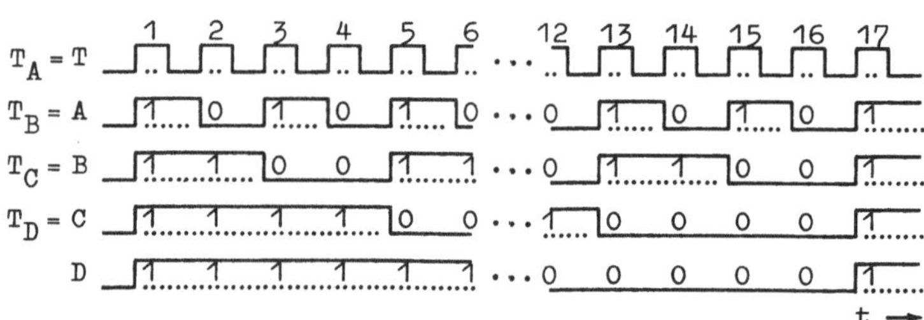

Bild 170: Impulsdiagramm der Zählkette des Bildes 165 auf
          S.199 aus 0/1-flankengesteuerten T-Kippgliedern
          (Asynchroner Modulo-16-Rückwärts-Dual-Zähler)

13.4 Beispiel 73: Asynchroner Modulo-16-Zweirichtungs-Dual-Zähler

Zu entwerfen ist die Schaltung eines asynchronen Modulo-16-Zweirichtungs-Dual-Zählers aus 1/0-flankengesteuerten T-Kippgliedern.

Lösung: Ein Vergleich der Schaltung eines asynchronen Modulo-16-Vorwärts-Dual-Zählers (Bild 165, S.199) mit der Schaltung eines asynchronen Modulo-16-Rückwärts-Dual-Zählers im

Bild 169 auf S.202 zeigt, daß der Einbau einer einfachen
Schaltlogik in Form von UND- und ODER-Gliedern aus beiden
Schaltungen eine einzige, umschaltbare Schaltung herstellt.
Die Umschaltung erfolgt durch die Steuervariable U: U=1 soll
vorwärts, U=0 soll rückwärts zählen. Damit ergibt sich die
im Bild 171 dargestellte Schaltung.

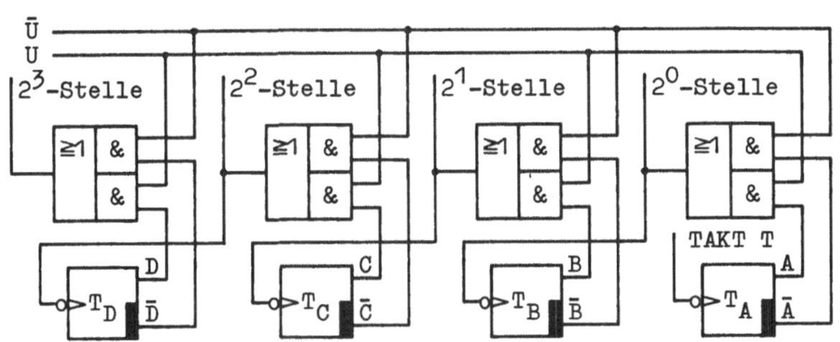

Bild 171: Asynchroner Modulo-16-Zweirichtungs-Dual-Zähler
aus 1/0-flankengesteuerten T-Kippgliedern;
U=1 $\hat{=}$ vorwärts, U=0 $\hat{=}$ rückwärts zählend

13.5 Beispiel 74: Synchroner Modulo-8-Vorwärts-Aiken-Zähler

Gesucht ist die Schaltung eines synchronen Modulo-8-Zählers
von 0 bis 7, der im Aiken-Code arbeitet und aus 1/0-takt-
flankengesteuerten JK-Kippgliedern bestehen soll.

Lösung: Den Aiken-Code für die Aufstellung des Funktions-
zeitplanes, der in der Tafel 65 angegeben ist, entnimmt man
der Tafel 52 auf S.187. Erforderlich sind 4 Kippglieder A,
B, C und D mit den gleichnamigen Setzausgängen. Die Problemfunktionen sollen unter Beachtung der Pseudotetraden sowohl
rechnerisch als auch graphisch mittels KV-Diagramm in einfachster Form ermittelt werden. Oft gibt es unterschiedliche, aber durchaus richtige Lösungen. Bei der rechnerischen
Vereinfachung bei 4 Variablen und einer großen Anzahl von
Pseudotetraden bzw. Redundanzen kann es einige Mühe kosten,
die optimale Vereinfachung zu finden.

Tafel 65: Funktionszeitplan eines Modulo-8-Vorwärts-
Aiken-Zählers

Zeitpunkt n					Zeitpunkt (n+1)				
Nach dem Impuls	D^n	C^n	B^n	A^n	Nach dem Impuls	D^{n+1}	C^{n+1}	B^{n+1}	A^{n+1}
0	0	0	0	0	1	0	0	0	1
1	0	0	0	1	2	0	0	1	0
2	0	0	1	0	3	0	0	1	1
3	0	0	1	1	4	0	1	0	0
4	0	1	0	0	5	1	0	1	1
5	1	0	1	1	6	1	1	0	0
6	1	1	0	0	7	1	1	0	1
7	1	1	0	1	8	0	0	0	0

<u>Pseudotetraden:</u>

0101	0110	0111	1000
$\bar{D}C\bar{B}A = 0$	$\bar{D}CB\bar{A} = 0$	$\bar{D}CBA = 0$	$D\bar{C}\bar{B}\bar{A} = 0$

1001	1010	1110	1111
$D\bar{C}\bar{B}A = 0$	$D\bar{C}B\bar{A} = 0$	$DCB\bar{A} = 0$	$DCBA = 0$

<u>Problemfunktionen:</u>

a) <u>Rechnerische Vereinfachung:</u>

$$A^{n+1} = (\bar{D}\bar{C}\bar{B}\bar{A} \vee \bar{D}\bar{C}B\bar{A} \vee \bar{D}C\bar{B}\bar{A} \vee DC\bar{B}\bar{A})^n$$

$$= (\bar{A}(\bar{D}\bar{C}\bar{B} \vee \bar{D}\bar{C}B \vee \bar{D}C\bar{B} \vee DC\bar{B} \vee \bar{D}CB \vee D\bar{C}\bar{B} \vee D\bar{C}B \vee DCB))^n = (\bar{A} \wedge 1)^n$$

$$\underline{A^{n+1} = \bar{A}^n}$$

$$B^{n+1} = (\bar{D}\bar{C}BA \vee \bar{D}\bar{C}B\bar{A} \vee \bar{D}CB\bar{A})^n$$

$$= (B(\bar{D}\bar{C}\bar{A} \vee \bar{D}C\bar{A} \vee D\bar{C}\bar{A} \vee DC\bar{A}) \vee \bar{B}(\bar{D}\bar{C}A \vee \bar{D}C\bar{A} \vee \bar{D}CA))^n$$

$$= (B(1 \wedge \bar{A}) \vee \bar{B}(\bar{D}A \vee \bar{D}C))^n$$

$$\underline{B^{n+1} = (\bar{A}B \vee (A \vee C)\bar{D}\bar{B})^n}$$

$$C^{n+1} = (\bar{D}\bar{C}BA \vee \bar{D}CBA \vee DC\bar{B}\bar{A})^n$$

$$= (C(D\bar{B}\bar{A} \vee DB\bar{A}) \vee \bar{C}(\bar{D}BA \vee DBA))^n = (C(D\bar{A}) \vee \bar{C}(BA))^n$$

$$\underline{C^{n+1} = (\bar{A}DC \vee AB\bar{C})^n}$$

$$D^{n+1} = (\bar{D}C\bar{B}\bar{A} \vee D\bar{C}BA \vee DC\bar{B}\bar{A})^n$$

$$= (D(\bar{C}BA \vee C\bar{B}\bar{A} \vee \bar{C}\bar{B}\bar{A} \vee \bar{C}BA \vee \bar{C}B\bar{A} \vee CB\bar{A}) \vee \bar{D}(C\bar{B}\bar{A} \vee C\bar{B}A \vee C\bar{B}\bar{A} \vee CBA))^n$$

$$= (D(\bar{C}(BA \vee \bar{B}\bar{A} \vee \bar{B}A \vee B\bar{A}) \vee \bar{A}(C\bar{B} \vee \bar{C}\bar{B} \vee \bar{C}B \vee CB)) \vee \bar{D}(C\bar{A} \vee CA))^n$$

$$= (D(\bar{C} \wedge 1) \vee (\bar{A} \wedge 1)) \vee \bar{D}C)^n$$

$$\underline{D^{n+1} = ((\bar{A} \vee \bar{C})D \vee C\bar{D})^n} \quad \text{oder auch:} \quad \underline{D^{n+1} = ((\bar{A} \vee B)D \vee C\bar{D})^n}$$

b) <u>Graphische Vereinfachung mittels KV-Diagramm</u>:

Die in den KV-Diagrammen der Tafel 66 durchgekreuzten Felder
sind die Pseudotetraden oder Redundanzen. Die zu einem Term
zusammengefaßten Wert-1-Felder und Redundanzfelder sind ein-
gerahmt. Die Zusammenfassung erfolgt stets so, daß der dadurch entstehende Term einerseits den jeweiligen Setz- oder
Rücksetzausgang, andererseits so wenige Variablen wie möglich enthält. Die Variablen gelten zum Zeitpunkt n.

Tafel 66: KV-Diagramme des Beispiels 74

$$A^{n+1} = (\bar{D}\bar{C}\bar{B}\bar{A} \vee \bar{D}\bar{C}B\bar{A} \vee \bar{D}C\bar{B}\bar{A} \vee DC\bar{B}\bar{A})^n \qquad B^{n+1} = (\bar{D}\bar{C}\bar{B}A \vee \bar{D}\bar{C}B\bar{A} \vee \bar{D}C\bar{B}\bar{A})^n$$

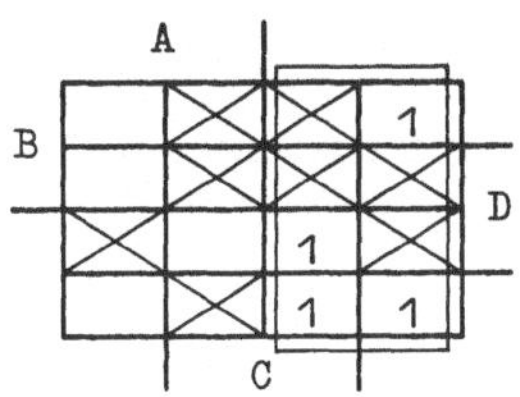

$$\underline{A^{n+1} = \bar{A}^n}$$

$$C^{n+1} = (\bar{D}\bar{C}BA \vee \bar{D}C\bar{B}A \vee DC\bar{B}\bar{A})^n$$

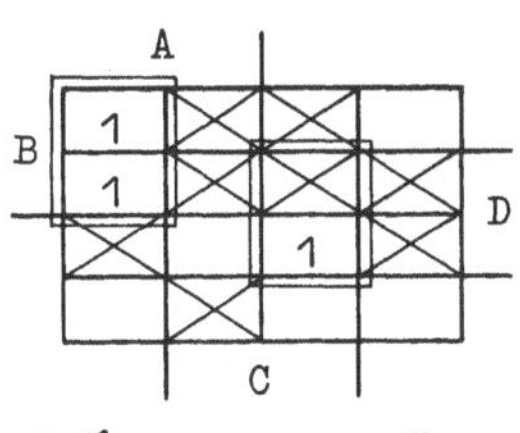

$$\underline{C^{n+1} = (\bar{A}DC \vee AB\bar{C})^n}$$

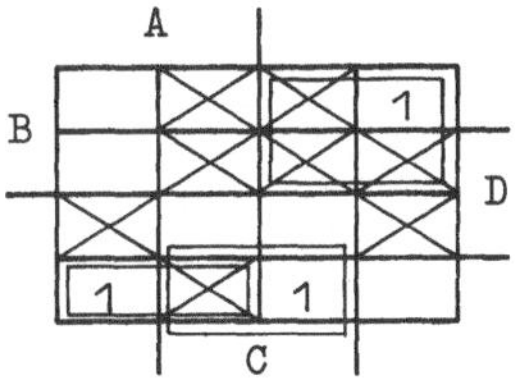

$$B^{n+1} = (\bar{A}B \vee A\bar{D}\bar{B} \vee C\bar{D}\bar{B})^n$$
$$\underline{B^{n+1} = (\bar{A}B \vee (A\vee C)\bar{D}\bar{B})^n}$$

$$D^{n+1} = (\bar{D}C\bar{B}\bar{A} \vee \bar{D}C\bar{B}A \vee DC\bar{B}\bar{A})^n$$

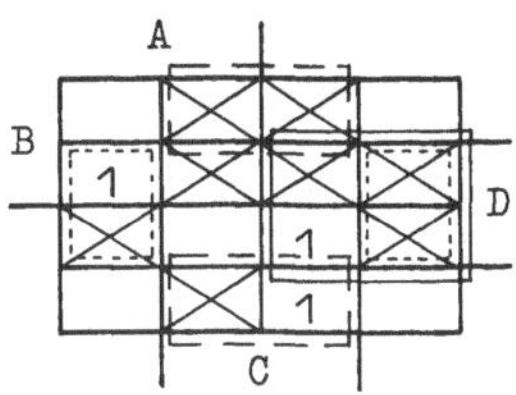

$$D^{n+1} = (\bar{A}D \vee \bar{C}D \vee C\bar{D})^n$$
$$\underline{D^{n+1} = (\overline{A\bar{C}}D \vee C\bar{D})^n}$$

<u>Teilfunktionen</u>:

$$g_{1,A} = 0 \qquad g_{1,B} = \bar{A} \qquad g_{1,C} = \bar{A}D \qquad g_{1,D} = \overline{AC}$$

$$g_{2,A} = 1 \qquad g_{2,B} = (A\vee C)\bar{D} \qquad g_{2,C} = AB \qquad g_{2,D} = C$$

Mit den Gl.(89) und (90) auf S.177: $J^n = g_2{}^n$ und $K^n = \bar{g}_1{}^n$ er-

hält man folgende Ein-
gangsfunktionen als
Schaltfunktionen:

$$J_A = 1 \qquad K_A = 1$$

$$J_B = (A \vee C)\bar{D} \qquad K_B = A$$

$$J_C = AB \qquad K_C = A \vee \bar{D}$$

$$J_D = C \qquad K_D = AC$$

Damit ergibt sich die
im Bild 172 angegebene
Schaltung.

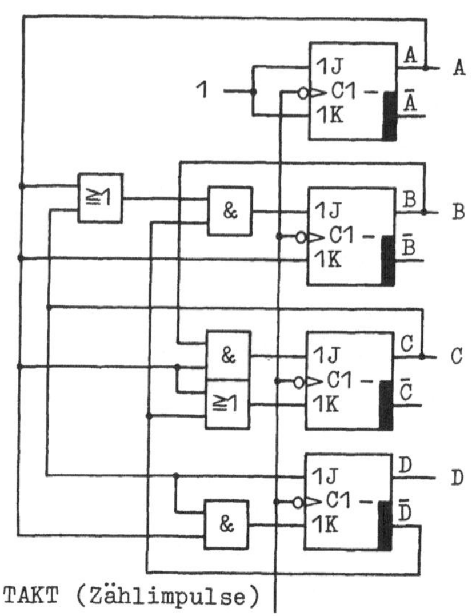

TAKT (Zählimpulse)

Bild 172: Synchroner Modulo-8-Vorwärts-Aiken-Zähler

13.6 Beispiel 75: RS-Kippglied als T-Kippglied

Gesucht ist die Schaltung für ein 1/0-taktflankengesteuertes
RS-Kippglied, damit es als T-Kippglied arbeitet.

Lösung: Die Übertragungsfunktion des T-Kippgliedes wird zur
Problemfunktion des RS-Kippgliedes.

Problemfunktion: Gl.(48) auf S.139: $Q^{n+1} = (\bar{T}Q \vee T\bar{Q})^n$

Teilfunktionen: $g_1 = \bar{T} \qquad g_2 = T$

Eingangsfunktionen: (83): $S^n = (g_2 \wedge \bar{Q})^n$ (84): $R^n = (\bar{g}_1 \wedge Q)^n$

Schaltfunktionen: $S = T\bar{Q} \qquad R = TQ$

Damit erhält man die Schaltung
des Bildes 173. Die UND-Verknüpfungen werden durch den dynamischen Vorsatz, den man als
Pseudo-UND bezeichnen kann,
realisiert.

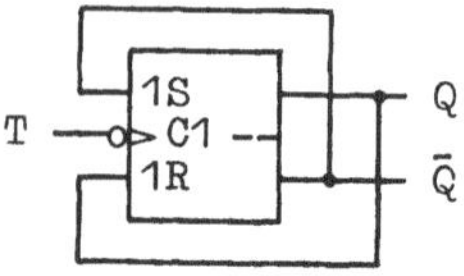

Bild 173: RS-Kippglied
als T-Kippglied

13.7 Beispiel 76: Synchroner Modulo-10-Vorwärts-Fünf-Vier-Zwei-Eins-Zähler

Gesucht ist eine aus 1/0-taktflankengesteuerten JK-Kippgliedern bestehende Schaltung eines synchronen Modulo-10-Zählers von 0 bis 9, der in einem Binärcode für Dezimalziffern arbeitet. Dieser Code ist ein Fünf-Vier-Zwei-Eins-Code und ist im Funktionszeitplan in der Tafel 67, links zum Zeitpunkt n eingetragen. Ein Modulo-10-Zähler von 0 bis 9 wird auch als Dekaden-Zähler bezeichnet. Für die Optimierung der Schaltung sollen die Problemfunktionen unter Beachtung der Pseudotetraden bzw. Redundanzen a) rechnerisch, b) graphisch mittels KV-Diagrammen in einfachster Form ermittelt werden.

Lösung: Man stellt für die 4 Kippglieder A, B, C und D den Funktionszeitplan auf und verfährt weiter wie bisher.

Tafel 67: Funktionszeitplan eines Modulo-10-Vorwärts-Fünf-Vier-Zwei-Eins-Zählers (5-4-2-1-Code)

Zeitpunkt n					Zeitpunkt (n+1)				
Nach dem Impuls	D^n	C^n	B^n	A^n	Nach dem Impuls	D^{n+1}	C^{n+1}	B^{n+1}	A^{n+1}
0	0	0	0	0	1	0	0	0	1
1	0	0	0	1	2	0	0	1	0
2	0	0	1	0	3	0	0	1	1
3	0	0	1	1	4	0	1	0	0
4	0	1	0	0	5	1	0	0	0
5	1	0	0	0	6	1	0	0	1
6	1	0	0	1	7	1	0	1	0
7	1	0	1	0	8	1	0	1	1
8	1	0	1	1	9	1	1	0	0
9	1	1	0	0	10	0	0	0	0

Pseudotetraden:

0101	0110	0111	1101	1110	1111
$\bar{D}C\bar{B}A = 0$	$\bar{D}CB\bar{A} = 0$	$\bar{D}CBA = 0$	$DC\bar{B}A = 0$	$DCB\bar{A} = 0$	$DCBA = 0$

Problemfunktionen:

a) Rechnerische Vereinfachung:

$$A^{n+1} = (\bar{D}\bar{C}\bar{B}\bar{A} \vee \bar{D}\bar{C}B\bar{A} \vee D\bar{C}\bar{B}\bar{A} \vee D\bar{C}B\bar{A})^n = (\bar{D}\bar{C}\bar{A} \vee D\bar{C}\bar{A})^n$$
$$A^{n+1} = (\bar{C}\wedge\bar{A})^n$$

$$B^{n+1} = (\bar{D}\bar{C}\bar{B}A \lor \bar{D}\bar{C}BA \lor D\bar{C}\bar{B}A \lor D\bar{C}B\bar{A} \lor \bar{D}C\bar{B}A \lor DC\bar{B}A \lor \bar{D}CB\bar{A} \lor DCB\bar{A})^n$$
$$= (\bar{D}\bar{B}A \lor \bar{D}B\bar{A} \lor D\bar{B}A \lor DB\bar{A})^n$$
$$\underline{B^{n+1} = (\bar{A}B \lor A\bar{B})^n}$$

$$C^{n+1} = (\bar{D}\bar{C}BA \lor D\bar{C}BA)^n$$
$$\underline{C^{n+1} = (AB\bar{C})^n}$$

$$D^{n+1} = (\bar{D}C\bar{B}\bar{A} \lor D\bar{C}\bar{B}\bar{A} \lor \bar{D}C\bar{B}A \lor D\bar{C}\bar{B}A \lor D\bar{C}BA \lor \bar{D}CBA \lor \bar{D}\bar{C}B\bar{A} \lor \bar{D}\bar{C}BA)^n$$
$$= (\bar{D}C\bar{B} \lor \bar{D}CB \lor D\bar{C}\bar{B} \lor D\bar{C}B)^n$$
$$\underline{D^{n+1} = (\bar{C}D \lor C\bar{D})^n}$$

b) <u>Graphische Vereinfachung mittels KV-Diagrammen:</u>

Für die in der Tafel 68 angegebenen KV-Diagramme gilt das
auf S.206 oben unter b) Gesagte auch hier.

Tafel 68: KV-Diagramme des Beispiels 76

$$A^{n+1} = (\bar{D}\bar{C}\bar{B}\bar{A} \lor \bar{D}\bar{C}\bar{B}A \lor D\bar{C}\bar{B}\bar{A} \lor D\bar{C}\bar{B}A)^n \qquad B^{n+1} = (\bar{D}\bar{C}\bar{B}A \lor \bar{D}\bar{C}BA \lor D\bar{C}\bar{B}A \lor D\bar{C}B\bar{A})^n$$

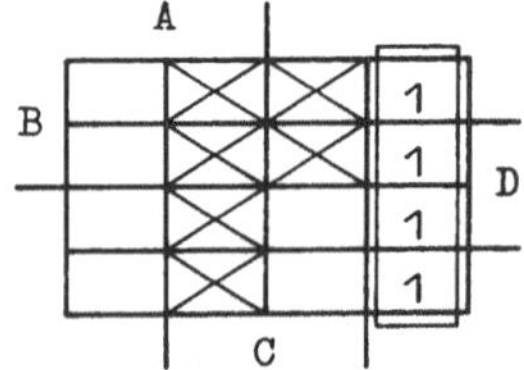

$$\underline{A^{n+1} = (\bar{C}\bar{A})^n}$$

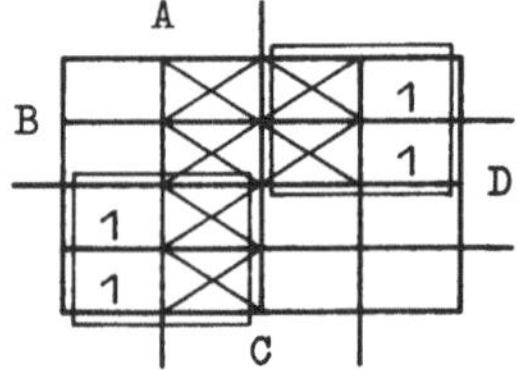

$$\underline{B^{n+1} = (\bar{A}B \lor A\bar{B})^n}$$

$$C^{n+1} = (\bar{D}\bar{C}BA \lor D\bar{C}BA)^n \qquad\qquad D^{n+1} = (\bar{D}C\bar{B}\bar{A} \lor D\bar{C}\bar{B}\bar{A} \lor D\bar{C}\bar{B}A \lor D\bar{C}B\bar{A} \lor \bar{D}\bar{C}BA)^n$$

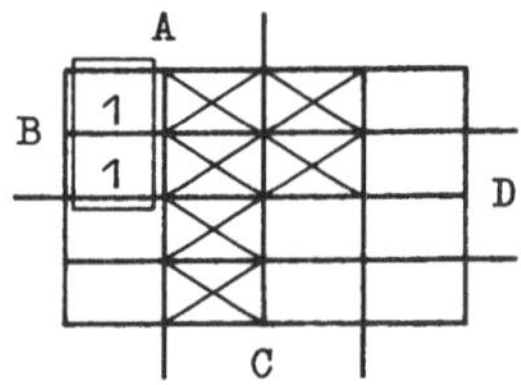

$$\underline{C^{n+1} = (AB\bar{C})^n}$$

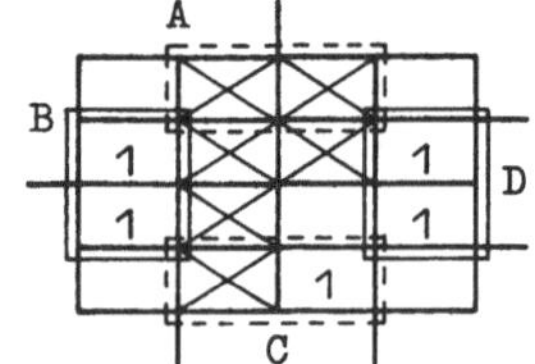

$$\underline{D^{n+1} = (\bar{C}D \lor C\bar{D})^n}$$

<u>Teilfunktionen</u> (ohne Zeitangabe):

$$g_{1,A} = 0 \qquad g_{1,B} = \bar{A} \qquad g_{1,C} = 0 \qquad g_{1,D} = \bar{C}$$
$$g_{2,A} = \bar{C} \qquad g_{2,B} = A \qquad g_{2,C} = AB \qquad g_{2,D} = C$$

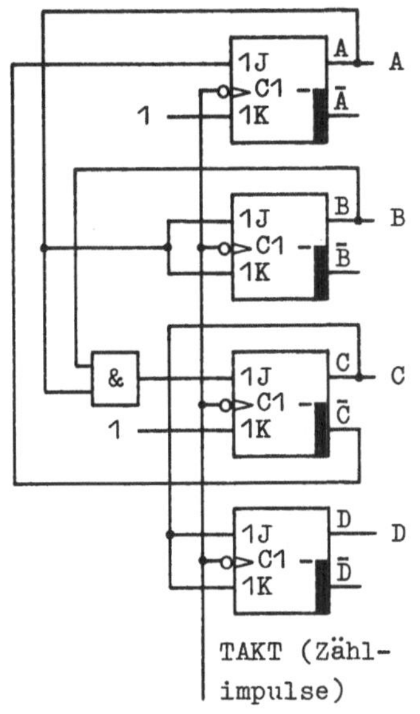

Bild 174: Synchroner
Modulo-10-
Vorwärts-Fünf-Vier-
Zwei-Eins-Zähler

Daraus erhält man die Eingangs-funktionen ($J^n = g_2{}^n$, $K^n = \bar{g}_1{}^n$) als <u>Schaltfunktionen</u>:

$$J_A = \bar{C} \qquad J_B = A \qquad J_C = AB \qquad J_D = C$$

$$K_A = 1 \qquad K_B = A \qquad K_C = 1 \qquad K_D = C$$

Damit ergibt sich die im Bild 174 dargestellte Schaltung. Die gewählte Codierung führt zu einer einfacheren Schaltung als bei Verwendung des BCD-Code, der für die Zählung von 0 bis 9 allerdings der dualen Zählweise entspricht.

Für diejenigen, die übungshalber die Schaltung für einen <u>Modulo-10-Vorwärts-BCD-Zähler</u> entwerfen wollen, sind zur Kontrolle in der Tafel 69 die Problem- und Schaltfunktionen angegeben.

Tafel 69: Problem- und Schaltfunktionen eines Modulo-10-Vorwärts-BCD-Zählers

<u>Problemfunktionen</u>:

$$A^{n+1} = \bar{A}^n$$
$$B^{n+1} = (\bar{A}B \vee A\bar{D}\bar{B})^n$$
$$C^{n+1} = (\bar{A}\bar{B}C \vee AB\bar{C})^n$$
$$D^{n+1} = (\bar{A}D \vee ABC\bar{D})^n$$

<u>Schaltfunktionen</u>:

$$J_A = 1 \qquad K_A = 1$$
$$J_B = A\bar{D} \qquad K_B = A$$
$$J_C = AB \qquad K_C = AB$$
$$J_D = ABC \qquad K_D = A$$

13.8 <u>Beispiel 77</u>: <u>Synchroner Modulo-5-Vorwärts-Gray-Zähler</u>

Gesucht ist eine aus 0/1-taktflankengesteuerten JK-Kippgliedern bestehende Schaltung eines synchronen Modulo-5-Zählers von 0 bis 4, der im Gray-Code arbeitet.

<u>Lösung</u>: Den Gray-Code für die Aufstellung des Funktionszeit-
planes, der in der Tafel 70 angegeben ist, entnimmt man der
Tafel 54 auf S.188. Erforderlich sind 3 Kippglieder A, B und
C mit den gleichnamigen Setzausgängen. Für die Vereinfachung
der Problemfunktionen, die aus Mintermen zu je 3 Variablen,
sogenannten <u>Triaden</u>, bestehen, sind die <u>Pseudotriaden</u> bzw.
Redundanzen heranzuziehen.

Tafel 70: Funktionszeitplan eines Modulo-5-Vorwärts-Gray-
Zählers mit Pseudotriaden

Zeitpunkt n		Zeitpunkt (n+1)		Pseudotriaden:
Nach dem Impuls	C^n B^n A^n	Nach dem Impuls	C^{n+1} B^{n+1} A^{n+1}	
0	0 0 0	1	0 0 1	$100 := C\bar{B}\bar{A} = 0$
1	0 0 1	2	0 1 1	$101 := C\bar{B}A = 0$
2	0 1 1	3	0 1 0	$111 := CBA = 0$
3	0 1 0	4	1 1 0	
4	1 1 0	5	0 0 0	

<u>Problemfunktionen</u>:

$$A^{n+1} = (\bar{C}\bar{B}\bar{A} \lor \bar{C}\bar{B}A \lor C\bar{B}\bar{A} \lor C\bar{B}A)^n$$
$$A^{n+1} = (\bar{B}A \lor \bar{B}\bar{A})^n$$

$$B^{n+1} = (\bar{C}\bar{B}A \lor \bar{C}B A \lor \bar{C}B\bar{A} \lor C\bar{B}A)^n$$
$$B^{n+1} = (\bar{C}B \lor A\bar{B})^n$$

$$C^{n+1} = (\bar{A}B\bar{C})^n$$

<u>Teilfunktionen</u> (ohne Zeitangabe):

$$g_{1,A} = \bar{B} \qquad g_{1,B} = \bar{C} \qquad g_{1,C} = 0$$
$$g_{2,A} = \bar{B} \qquad g_{2,B} = A \qquad g_{2,C} = \bar{A}B$$

<u>Schaltfunktionen</u>:

$$(J = g_2, \; K = \bar{g}_1)$$

$$J_A = \bar{B} \qquad J_B = A \qquad J_C = \bar{A}B$$
$$K_A = B \qquad K_B = C \qquad K_C = 1$$

Damit erhält man die im Bild 175
dargestellte Schaltung.

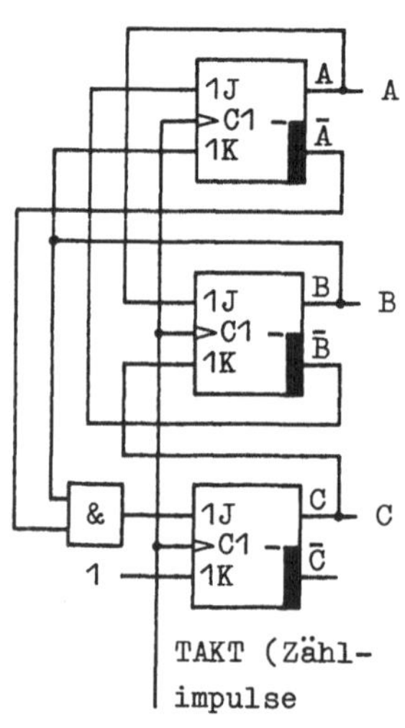

Bild 175: Synchroner
Modulo-5-Vor-
wärts-Gray-Zähler

13.9 Beispiel 78: Dioden-Transistor-Schaltung

Für die aus 2 Dioden und 1 PNP-Transistor bestehende Dioden-Transistor-Schaltung, die im Bild 176 auf S.213 dargestellt ist, stehen für die Eingangsvariablen A und B die Potentiale 0 V und -5 V zur Verfügung. Der Spannungsabfall zwischen Emitter E_T und Basis B_T beträgt unabhängig von der Stromstärke 1 V. Das gleiche gilt sinngemäß für jede Diode. Der Spannungsabfall von B_T nach C_T ist vernachlässigbar klein, so daß Z das Potential von B_T hat (bei leitendem Transistor).

Als welche boolesche Verknüpfung arbeitet diese Schaltung a) bei positiver, b) bei negativer Logik? Es gilt:

$$-5 \text{ V bis } -3 \text{ V} \mathrel{\hat{=}} L \text{ und } -2 \text{ V bis } 0 \text{ V} \mathrel{\hat{=}} H.$$

Lösung: Damit einerseits die Basis B_T einmal positives, einmal negatives Potential hat, andererseits der Spannungsteiler $R_1+R_2+R_3$ allein an B_T ein Potential kleiner als -1 V hervorruft, wird gewählt $R_1:R_2:R_3 = 1:1:4$.

Haben A und B das Potential -5 V und ist nur der Spannungsteiler $R_1+R_2+R_3$ wirksam, ergibt sich bei D ein Potential von -3,33 V und bei B_T von -1,67 V (siehe Zeile a) in der Tafel 71). Dadurch beginnt der Basisstrom I_B zu fließen, und B_T muß das Potential -1 V annehmen (siehe oben). Dadurch ändern sich die Ströme im Spannungsteiler, so daß das Potential bei D statt -3,33 V nun -3 V beträgt (siehe Zeile b) in der Tafel 71). Ein Strom von D nach A oder nach B kann wegen der Sperrwirkung der beiden Dioden nicht fließen.

Hat A oder B das Potential 0 V, beginnt von A oder von B ein Durchlaßstrom I_F zu fließen, und D muß das Potential -1 V

Tafel 71: Spannungsabfälle und Potentialwerte am Spannungsteiler $R_1+R_2+R_3$; I_B = Basisstrom, I_F = Durchlaßstrom

Zahlenwerte in (V)	M	R_1	D	R_2	B_T	R_3	P
a) $I_B = 0$; $I_F = 0$	-5	1,67	-3,33	1,67	-1,67	6,67	+5
b) $I_B \neq 0$; $I_F = 0$	-5	2,0	-3,0	2,0	-1,0	6,0	+5
c) $I_B = 0$; $I_F \neq 0$	-5	4,0	-1,0	1,2	+0,2	4,8	+5

annehmen (siehe eingangs). Dadurch ändern sich die Ströme im Spannungsteiler, so daß B_T nun das Potential +0,2 V statt −1 V hat (siehe Tafel 71 auf S.212, Zeile c)). Der Transistor sperrt. Die Spannung an R_4 wird wie bisher mit 1 V angenommen. Damit hat Z das Potential −4 V.

Die Arbeitsweise ergibt sich durch Aufstellen der Arbeitstabelle im Bild 176, a) für die Potential- und b) für die Pegelwerte. Die daraus gewonnenen Funktionstabellen zeigen, daß die Schaltung bei positiver Logik als NOR- und bei negativer Logik als NAND-Glied arbeitet (Bild 176, c) und d)).

$$R_1 : R_2 : R_3 = 1:1:4$$

−5 V bis −3 V $\stackrel{\wedge}{=}$ L
−2 V bis 0 V $\stackrel{\wedge}{=}$ H

Erklärungen zu a)
siehe Bild 70 auf
Seite 100

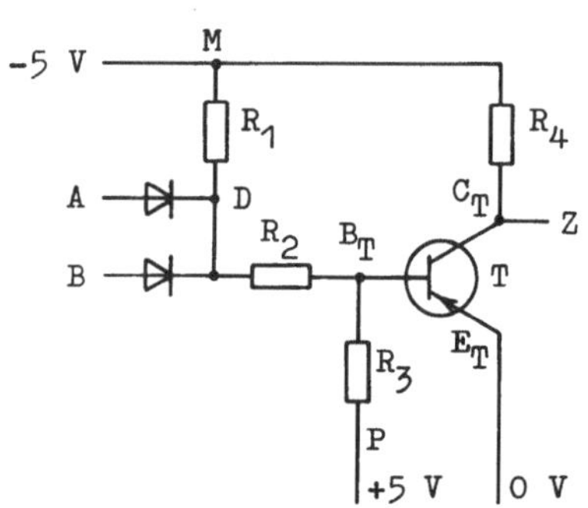

a)

A	−5 V	0 V	−5 V	0 V
B	−5 V	−5 V	0 V	0 V
B_T	−1 V	+0,2 V	+0,2 V	+0,2 V
E_T	0 V	0 V	0 V	0 V
B_T/E_T	n	p	p	p
T	l	s	s	s
Z	−1 V	−4 V	−4 V	−4 V

b)

A	L	H	L	H
B	L	L	H	H
Z	H	L	L	L

c) Positive Logik: L $\stackrel{\wedge}{=}$ 0
   H $\stackrel{\wedge}{=}$ 1

A	0	1	0	1
B	0	0	1	1
Z	1	0	0	0	$\stackrel{\wedge}{=}$ <u>NOR</u>

d) Negative Logik: L $\stackrel{\wedge}{=}$ 1
   H $\stackrel{\wedge}{=}$ 0

A	1	0	1	0
B	1	1	0	0
Z	0	1	1	1	$\stackrel{\wedge}{=}$ <u>NAND</u>

Bild 176: Dioden-Transistorschaltung; Arbeitstabelle a) für die Potential-, b) für die Pegelwerte; Funktionstabellen c) für positive, d) für negative Logik

13.10 <u>Beispiel 79</u>: <u>Gray-Dual-Parallel-zu-Parallel-Codierer</u>

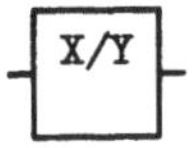

X und Y können durch geeignete Bezeichnungen der Eingangs- und Ausgangsinformation ersetzt werden.

Bild 177: Grundschaltzeichen eines Codierers

Als <u>Codierer</u>, dessen allgemeines Schaltzeichen im Bild 177 dargestellt ist, wird eine Binärschaltung definiert, die eine Menge von Eingangswerten in eine Menge von Ausgangswerten übersetzt. Die Übersetzung geschieht gemäß einer festgelegten Tabelle (Code).

Sowohl die Eingangs- als auch die Ausgangswerte können parallel oder seriell auftreten. Man unterscheidet deshalb:

<u>Parallel-zu-Parallel-Codierer</u>, <u>Parallel-zu-Seriell-Codierer</u>, <u>Seriell-zu-Parallel-Codierer</u>, <u>Seriell-zu-Seriell-Codierer</u>.

Zum Beispiel übersetzt ein Parallel-zu-Parallel-Codierer eine Menge von gleichzeitig anliegenden Eingangswerten in eine Menge von gleichzeitig auftretenden Ausgangswerten.

Der Zusammenhang zwischen Eingängen und Ausgängen von Codierern kann auf verschiedene Arten angegeben werden, z.B. wie im Bild 178 durch Bezeichnung der Eingänge und Ausgänge und durch eine Tabelle, die auf dem Schaltplan oder einer anderen zugehörigen Unterlage angegeben sein muß. Die Buchstaben X und Y müssen beide durch die in der Tabelle verwendete Bezeichnungsweise ersetzt werden.

Gesucht ist die logische Schaltung für einen vierstelligen Gray-Dual-Parallel-zu-Parallel-Codierer.

<u>Lösung</u>: Es ergibt sich mit der Tafel 54 auf S.188 die im Bild 178 dargestellte Tabelle mit dem Schaltzeichen des Codierers. In dieser Tabelle seien die Stellen A, B, C, D und die Stellen U, V, W, X die Setzausgänge gleichnamiger Kippglieder. Für die Aufstellung der Problemfunktionen ist diese Tabelle ein Funktionszeitplan: der Gray-Code gilt zum Zeitpunkt n, der Dual-Code zum Zeitpunkt (n+1). Der Einfachheit

halber werden bei der rechnerischen Bearbeitung für die Variablen statt der Doppelbuchstaben nur die an 2. Stelle stehenden Buchstaben verwendet.

G/D

GU	DA
GV	DB
GW	DC
GX	DD

G = Gray-Code
D = Dual-Code

GX	GW	GV	GU	DEZ	DD	DC	DB	DA
0	0	0	0	0	0	0	0	0
0	0	0	1	1	0	0	0	1
0	0	1	1	2	0	0	1	0
0	0	1	0	3	0	0	1	1
0	1	1	0	4	0	1	0	0
0	1	1	1	5	0	1	0	1
0	1	0	1	6	0	1	1	0
0	1	0	0	7	0	1	1	1
1	1	0	0	8	1	0	0	0
1	1	0	1	9	1	0	0	1
1	1	1	1	10	1	0	1	0
1	1	1	0	11	1	0	1	1
1	0	1	0	12	1	1	0	0
1	0	1	1	13	1	1	0	1
1	0	0	1	14	1	1	1	0
1	0	0	0	15	1	1	1	1

Bild 178: Schaltzeichen mit zugehöriger Tabelle eines
vierstelligen Gray-Dual-Codierers

<u>Problemfunktionen</u>: Nach der "Methode des scharfen Ansehens" ist für D^{n+1} und C^{n+1} leicht erkennbar:

$$D^{n+1} = X^n = ((1 \wedge X) \vee (0 \wedge \bar{X}))^n$$
$$\underline{D^{n+1} = (\bar{0}X \vee 0\bar{X})^n = (X \nleftrightarrow 0)^n = X^n}$$

K, L, M = willkürlich gewählte Abkürzungen

$$\underline{C^{n+1} = (\bar{X}W \vee X\bar{W})^n = (W \nleftrightarrow X)^n = M^n}$$

$$B^{n+1} = (\bar{X}\bar{W}V(U \vee \bar{U}) \vee \bar{X}W\bar{V}(U \vee \bar{U}) \vee XWV(U \vee \bar{U}) \vee X\bar{W}\bar{V}(U \vee \bar{U}))^n$$
$$= ((\bar{X}\bar{W} \vee XW)V \vee (\bar{X}W \vee X\bar{W})\bar{V})^n, \text{ mit } \underline{\bar{X}W \vee X\bar{W} = M}:$$
$$\underline{B^{n+1} = (\bar{M}V \vee M\bar{V})^n = (V \nleftrightarrow M)^n = L^n}$$

$$A^{n+1} = (\bar{X}\bar{W}\bar{V}U \vee \bar{X}\bar{W}V\bar{U} \vee \bar{X}WVU \vee \bar{X}W\bar{V}\bar{U} \vee XW\bar{V}U \vee XWV\bar{U} \vee X\bar{W}VU \vee X\bar{W}\bar{V}\bar{U})^n$$
$$= ((\bar{X}\bar{W} \vee XW)\bar{V}U \vee (\bar{X}W \vee X\bar{W})VU \vee (\bar{X}\bar{W} \vee XW)V\bar{U} \vee (\bar{X}W \vee X\bar{W})\bar{V}\bar{U})^n$$
$$\text{mit } \bar{X}W \vee X\bar{W} = M:$$
$$= ((\bar{M}\bar{V} \vee MV)U \vee (\bar{M}V \vee M\bar{V})\bar{U})^n, \text{ mit } \underline{\bar{M}V \vee M\bar{V} = L}:$$
$$\underline{A^{n+1} = (\bar{L}U \vee L\bar{U})^n = (U \nleftrightarrow L)^n = K^n}$$

Für die Problemfunktionen gilt Gl.(80) auf S.174: $g_1 = g_2 = g$. Damit die <u>Teilfunktionen</u> (ohne Zeitangabe):

$$\underline{g_A = U \nleftrightarrow L = K} \quad \underline{g_B = V \nleftrightarrow M = L} \quad \underline{g_C = W \nleftrightarrow X = M} \quad \underline{g_D = X \nleftrightarrow 0 = X}$$

Als Speicherglieder werden ungetaktete RS-Kippglieder gewählt. Weist man in den Gl.(81) und (82) auf S.175 allen
freien Parametern den Wert 1 zu, so ergeben sich folgende
<u>spezielle Eingangsfunktionen</u> für das RS-Kippglied:

$$S^n = (g_1 Q \vee g_2 \bar{Q})^n \quad (105) \qquad R^n = (\bar{g}_1 Q \vee \bar{g}_2 \bar{Q})^n \quad (106)$$

$$\text{(105) bis (108)}$$

Für $g_1 = g_2 = g$ erhält man: $S^n = g^n$ (107) $R^n = \bar{g}^n$ (108)

Gl.(107) und (108) ergeben die <u>Schaltfunktionen</u>:

$$S_A = U \leftrightarrow L = K = U \leftrightarrow V \leftrightarrow W \leftrightarrow X \leftrightarrow 0 \qquad R_A = \bar{S}_A$$

$$S_B = V \leftrightarrow M = L = V \leftrightarrow W \leftrightarrow X \leftrightarrow 0 \qquad R_B = \bar{S}_B$$

$$S_C = W \leftrightarrow X = M = W \leftrightarrow X \leftrightarrow 0 \qquad R_C = \bar{S}_C$$

$$S_D = X \leftrightarrow 0 = X \qquad R_D = \bar{S}_D$$

Damit erhält man eine zyklisch aufgebaute Schaltung, die beliebig erweitert werden kann und im Bild 179 angegeben ist.
Vor jeder neuen Eingabe müssen die Kippglieder durch das
Steuersignal Z=1 rückgesetzt werden. Bei Verwendung getakte-
ter Kippglieder bieten sich D- statt der RS-Kippglieder an.

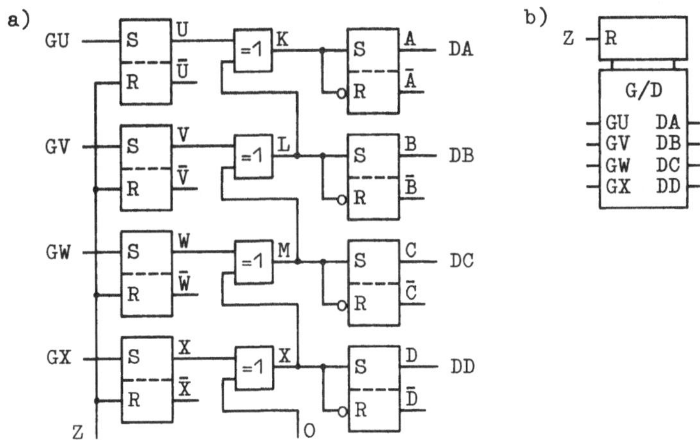

Bild 179: Vierstelliger Gray-Dual-Parallel-zu-Parallel-Codierer; a) ausführliche Schaltung; b) Kurzschalt-
zeichen, zu dem die Tabelle des Bildes 178 gehört

Anhang

Normblätter

DIN 1301: Einheiten
DIN 1302: Mathematische Zeichen und Begriffe
DIN 1304: Allgemeine Formelzeichen
DIN 1313: Physikalische Größen und Gleichungen; Begriffe;
           Schreibweisen
DIN 1323: Elektrische Spannung; Potential
DIN 1338: Formelschreibweise und Formelsatz
DIN 1421: Benummerung von Texten
DIN 5473: Zeichen und Begriffe der Mengenlehre
DIN 5474: Zeichen der mathematischen Logik
DIN 40700: Blatt 8: Schaltzeichen Halbleiterbauelemente
           Blatt 14: Schaltzeichen Digitale Informations-
           verarbeitung
           Blatt 22: Schaltzeichen Digitale Informations-
           verarbeitung Speicher-Verknüpfungsglieder
DIN 40713: Schaltzeichen; Schaltgeräte; Antriebe; Auslöser
DIN 41020: Kontaktarten
DIN 41785: Blatt 1, Teil 2, Blatt 3 bis 5: Halbleiterbau-
           elemente; Kurzzeichen
DIN 41854: Transistoren (Bipolare Transistoren)
DIN 41859: Blatt 1, Blatt 1 Beiblatt, Blatt 2, Blatt 10,
           Teil 20: Elektrische Digitalschaltungen
DIN 44300: Informationsverarbeitung; Begriffe
DIN 44301: Informationstheorie; Begriffe
DIN 44302: Datenübertragung; Begriffe
DIN 66000: Mathematische Zeichen der Schaltalgebra
DIN 66001: Informationsverarbeitung; Sinnbilder für Daten-
           fluß- und Programmablaufpläne

Weiterführende Bücher

/1/ Bauer, F.L.; Goos, G.: Informatik I und II; Berlin 1974

/2/ Boole, G.: The Mathematical Analysis of Logic; London 1847; An Investigation of the Laws of Thought; London 1854

/3/ Borucki, L.: Grundlagen der Digitaltechnik; Stuttgart 1977

/4/ Dokter, F.; Steinhauer, J.: Digitale Elektronik in der Meßtechnik und Datenverarbeitung, 2 Bde.; Hamburg 1975

/5/ Giloi, W.; Liebig, H.: Logischer Entwurf digitaler Systeme; Berlin/Heidelberg 1973

/6/ Hamming, R.W.: Error Detecting and Error Correcting Codes; Bell Syst.-Techn. J. 29; 1950

/7/ Heim, K.: Schaltungsalgebra; Berlin/München 1973

/8/ Heywang, W.; Müller, R.: Halbleiter-Elektronik, 2 Bde.; Berlin/Heidelberg 1979

/9/ Hilberg, W.: Elektronische digitale Speicher; München/Wien 1975

/10/ Hilpert, H.: Halbleiterbauelemente; Stuttgart 1976

/11/ Hotz, G.: Informatik: Rechenanlagen; Stuttgart 1972

/12/ Karnaugh, M.: The Map Method for Synthesis of Combinational Logic Circuits, Commun. and Electronics 72; 1953

/13/ Kunsemüller, H.: Digitale Rechenanlagen; Stuttgart 1971

/14/ Kaufmann, H.: Daten-Speicher, München/Wien 1973

/15/ Moschwitzer, A.; Lunze, K.: Halbleiterelektronik; Heidelberg 1973

/16/ Morgan, A. de: Formel Logic or the Calculus of Inference, Nessesary and Probable; London 1847

/17/ Peterson, W.W.: Prüfbare und korrigierbare Codes; München/Wien 1967

/18/ Rechenberg, P.: Grundzüge digitaler Rechenautomaten;
     München/Wien 1968

/19/ Reiß, K.; Liedl, H.; Spichall, W.: Integrierte Digital-
     bausteiene, Kleines Praktikum; Berlin/München 1974

/20/ Ruge, J.: Halbleiter-Technologie; Berlin/Heidelberg 1975

/21/ Schecher, H.: Funktioneller Aufbau digitaler Rechen-
     anlagen; Berlin/Heidelberg 1973

/22/ Schmidt, V.: Digitalelektronisches Praktikum; Stuttgart
     1973

/23/ Siemens: Halbleiterschaltbeispiele, Integrierte Schal-
     tungen; München 1970; 71/72; 72/73; Digitale Schaltun-
     gen MOS; München 1974/75

/24/ Steinbuch, K.; Weber, W.: Taschenbuch der Informatik,
     3 Bde.; Berlin/Heidelberg 1974

/25/ Steinkamp, W.: Die Schaltungstechnik zyklischer Binär-
     codes; Elektronik 1973, H.2

/26/ Telefunken-Fachbuch: Digitale integrierte Schaltungen;
     Berlin 1972

/27/ Tietze, U.; Schenk, Ch.: Halbleiter-Schaltungstechnik;
     Berlin/Heidelberg 1978

/28/ Veitch, E.: A Chart Method for Simplifying Truth Funk-
     tions, Prov. Assoc. for Computing Machinery

/29/ Wendt, S.: Entwurf komplexer Schaltwerke; Berlin/Hei-
     delberg 1974

/30/ Westermayer, H.: Programmierlogik; München 1971

/31/ Weyh, U.: Elemente der Schaltungsalgebra; München 1972;
     Aufgaben zur Schaltungsalgebra; München 1970

/32/ Whitesitt, J.E.: Boolesche Algebra und ihre Anwendun-
     gen; Braunschweig 1964

/33/ Zach, F.: Technisches Optimieren; Berlin/Heidelberg 1974

Formeln

Boolesche Rechengesetze:

(1a): $A \wedge B = B \wedge A$
$\qquad AB = BA$

(1b): $A \vee B = B \vee A$

(2a): $A \wedge (B \wedge C) = (A \wedge B) \wedge C$
$\qquad A(BC) = (AB)C$

(2b): $A \vee (B \vee C) = (A \vee B) \vee C$

(3a): $A \wedge (B \vee C) = (A \wedge B) \vee (A \wedge C)$
$\qquad A(B \vee C) = AB \vee AC$

(3b): $A \vee (B \wedge C) = (A \vee B) \wedge (A \vee C)$
$\qquad A \vee BC = (A \vee B)(A \vee C)$

(4a): $A \wedge A = AA = A$

(4b): $A \vee A = A$

(5a): $A \wedge (A \vee B) = A$
$\qquad A(A \vee B) = A$

(5b): $A \vee (A \wedge B) = A$
$\qquad A \vee AB = A$

(6a): $A \wedge \bar{A} = A\bar{A} = 0$

(6b): $A \vee \bar{A} = 1$

(7) : $\bar{\bar{A}} = A$

(8a): $\overline{A \wedge B} = \overline{AB} = \bar{A} \vee \bar{B}$

(8b): $\overline{A \vee B} = \bar{A} \wedge \bar{B} = \overline{\bar{A}\bar{B}}$

(9a): $0 \wedge A = 0A = 0$

(9b): $1 \vee A = 1$

(10a): $1 \wedge A = 1A = A$

(10b): $0 \vee A = A$

(11a): $\bar{0} = 1$

(11b): $\bar{1} = 0$

(12) : $(A \vee B) \wedge (\bar{A} \vee C) = (\bar{A} \wedge B) \vee (A \wedge C)$
$\qquad (A \vee B)(\bar{A} \vee C) = \bar{A}B \vee AC$

(B-1)-Komplement $\bar{z}_{B-1}$ einer n-stelligen Zahl z	(A): $\bar{z}_{B-1} = C_{B-1} - z$	C_{B-1} ist die größte darstellbare n-stellige Zahl $\bar{z}_{B-1}$ ist n-stellig
B-Komplement $\bar{z}_B$ einer n-stelligen Zahl z	(B): $\bar{z}_B = C_B - z$	$C_B = C_{B-1} + 1$ $\bar{z}_B = \bar{z}_{B-1} + 1$ $\bar{z}_B = $ n-stellig
Allgemeine Problemfunktion	(79): $Q^{n+1} = (g_1 Q \vee g_2 \bar{Q})^n$ für $g_1 = g_2 = g$: (80): $Q^{n+1} = g^n$	g_1, $g_2 = $ Teilfunktionen; enthalten beliebige Variablen außer den Ausgangsvariablen des betrachteten Kippgliedes

Kipp-glied-art	Übertragungsfunktion	Eingangsfunktionen als Schaltfunktionen (ohne Zeitangabe)
RS mit $R \wedge S = 0$	(28): $Q^{n+1} = (\bar{R}Q \vee S)^n$ (36): $Q^{n+1} = (\bar{R}\bar{C}Q \vee SC)^n$	(83): $S = g_2\bar{Q}$ (84): $R = \bar{g}_1Q$ für $g_1 = g_2 = g$: (107): $S = g$ (108): $R = \bar{g}$
D	(41): $Q^{n+1} = (\bar{C}Q \vee CD)^n$ (42): $Q^{n+1} = D^n$	(85): $D = g_1Q \vee g_2\bar{Q}$ für $g_1 = g_2 = g$: $D = g$
T	(48): $Q^{n+1} = (\bar{T}Q \vee T\bar{Q})^n$	(86): $T = \bar{g}_1Q \vee g_2\bar{Q}$
JK	(51): $Q^{n+1} = (\bar{K}Q \vee J\bar{Q})^n$ (54): $Q^{n+1} = (\bar{K}\bar{C}Q \vee JC\bar{Q})^n$	(89): $J = g_2$ (90): $K = \bar{g}_1$
RS mit dom. R-Eing.	(59): $Q^{n+1} = (\bar{R}Q \vee \bar{R}S)^n$	$S = \bar{Q}$ oder $S = 1$ $R = \bar{g}_1Q \vee \bar{g}_2\bar{Q}$
RS mit dom. S-Eing.	(66): $Q^{n+1} = (\bar{R}Q \vee S)^n$	$S = g_1Q \vee g_2\bar{Q}$ $R = Q$ oder $R = 1$
Absolute Redundanz R	(91): $R = \log_2 \dfrac{M}{A}$	M = Anzahl aller möglichen Bit-Kombinationen A = Anzahl der ausgenützten Bit-Kombinationen
Relative Redundanz r	(92): $r = \dfrac{R}{n} \cdot 100\ \%$	n = Anzahl der Binärstellen
Hamming-distanz d	d = geringste Anzahl unterschiedlicher Binärstellen beim Vergleich aller Codewörter eines Code	

Regeln

<u>Regel 1</u>: Das (B-1)-Komplement $\bar{z}_{B-1}$ einer Zahl z erhält man, indem man jede ihrer Ziffern zu (B-1) ergänzt. B = Basiszahl des Zahlensystems.

<u>Regel 2</u>: Das B-Komplement $\bar{z}_B$ einer Zahl z erhält man, indem man sie von rechts nach links betrachtet: die erste Ziffer, die ungleich Null ist, und ggf. die ihr vorangehenden Ziffern 0 werden zu B, alle anderen Ziffern zu (B-1) ergänzt.

<u>Regel 3</u>: Die (B-1)-Komplementdarstellung einer negativen n-stelligen Dualzahl erhält man, indem man die Dualzahl durch Voransetzen der Ziffer 0 (n+1)-stellig macht, das Vorzeichen wegläßt und stellenweise die Ziffern 0 und 1 miteinander vertauscht.

<u>Regel 4</u>: Für die Entschlüsselung (Decodierung) der (B-1)-Komplementdarstellung einer Dualzahl gilt: ist die linke Ziffer "0", so ist die nachfolgende Zahl positiv, ist sie "1", so ist die nachfolgende Zahl negativ, und es sind stellenweise die Ziffern 0 und 1 miteinander zu vertauschen.

<u>Regel 5</u>: Die B-Komplementdarstellung einer negativen n-stelligen Dualzahl erhält man, indem man die Dualzahl durch Voransetzen der Ziffer 0 (n+1)-stellig macht, das Vorzeichen wegläßt und sie von rechts nach links betrachtet: die erste Ziffer 1 und ggf. die ihr vorangehenden Ziffern 0 bleiben unverändert erhalten, in allen anderen Stellen werden die Ziffern 0 und 1 miteinander vertauscht.

<u>Regel 6</u>: Für die Entschlüsselung der B-Komplementdarstellung einer Dualzahl gilt: ist die linke Ziffer "0", so ist die nachfolgende Zahl positiv, ist sie "1", so ist die nachfolgende Zahl negativ und von rechts nach links zu betrachten: die erste Ziffer 1 und ggf. die ihr vorangehenden Ziffern 0 bleiben unverändert erhalten, in allen anderen Stellen werden die Ziffern 0 und 1 miteinander vertauscht.

<u>Regel 7</u>: Ist im BCD-Code der Wert einer positiven Tetrade größer als 1001, so ist 0110 zu addieren und der Übertrag

der linken Stelle in die nächste Tetrade zu übertragen.

Regel 8: 1. Von einem booleschen Verknüpfungsglied wird ein gleichwertiges Schaltzeichen nach folgenden Regeln gebildet:
1.1 Aus "UND" mache "ODER" und umgekehrt.
1.2 Jeder Anschluß ist zu invertieren.
2. Zusätzliche beachtenswerte Hinweise, besonders für die graphische Umwandlung logischer Schaltungen:
2.1 Ein positiver Anschluß kann in einen negierten Anschluß und eine 2. Negation zerlegt werden.
2.2 Zwei unmittelbar aufeinanderfolgende Negationen heben sich auf und sind somit wegzulassen.

Regel 9 (Dualitätsprinzip): Die einer booleschen Funktion funktionell völlig gleichwertige Komplementfunktion erhält man, indem man jede bejahte Variable negiert, jede negierte Variable bejaht, ODER mit UND, UND mit ODER, 1 mit 0 und 0 mit 1 vertauscht.

Regel 10: Bei Mintermen erfolgt die Abfrage nach Wert 1 und bei Maxtermen nach Wert 0.

Regel 11: In einer senkrecht (waagerecht) angeordneten Funktionstabelle sind bei der disjunktiven Form bzw. Normalform einer booleschen Funktion die Variablen einer Zeile (Spalte) miteinander durch UND und die Zeilen (Spalten) miteinander durch ODER verknüpft. Die Abfrage erfolgt nach Wert 1.

Regel 12: In einer senkrecht (waagerecht) angeordneten Funktionstabelle sind bei der konjunktiven Form bzw. Normalform einer booleschen Funktion die Variablen einer Zeile (Spalte) miteinander durch ODER und die Zeilen (Spalten) miteinander durch UND verknüpft. Die Abfrage erfolgt nach Wert 0.

Regel 13: Im individuellen Zuordnungssystem wirkt ein Polaritätsindikator wie negative Logik ($L \hat{=} 1$; $H \hat{=} 0$), ein nicht vorhandener wie positive Logik ($L \hat{=} 0$; $H \hat{=} 1$).

Regel 14: Für den Übergang PN zwischen einer P- und N-Schicht gilt: "Plus" an P und "Minus" an N := PN-Übergang leitet;
"Minus" an P und "Plus" an N := PN-Übergang sperrt.

Schaltzeichen

 (Symbol)	Ohmscher Widerstand
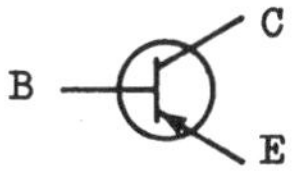 B —— (Symbol) C, E	PNP-Transistor leitet, wenn B negativ gegenüber E ist B = Basis, C = Kollektor, E = Emitter
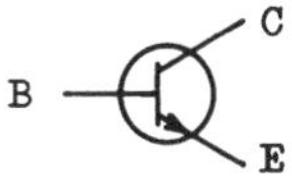 B —— (Symbol) C, E	NPN-Transistor leitet, wenn B positiv gegenüber E ist
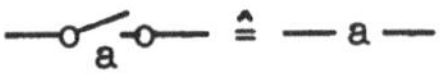 (Symbol) a $\hat{=}$ —— a ——	Schließer: $a = 0 \ \hat{=}$ Schalter auf $a = 1 \ \hat{=}$ Schalter zu
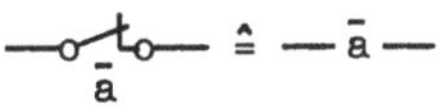 (Symbol) $\bar{a}$ $\hat{=}$ —— $\bar{a}$ ——	Öffner: $\bar{a} = 1 \ \hat{=}$ Schalter zu $\bar{a} = 0 \ \hat{=}$ Schalter auf
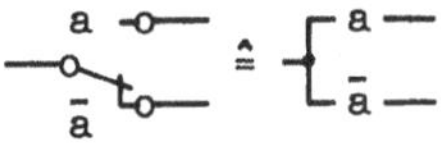 a (Symbol) $\bar{a}$ $\hat{=}$ (Symbol) a, $\bar{a}$	Wechsler: $\begin{matrix} a = 0 \\ \bar{a} = 1 \end{matrix}$ oder $\begin{matrix} a = 1 \\ \bar{a} = 0 \end{matrix}$
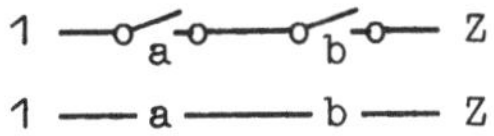 1 —— a —— b —— Z 1 —— a —— b —— Z	Reihen- oder Serienschaltung $Z = a \wedge b = ab$
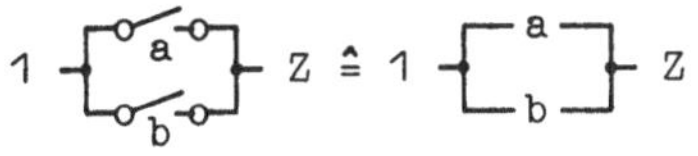 1 —— a, b —— $Z \ \hat{=} \ 1$ —— a, b —— Z	Parallelschaltung $Z = a \vee b$
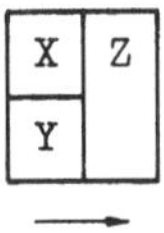 (Symbol: X, Z, Y) Signalfluß	Kombination von Schaltzeichen der digitalen Informationsverarbeitung Zwischen X und Y besteht keine funktionelle Verbindung Zwischen X und Z bzw. Y und Z besteht eine einfache funktionelle Verbindung ohne Negation
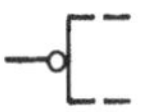 (Symbol)	Eingang mit Negation Die binäre Eingangsvariable wird komplementiert
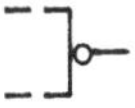 (Symbol)	Ausgang mit Negation Die binäre Ausgangsvariable wird komplementiert

A ⊣▷	**Eingang mit Polaritätsindikator** Für A gilt: L ≙ 1; H ≙ 0
◁⊢ Z	**Ausgang mit Polaritätsindikator** Für Z gilt: L ≙ 1; H ≙ 0
A ⊣	**Statischer Eingang** A wirkt sofort auf den Ausgang
A ⊣▷	**Dynamischer Eingang** Wirksam ist nur die Änderung des Zustandes der binären Eingangsvariablen A von 0 auf 1
A ⊸▷	**Dynamischer Eingang mit Negation** Wirksam ist nur die Änderung des Zustandes der binären Eingangsvariablen A von 1 auf 0
A ⊣⊢	**Sperr-Eingang** A=1 verhindert, daß die Schaltvariable am Ausgang den Wert 1 annimmt oder den Wert 0, wenn der Ausgang negiert ist
A ⊸⊢	**Sperreingang mit Negation** A=0 verhindert, daß die Schaltvariable am Ausgang den Wert 1 annimmt oder den Wert 0, wenn der Ausgang negiert ist
A ⊣ → m	**Schiebeeingang, vorwärts** Bei A=1 wird die Information des Registers m Stellen von links nach rechts oder von oben nach unten geschoben
A ⊣ ← m	**Schiebeeingang, rückwärts** Bei A=1 wird die Information des Registers m Stellen von rechts nach links oder von unten nach oben geschoben
A ⊣ +m	**Zähleingang, vorwärts** Bei A=1 wird der Zählerstand um m erhöht
A ⊣ −m	**Zähleingang, rückwärts** Bei A=1 wird der Zählerstand um m erniedrigt
⌐⊢	**Retardierter Ausgang** (siehe auch S.128) Der Zustandswechsel des bistabilen Kippglieds wird an diesem Ausgang erst dann wirksam, wenn die zugehörige Eingangsvariable wieder zu ihrem ursprünglichen Wert zurückkehrt

Symbol	Funktion	Bezeichnung
A —[1]o— Z	(14): $Z = \bar{A}$	Negation, Inverter, NICHT-Glied
A, B —[&]— Z	(15): $Z = A \wedge B = AB$	Konjunktion, UND-Glied
A o—[&]— Z, B	(16): $Z = \bar{A} \wedge B = \bar{A}B$	Inhibition
A —[&]— Z, B o—	(17): $Z = A \wedge \bar{B} = A\bar{B}$	Inhibition
A, B —[=1]— Z	(18): $Z = A\bar{B} \vee \bar{A}B$	Antivalenz, Exklusiv-ODER-Glied
A, B —[≧1]— Z	(19): $Z = A \vee B$	Disjunktion, Adjunktion, ODER-Glied
A, B —[≧1]o— Z	(20): $Z = \overline{A \vee B} = \bar{A}\bar{B}$	NOR-Verknüpfung, NOR-Glied
A, B —[=]— Z	(21): $Z = \bar{A}\bar{B} \vee AB$	Äquijunktion, Bisubjunktion, Äquivalenz-Glied
A o—[≧1]— Z, B	(22): $Z = \bar{A} \vee B$	Implikation, Subjunktion
A —[≧1]— Z, B o—	(23): $Z = A \vee \bar{B}$	Implikation, Subjunktion
A, B —[&]o— Z	(24): $Z = \overline{A \wedge B} = \overline{AB}$	NAND-Verknüpfung, NAND-Glied
[2k+1]	<u>Ungerade-Glied</u> (Addition modulo 2-Glied)	Die Variable am Ausgang nimmt nur dann den Wert 1 an, wenn die Variablen an einer ungeraden Anzahl von Eingängen den Wert 1 haben
[2k]	<u>Gerade-Glied</u>	Die Variable am Ausgang nimmt nur dann den Wert 1 an, wenn die Variablen an einer geraden Anzahl von Eingängen den Wert 1 haben
[=]	<u>Äquivalenz-Glied</u>	Die Variable am Ausgang nimmt nur dann den Wert 1 an, wenn an allen Eingängen die Variablen entweder den Wert 1 oder den Wert 0 haben

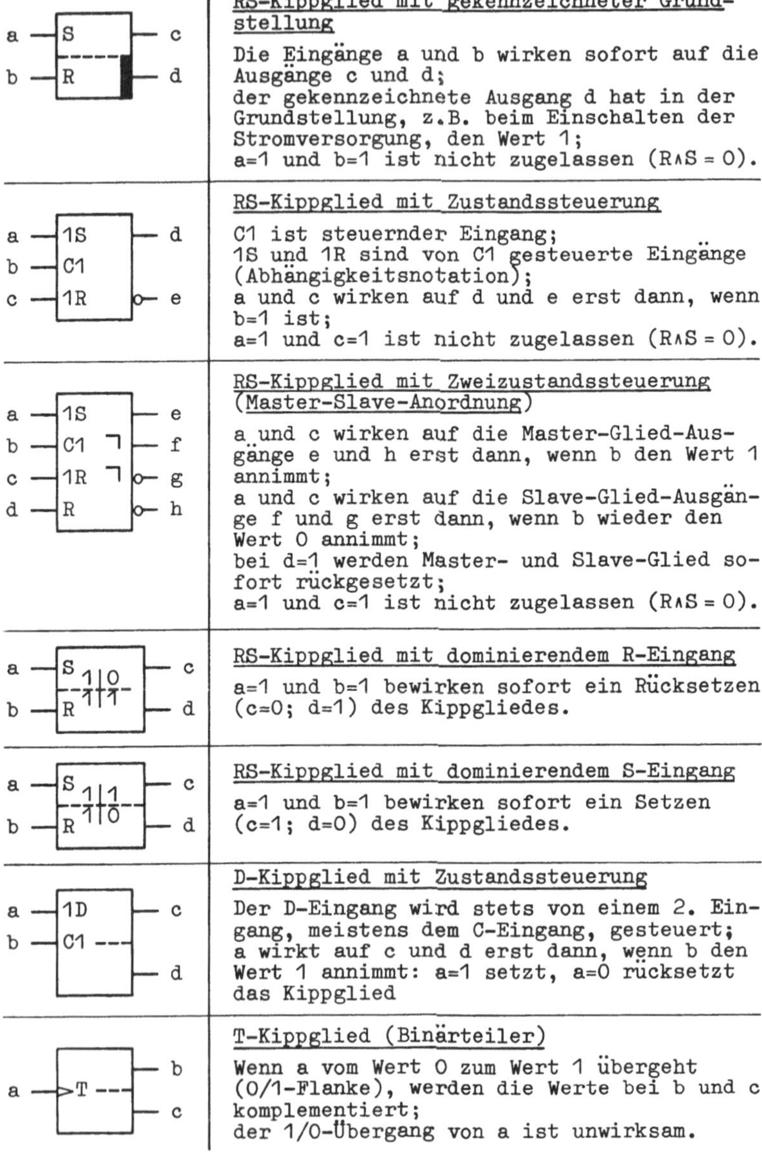

a — S, b — R (c, d)	**RS-Kippglied mit gekennzeichneter Grundstellung** Die Eingänge a und b wirken sofort auf die Ausgänge c und d; der gekennzeichnete Ausgang d hat in der Grundstellung, z.B. beim Einschalten der Stromversorgung, den Wert 1; a=1 und b=1 ist nicht zugelassen ($R \wedge S = 0$).
a — 1S, b — C1, c — 1R (d, e)	**RS-Kippglied mit Zustandssteuerung** C1 ist steuernder Eingang; 1S und 1R sind von C1 gesteuerte Eingänge (Abhängigkeitsnotation); a und c wirken auf d und e erst dann, wenn b=1 ist; a=1 und c=1 ist nicht zugelassen ($R \wedge S = 0$).
a — 1S, b — C1, c — 1R, d — R (e, f, g, h)	**RS-Kippglied mit Zweizustandssteuerung (Master-Slave-Anordnung)** a und c wirken auf die Master-Glied-Ausgänge e und h erst dann, wenn b den Wert 1 annimmt; a und c wirken auf die Slave-Glied-Ausgänge f und g erst dann, wenn b wieder den Wert 0 annimmt; bei d=1 werden Master- und Slave-Glied sofort rückgesetzt; a=1 und c=1 ist nicht zugelassen ($R \wedge S = 0$).
a — S, b — R (c, d)	**RS-Kippglied mit dominierendem R-Eingang** a=1 und b=1 bewirken sofort ein Rücksetzen (c=0; d=1) des Kippgliedes.
a — S, b — R (c, d)	**RS-Kippglied mit dominierendem S-Eingang** a=1 und b=1 bewirken sofort ein Setzen (c=1; d=0) des Kippgliedes.
a — 1D, b — C1 (c, d)	**D-Kippglied mit Zustandssteuerung** Der D-Eingang wird stets von einem 2. Eingang, meistens dem C-Eingang, gesteuert; a wirkt auf c und d erst dann, wenn b den Wert 1 annimmt: a=1 setzt, a=0 rücksetzt das Kippglied
a — T (b, c)	**T-Kippglied (Binärteiler)** Wenn a vom Wert 0 zum Wert 1 übergeht (0/1-Flanke), werden die Werte bei b und c komplementiert; der 1/0-Übergang von a ist unwirksam.

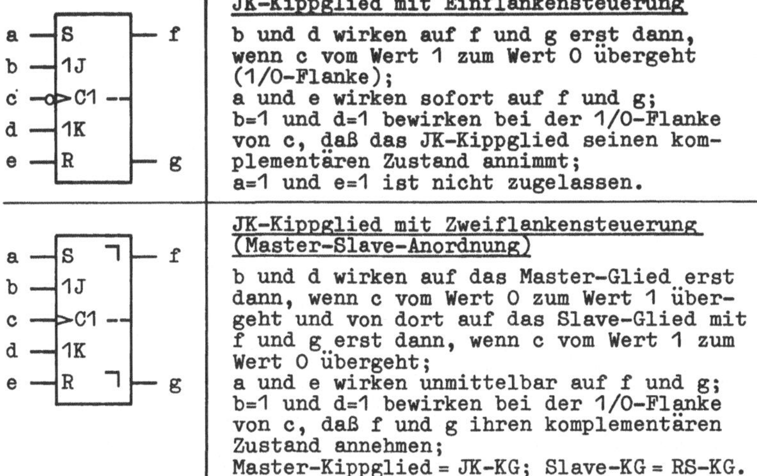

<u>JK-Kippglied mit Einflankensteuerung</u>

b und d wirken auf f und g erst dann,
wenn c vom Wert 1 zum Wert 0 übergeht
(1/0-Flanke);
a und e wirken sofort auf f und g;
b=1 und d=1 bewirken bei der 1/0-Flanke
von c, daß das JK-Kippglied seinen komplementären Zustand annimmt;
a=1 und e=1 ist nicht zugelassen.

<u>JK-Kippglied mit Zweiflankensteuerung</u>
<u>(Master-Slave-Anordnung)</u>

b und d wirken auf das Master-Glied erst
dann, wenn c vom Wert 0 zum Wert 1 übergeht und von dort auf das Slave-Glied mit
f und g erst dann, wenn c vom Wert 1 zum
Wert 0 übergeht;
a und e wirken unmittelbar auf f und g;
b=1 und d=1 bewirken bei der 1/0-Flanke
von c, daß f und g ihren komplementären
Zustand annehmen;
Master-Kippglied = JK-KG; Slave-KG = RS-KG.

<u>Pegel</u> und Werte der binären Variablen

<u>Pegel</u>: Kennzeichnung durch die Buchstaben L und H

   L (Low) $\hat{=}$ niedrigeres elektrisches Potential, z.B. −5 V
   H (High) $\hat{=}$ höheres elektrisches Potential,   z.B. 0 V

<u>Werte</u>: Kennzeichnung durch die Ziffern 0 und 1

Gemeinsames Zuordnungssystem

a) Positive Logik: $L \hat{=} 0$; $H \hat{=} 1$
b) Negative Logik: $L \hat{=} 1$; $H \hat{=} 0$

a) oder b) gilt für den ganzen oder einen klar umgrenzten
Teil des Schaltplanes.

Individuelles Zuordnungssystem

Ein Polaritätsindikator kennzeichnet an einem bestimmten
Ein- oder Ausgang, daß der weniger positive Pegel der binären Variablen an diesem Punkt dem Wert 1 zugeordnet wird.
Fehlt der Polaritätsindikator, wird der mehr positive Pegel
der binären Variablen dem Wert 1 zugeordnet (Regel 13).
<u>Merke</u>: mit Polaritätsindikator $\hat{=}$ negative Logik,
        ohne Polaritätsindikator $\hat{=}$ positive Logik.

Sachweiser

Teubner Studienskripten Elektrotechnik

v. Münch,   Werkstoffe der Elektrotechnik
                 4., überarbeitete und erweiterte Auflage.
                 254 Seiten. DM 17,80

Oberg,   Berechnung nichtlinearer Schaltungen
                 für die Nachrichtenübertragung
                 168 Seiten. DM 14,80

Pinske,   Elektrische Energieerzeugung
                 127 Seiten. DM 12,80

Pregla/Schlosser, Passive Netzwerke
                 Analyse und Synthese
                 198 Seiten. DM 15,80

Römisch,   Berechnung von Verstärkerschaltungen
                 2., durchgesehene Aufl. 192 Seiten. DM 15,80

Schaller/Nüchel, Nachrichtenverarbeitung

                 Band 1 Digitale Schaltkreise
                 2., neubearbeitete Aufl. 168 Seiten. DM 14,80

                 Band 2 Entwurf digitaler Schaltwerke
                 3., überarbeitete und erweiterte Auflage.
                 191 Seiten. DM 15,80

                 Band 3 Entwurf von Schaltwerken
                 mit Mikroprozessoren
                 2., neubearbeitete und erweiterte Auflage.
                 173 Seiten. DM 15,80

Schlachetzki/v. Münch, Integrierte Schaltungen
                 255 Seiten. DM 17,80

Schmidt,   Digitalelektronisches Praktikum
                 2., durchgesehene Aufl. 238 Seiten. DM 15,80

Seinsch,   Grundlagen elektr. Maschinen und Antriebe
                 230 Seiten. DM 16,80

Schlachetzki, Halbleiterbauelemente der Hochfrequenztechnik
                 280 Seiten. DM 19,80

Strassacker,   Rotation, Divergenz und das Drumherum
                 XII, 227 Seiten. DM 18,80

Thiel,   Elektrisches Messen nichtelektrischer Größen
                 2. überarbeitete und erweiterte Auflage.
                 244 Seiten. DM 16,80

Unger,   Hochfrequenztechnik in Funk und Radar
                 2., neubearbeitete und erweiterte Auflage.
                 233 Seiten. DM 18,80

Vaske,   Berechnung von Drehstromschaltungen
                 2., überarbeitete Aufl. 180 Seiten. DM 15,80

Vaske,   Berechnung von Gleichstromschaltungen
                 3., überarbeitete und erweiterte Auflage.
                 132 Seiten. DM 12,80

Vaske,   Berechnung von Wechselstromschaltungen
                 2., durchgesehene Aufl. 224 Seiten. DM 16,80

Vaske,   Übertragungsverhalten elektrischer Netzwerke
                 3., überarbeitete Aufl. 164 Seiten. DM 14,80

Weber,   Laplace-Transformation für Ingenieure
                 der Elektrotechnik
                 3., überarbeitete und erweiterte Auflage.
                 205 Seiten. DM 15,80

Westermann,   Laser
                 190 Seiten. DM 14,80

Preisänderungen vorbehalten